教育部职业教育与成人教育司

"十二五"全国职业教育与成人教育教学用书行业规划教材

常用工具软件实训教程

（第3版）

13类 共计42款 实用工具 软件

黄　骁　崔　冬　李红艳　编著

- **■ 教学与实训结合**
  课程教学与建立实训环境相结合，轻松实现理实一体化教学

- **■ 知识与技能结合**
  采用"知识性与技能性相结合"的模式，将繁杂的概念和理论贯穿项目实战中，体现了理论的适度性，实践的指导性，应用的完整性

- **■ 案例与实景结合**
  案例教学与实景教学相结合，既可提高课堂效率，又能满足个性化需求、提供差异化服务。

海洋出版社

2013年·北京

内 容 简 介

　　本书是为了快速提升学生计算机动手能力而开设的一门基础课程，精选了13类共计42款实用工具软件，通过教、学、做、用的统一，可以解决学校等企业事业单位在信息化进程中遇到的实际问题。

　　本书共分为13章，综合介绍了虚拟机软件、磁盘管理工具、备份与恢复工具、系统优化工具、文件管理工具、上传下载工具、网络通信工具、图形图像工具、多媒体工具、PDF工具、光盘工具、移动终端管理工具和安全防护工具的基础知识与应用技巧。

　　本书在内容编排上体现以下特点：1. 课程教学与建立实训环境相结合，轻松实现理实一体化教学；2. 采用"知识性与技能性相结合"的模式，将繁杂的概念和理论贯穿项目实战中，体现了理论的适度性，实践的指导性，应用的完整性；3. 将评价工具纳入教学内容，用评价工具开发实践技能考试系统，使考核方式不再单一；4、案例教学与实景教学相结合，既可提高课堂效率，又能满足个性化需求、提供差异化服务。

　　本书可作为职业院校计算机应用专业基础课教材，也可作为普通高校、职业院校公共基础课教材，同时也可作为计算机爱好者的自学指导书。

　　说明：1. 本教材所涉及的项目案例都是作者的真实项目案例，为保护项目涉及单位机密和当事人隐私，本书的背景描述中的地名、单位名称和人名都为化名，不要对号入座，特此声明。 2. 如需本书教学课件以及其他资料请加入 QQ 群 156075460 咨询。

图书在版编目（CIP）数据

常用工具软件实训教程/黄骁，崔冬，李红艳编著－3 版.－北京：海洋出版社，2013.12
ISBN 978-7-5027-8688-5

Ⅰ．①常…Ⅱ．①黄…②崔…③李…Ⅲ．①软件工具－教材 Ⅳ.①TP311.56

中国版本图书馆 CIP 数据核字(2013)第 244862 号

总 策 划：刘斌		发 行 部：(010) 62174379（传真）(010) 62132549
责 任 编 辑：刘斌		（010）62100075（邮购）(010) 62173651
责 任 校 对：肖新民		网 　 址：http://www.oceanpress.com.cn/
责 任 印 制：赵麟苏		承 　 印：中煤（北京）印务有限公司
排 　 版：海洋计算机图书输出中心 晓阳		版 　 次：2020 年 6 月第 3 版第 2 次印刷
出 版 发 行：海洋出版社		开 　 本：787mm×1092mm　1/16
地 　 址：北京市海淀区大慧寺路 8 号（707 房间）		印 　 张：19
100081		字 　 数：456 千字
经 　 销：新华书店		印 　 数：4001~6000 册
技 术 支 持：010-62100059		定 　 价：35.00 元

本书如有印、装质量问题可与发行部调换

前　　言

随着计算机技术和网络技术的发展，电脑已经成为人们生活和工作不可缺少的工具之一。电脑这一工具到底有哪些功能，与安装在其中的工具软件有关。例如，安装暴风影音等播放工具，电脑就可以用来听音乐看电影；安装 PPS 网络电视，电脑可以用来收看电视；安装迅雷等下载工具，电脑可以用来下载电视、电影及工作文档；安装 91 手机助手，电脑可以用来管理手机；安装 Nero Burning ROM，电脑可以用来制作多媒体光盘；安装 QQ，电脑可以用来和好友聊天；安装 UUCall 电话宝等网络电话工具，电脑可以用来"煲电话粥"；安装 Adobe Acrobat Reader，电脑可以当作图书馆等。从这个角度来看，完全可以将"对工具软件使用的熟练程度"作为"衡量用户计算机基本技术水平"的一项重要指标。

《常用工具软件实训教程》是在开设《计算机基础》后，为快速提升学生计算机动手能力而开设的另一门基础课程，无论是职业院校，还是普通高等学校，无论哪个专业，都有必要开设这门课程，很多职业院校和高等院校将该课程列为针对全校性质的公共基础课程。

本书以构建《常用工具软件实训教程》实验平台开篇，首先介绍了虚拟机工具，有了虚拟实验环境，读者就可以大胆地完成硬盘克隆、数据备份与恢复、硬盘分区等带有破坏性的实验实训，也可以完成单纯依靠普通计算机不能完成的实验。本书在内容的选取上体现真实情景、真实应用、真实操作的统一；教、学、做、用的统一。在此为读者精选了 13 类共计 42 款实用工具软件，解决学校等企业事业单位在信息化进程中遇到的实际问题。本教材为实现"校中厂""厂中校"提供典型案例，因此，教师可以视学校为"工厂"，学生在"工作过程"中能将知识技能转化为实践能力。本教材选取的主要工具有：虚拟机工具（解决实践环境难题）、磁盘管理工具（解决硬盘 U 盘故障）、系统备份与恢复工具（解决系统瘫痪问题）、系统设置工具（解决电脑运行速度慢的问题）、文件管理工具（解决文件打包/备份/加密问题）、上传下载工具（解决资源下载问题）、网络通信工具（解决好友间的联络问题）、图形图像工具（解决图片浏览/美化/修复等问题）、多媒体工具（解决视频播放问题）、PDF 工具（解决电子书阅读/制作问题）、光盘工具（解决启动 U 盘制作、制作/虚拟/刻录光盘等问题）、移动终端管理工具（解决手机通讯录/通话记录/短信/照片等备份与恢复问题）、安全防护工具（解决病毒/黑客/密码/恶意插件对电脑构成的威胁问题）。

本书在内容编排上体现以下特点：(1) 课程教学与建立实训环境相结合，轻松实现理论与实践一体化教学；(2) 采用"知识性与技能性相结合"的模式，将繁杂的概念和理论贯穿于项目实战中，体现了理论的适度性，实践的指导性，应用的完整性；(3) 将评价工具纳入教学内容，用评价工具开发实践技能考试系统，使考核方式不再单一；(4) 案例教学与实景教学相结合，既可提高课堂效率，又能满足个性化需求、提供差异化服务。

本书由黄骁、崔冬、李红艳主编，其中第 1、第 3、第 5、第 8 章由崔冬编写，第 2、第 4、第 6、第 7、第 9 章由李红艳编写，第 10、第 11、第 12、第 13 章由黄骁编写，全书由黄骁统稿，书中所有课堂实训都经过了严格的测试，参加测试和审校工作的有郭宝玉、董莲芬、李海霞、崔波、王怀海等。在本书的编写过程中还得到了马良军、黄振菊、甄立常、张小川、孙秀春、刘斌等专家的指导支持，编者对上述同志表示衷心的感谢。

本书还可作为一般读者 DIY 的工具箱，可灵活方便地使用计算机，充分发挥其基本功用。

限于编者水平，错误与不当之处敬请读者批评指正，以不断完善此书。

《常用工具软件实训教程》学时分配建议

序号	学习单元	小计	理论学时	实践学时		机动学时
				讲授学时	训练学时	
1	虚拟机软件	12	2	4	6	
2	磁盘管理工具	8	1	3	4	
3	备份与恢复工具	8	1	3	4	
4	系统优化工具	4	1	1	2	
5	文件管理工具	6	1	2	3	
6	上传下载工具	8	2	3	3	
7	网络通信工具	6	1	2	3	2
8	图形图像工具	14	1	5	8	
9	多媒体工具	6	1	2	3	
10	PDF 工具	6	1	2	3	
11	光盘工具	8	1	3	4	
12	移动终端管理工具	6	1	2	3	
13	安全防护工具	14	4	4	6	
合 计		106	18	36	52	

目 录

第 1 章　虚拟机软件

带着问题学

☑ 软件分为哪些版本？我们该如何获取软件？

☑ 什么是虚拟机？虚拟机有哪些用途？

☑ 虚拟机可以完成哪些单机不能完成的工作？

☑ 虚拟机可以上网吗？可以加入到单位局域网中吗？

☑ 可以在虚拟机上安装操作系统和应用软件吗？安装方式和物理电脑有区别吗？

☑ 怎样才能从虚拟机切换到主机？

☑ 虚拟机和主机可以共享文件或文件夹吗？

只要打开电脑，就要面对五花八门的软件，但是我们对所用的软件又了解多少呢？这些软件是正版、测试版、演示版还是盗版？如何才能获取需要的软件？如何正确安装软件?当软件不再需要时又如何将其卸载？

在学电脑、练习操作系统或应用程序的安装时，电脑出现了故障怎么办？如果想体验微软新一代操作系统 Windows 2010，又不想破坏现有系统，能做到吗？如果只有一台电脑，能做组网实验吗？本章将轻松解决这一系列疑问。

1.1　工具软件基础

1.1.1　软件定义及分类

软件就是与计算机系统操作有关的计算机程序、规程、规则以及相关文件、文档和数据，软件可以划分为系统软件、数据库、中间件和应用软件。

1. 系统软件

系统软件为使用计算机提供最基本的功能，分为操作系统和支撑软件，其中操作系统是核心。

系统软件负责管理计算机系统中各个独立的硬件，使得它们可以协调工作。系统软件的作用就是让计算机使用者将计算机当作一个整体，而不需要顾及底层每个硬件是如何工作的。

2. 数据库

数据库（Database）是按照数据结构来组织、存储和管理数据的仓库，随着信息技术和市场的发展，特别是 20 世纪 90 年代以后，数据管理不仅仅且存储和管理数据，而且已经转变成用户所需要的各种数据管理方式。数据库从最简单的存储有各种数据的表格到能够进行海量数据存储的大型数据库系统，在各个领域均得到了广泛的应用。

3．中间件

中间件是一种独立的系统软件或服务程序，分布式应用软件借助这种软件在不同的技术之间共享资源。中间件位于客户机/服务器的操作系统之上，管理计算机资源和网络通信，是连接两个独立应用程序或独立系统的软件。通过中间件，应用程序可以工作于多平台或 OS 环境中。

4．应用软件

系统软件并不针对某一特定应用领域，而应用软件则不同，不同的应用软件根据用户和所服务的领域提供不同的功能。

应用软件是为了某种特定的用途而被开发的软件。它可以是一个特定的程序，比如一个图像浏览器。也可以是一组功能联系紧密、可互相协作的程序的集合，比如微软的 Office 软件。还可以是一个由众多独立程序组成的庞大的软件系统，比如数据库管理系统。本书所介绍的工具软件都属于应用软件。

5．手机软件

顾名思义就是可以安装在手机上的软件，用以完善原始手机系统的不足或满足用户个性化需求。随着科技的发展，手机越来越智能化，已经可以和掌上电脑相媲美。手机软件与电脑软件一样可以分为系统软件与应用软件，下载手机应用软件时要与手机所安装的系统相匹配。

1.1.2　常见软件版本

通过软件的获取途径，软件附带的说明文字、帮助，软件安装、启动或使用过程中出现的提示文字，可以很容易地了解该软件的版本。

1．内部测试版（专家测试版 Alpha）

Alpha 版的软件是供软件开发商内部测试时使用的，有正版软件所不具备的功能或者有使用限制，同时也可能存在某些功能缺陷或隐患。目前越来越多的公司会邀请外部的客户或合作伙伴参与其软件的 Alpha 测试，这使软件的可用性测试大大加强。

2．外部测试版（用户测试版 Beta）

Beta 版本是第一个对外公开的软件版本，是由公众参与的测试阶段。软件开发公司为对外宣传，将非正式产品免费发送给具有典型性的用户，让用户测试该软件的不足之处及存在的问题，以便在正式发行前进一步改进和完善。一般来说，Beta 版的软件包含所有功能，但可能有一些已知问题或较轻微的 Bug。用户可以通过 Internet 免费下载，也可以向软件公司索取。

3．演示版（Demo）

Demo 版的软件是开发商为了宣传软件功能，向普通用户发放的软件。其主要是演示正式版软件的部分功能，用户可以从中了解软件的基本操作，从而为正式产品的发售扩大影响。如果是游戏的话，往往只有一两个关卡可以玩。该版本也可以从 Internet 上免费下载。

4．免费版（Free）

Free 版的软件是软件开发商为了推介其主力软件产品，扩大公司影响，免费向用户发放的软件产品。还有一些是个人或自由软件联盟组织的成员制作的软件，免费提供给用户使用，没有版权，一般也可以通过 Internet 免费下载。

5. 完全版（Full Version）

Full Version 版的软件是软件开发商推出的主力产品，用户需要购买才能获得。

6. 增强版或加强版（Enhance）

Enhance 版的软件是正版软件中的一种，是指软件开发商在推介过程中，针对用户遇到的一些问题，在原软件功能的基础上加入附加功能。如果是应用软件，一般称作"增强版"，往往是加入了一些实用的新功能。如果是游戏，则称作"加强版"，加入了一些新的游戏场景和游戏情节等。

7. 共享版（Shareware）

Shareware 版的软件是为了促进 IT 业的发展或吸引客户，软件开发商或自由软件者推出的免费产品，Shareware 版软件一般有次数、时间、用户数量限制，不过用户可以通过注册来解除限制。

8. 发行版（Release）

Release 版的软件是软件开发商专门为某公司或企业发行的软件产品，是最终用户在购买这些公司或企业的产品时获得的赠品，也是为扩大影响所做的宣传策略之一。Release 版具有完全版的多数功能，但区别于正式版的是其往往带有时间限制，比如 Windows Me 的发行版就限制了只能使用几个月。

9. 升级版（Upgrade）

Upgrade 版是正版软件中的一种，正式版用户可以通过购买升级版将已有的软件升级为最新版。升级后的软件与正式版在功能上相同，但价格会低些，这主要是为了给原有的正版用户提供优惠。

10. 破解版（Cracked）

一些非法机构、团体或个人通过破解软件开发商公开发行的正版软件谋取暴利。Cracked 版通常具有和正版同样的功能，不过，这些 Cracked 版的软件存在不少隐患，绝不仅仅是某些功能不能使用那么简单，有的带有病毒，有的还会窃取数据、破坏电脑。

1.1.3 软件获取途径

获取软件的途径有很多，在获取软件时，首先必须遵守《计算机软件保护条例》及国家相关法律法规，其次要通过正规渠道获得，避免上当受骗。下面介绍获取软件的常用渠道。

1. 购买正版软件

直接从软件开发商那里购买，也可以从本地的软件零售商购买。购买软件前，应该先了解软件的功能、运行环境以及可以获得哪些售后服务等。购买时需要认清软件版本和软件的版本号，索要收据或发票，检查软件包装和清单。

软件开发商为防盗版或复制，所发布的软件一般都有保护措施，购买时一定要向软件开发商或软件零售商索要以下软件附件之一：

①序列号：软件安装或首次使用时要求输入序列号。

②注册码：和序列号基本相同，通常不同的注册码对应不同的用户。

③软件狗：有并口、USB 口、串口 3 种接口，必须将其插在电脑上，软件才能正常安装或使用。

④存放密钥的软盘或光盘：软件开发商为防盗版或复制，软件一般都要加密，只有将存放密钥的软盘或光盘放入电脑，软件才能正常安装或使用。

2. 获得软件赠品

在购买 IT 产品、报刊、书籍、杂志时所附带的赠品软件。

3. 获得软件备份

借用或复制别人的软件。

4. 下载软件

许多软件开发商通过 Internet 发布软件，因此完全可以在 Internet 上下载所需要的软件。目前国内知名的软件下载网站有：华军软件园（http://www.onlinedown.net/）、太平洋电脑网（http://www.pconline.com.cn/）、天空软件站（http://www.skycn.com/）等。

下面通过范例介绍从网上下载软件的方法。

✎ **任务描述**

在互联网上有丰富的软件资源，完全可以通过互联网下载所需要的应用软件和实用工具。下面以下载 VMware Workstation 为例介绍下载软件的方法。

🖱 **具体操作**

1 打开 IE 浏览器，在地址栏输入"www.baidu.com"并回车，进入百度网站，在文本框中输入搜索关键字，如本例中的"VMware Workstation"，单击"百度一下"按钮开始搜索，如图 1-1 所示。

⭐**注意** 如果使用双引号将关键词引住，可以搜索完整关键词，使搜索更加精确。

图 1-1 使用百度搜索软件

2 百度搜索到与"VMware Workstation"相关的信息，选择一个合适的超级链接并单击，就可以打开该超级链接，进入相关网站，如图 1-2 所示。

⭐**注意** 用户进入下载网站前可以先观察超级链接下方的网址，尽量选择官方网站或华军软件园、太平洋电脑网等知名下载网站，以确保下载的软件没有病毒和木马程序。

3 拖动垂直滚动条浏览页面信息，然后单击 VMware Workstation 下载链接开始下载，如图 1-3 所示。

图 1-2 选择合适的链接　　　　　　　　　　图 1-3 单击下载链接

4 弹出"文件下载"对话框，单击"保存"按钮进行保存，如图 1-4 所示。

5 弹出文件"另存为"对话框，指定文件下载后的保存位置及文件名，然后单击"保存"按钮开始下载，如图 1-5 所示。

图 1-4　保存下载的文件

图 1-5　指定下载文件的保存位置

1.1.4　软件安装与汉化

1. 软件的安装

电脑硬件设备与软件程序是相辅相成的，没有了软件的支持，硬件设备就是一堆废铜烂铁，可谓是"英雄无用武之地"，因此，正确安装软件是让电脑发挥功用的第一步。其实安装软件并不复杂，只要多尝试，注意观察软件的安装提示，总结安装经验，很快就能掌握软件的安装方法。

下面通过范例介绍软件的安装方法。

✎ **任务描述**

作为电脑用户，掌握常用软件的安装方法是很必要的。下面以英文软件 VMware Workstation 为例，介绍软件安装的一般方法。

🖱 **具体操作**

1 打开安装程序所在文件夹，双击安装程序图标开始安装，如图 1-6 所示。

★**注意**　软件安装程序文件名一般为 SETUP.EXE 或 INSTALL.EXE，若是打包安装程序，其文件名为软件名称或软件名称缩写+软件版本号。

2 进入"VMware Workstation Setup"安装向导模式，在欢迎界面中单击"Next"（下一步）按钮继续，如图 1-7 所示。

图 1-6　双击安装程序图标开始安装

图 1-7　安装向导的欢迎界面

3 进入"Setup Type"（安装类型选择）界面，一般选择"Typical"（典型安装）即可，如图 1-8 所示。

⭐ **注意**   "Typical"典型安装是指软件设计者根据软件特点与大多数用户的需要，预先设定安装位置、安装模块并对软件进行常规设置。"Custom"自定义安装则需要用户确定安装位置、选择安装的模块或组件，进行软件参数设置等，这需要用户对软件有所了解或有一定的软件应用经验。

4 进入"Destination Folder"（目标文件夹）界面，由于上一步中选择了典型安装，所以将软件安装在默认的目标文件夹。可单击"Change"（更改）按钮重新指定安装位置，单击"Next"按钮继续，如图 1-9 所示。

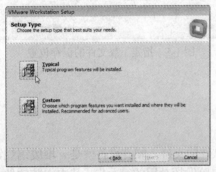
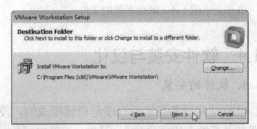

图 1-8   选择安装类型   图 1-9   确定安装的目标文件夹

5 进入"Software Updates"（软件更新）界面，勾选"Check for product updates on startup"（开机时检测软件更新），勾选此项有利于用户获得软件的最新更新信息，单击"Next"按钮继续，如图 1-10 所示。

6 进入"User Experience Improvement Program"（用户体验改进计划）界面，勾选"Help improve VMware Workstation"（帮助改进 VMware Workstation）选项，然后单击"Next"按钮继续，如图 1-11 所示。

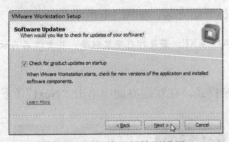
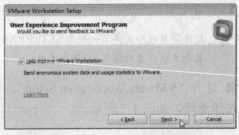

图 1-10   软件更新检测设置   图 1-11   用户体验改进设置

7 进入"Shortcuts"（快捷方式）界面，勾选创建快捷方式的位置，如本例中"Desktop"（桌面）、"Start Menu Programs folder"（开始菜单的程序文件夹），然后单击"Next"按钮继续，如图 1-12 所示。

8 进入"Ready to Perform the Requested Operations"（准备执行所请求的操作）界面，要求用户在正式安装前确认安装设置，单击"Back"（返回）按钮可重新调整安装方式，确认完成后单击"Continue"（继续）按钮开始安装，如图 1-13 所示。

9 安装过程需要一些时间，需要耐心等待，如图 1-14 所示。

图 1-12　指定创建快捷方式的位置

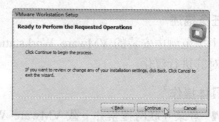

图 1-13　安装确认界面

10 进入"Enter License Key"（输入许可证密钥）界面，输入许可证密钥，然后单击"Enter"按钮继续，如图 1-15 所示。

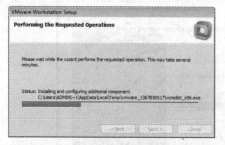

图 1-14　安装过程中

图 1-15　输入许可证密钥

11 安装完成后进入"Setup Wizard Complete"（安装向导完成）界面，单击"Finish"（完成）按钮结束安装，如图 1-16 所示。

12 安装完成后，在桌面上即可看到 VMware Workstation 的快捷启动图标，双击启动 VMware Workstation，如图 1-17 所示。

图 1-16　安装完成

图 1-17　桌面上的 VMware Workstation 快捷启动图标

2. 软件的汉化

对于大多数电脑用户而言，中文界面的软件用起来更方便，虽然很多软件开发商都推出了软件的中文版，但仍有部分软件没有中文版，例如本小节中安装的 VMware Workstation，怎样才能使其界面变为中文呢？一些电脑爱好者专门为此类软件制作了汉化包（也叫中文补丁），可以使用汉化包对软件进行汉化。

汉化补丁大多采用替换法，即用经过汉化处理的文件覆盖程序中相应文件以实现汉化。在汉化补丁中往往都含有说明文件，用户按说明操作即可。部分没有说明的汉化包，用户只需将汉化包中的所有文件复制到程序安装文件夹中替换原有文件即可。下面通过汉化 VMware Workstation 实例来演示软件的汉化方法。

任务描述

上个范例中安装的 VMware Workstation 是一款英文软件，下面就从互联网上下载汉化包然后对其进行汉化。

具体操作

1 登录互联网搜索并下载 VMware Workstation 的汉化包（或中文补丁），进入解压后的汉化补丁文件夹，复制文件夹中的所有文件，如图 1-18 所示。

图 1-18 选中汉化补丁中的文件

★**注意** ①下载的汉化补丁多为压缩文件，需解压后方能使用。②在本例中有 3 个文件夹在名称上标注了"此为 64 位系统用文件，复制里面的文件到安装文件夹即可"字样，说明这几个文件夹中的文件需复制到对应的系统文件夹。

2 进入 VMware Workstation 程序文件夹，将复制的文件粘贴到其中，如图 1-19 所示。

3 弹出"复制文件"对话框，勾选"为之后 15 个冲突执行此操作"，然后单击"复制和替换"选项，用新文件替换文件夹中的原有文件，如图 1-20 所示。

4 依照上述方法完成所有替换操作，然后启动 VMware Workstation 即可发现软件已经汉化完成了。

图 1-19 将复制的文件粘贴到目标文件夹

图 1-20 复制并替换原有文件

1.1.5　软件的卸载

用户应当养成良好的优化操作系统的习惯，其中之一就是当某个软件不再需要时，将其卸载以节约计算机资源。软件卸载方法也很重要，如果操作不当不仅卸载不干净，影响系统的运行速度，严重的还会导致系统瘫痪。下面介绍几种常用的软件卸载方法。

1. 利用专用的卸载工具卸载软件

有许多专用的卸载工具，如超级兔子魔法设置、Windows 优化大师、360 软件管理器等都可以卸载软件，这些专用的卸载工具功能非常强大，甚至一些很难清除的恶意软件也能被卸载得干干净净。

2. 使用软件自带的卸载程序进行卸载

很多软件都带有卸载程序，这是程序开发者为了方便用户而设计的，使用软件自带的卸载程序进行卸载是最安全彻底的。软件安装完成后一般会在"开始"→"程序"菜单的对应程序组里出现卸载该软件的快捷图标（如图 1-21 所示中的"卸载阿里旺旺"、"卸载驱动精灵 2012"、"卸载腾讯 QQ"）等，如用户单击"卸载阿里旺旺"快捷图标就可以卸载阿里旺旺了。

当然，不是所有软件都会在"开始"→"程序"菜单中对应的程序组里留下卸载软件的快捷图标，还有一部分在软件光盘或软件安装完成后的文件夹里提供卸载工具。这些卸载工具的图标酷似回收站图标，文件名常以"Un"字母开头，如图 1-22 所示。

图 1-21　程序组中的卸载程序快捷图标

图 1-22　程序安装文件夹中的卸载程序

3. 使用 Windows 操作系统自带的"添加/删除程序"卸载

"添加/删除程序"是 Windows 操作系统为帮助用户管理计算机上的程序提供的工具。可以使用"添加/删除程序"来添加/删除 Windows 组件或应用程序。下面使用添加/删除程序卸载"搜狗五笔输入法 2.0 正式版。"

✎ **任务描述**

可以使用 Windows 操作系统自带的"添加/删除程序"来卸载软件，这个卸载工具能够根据软件的安装情况和系统运行情况自动卸载指定的软件，建议用户在软件没有提供卸载程序时使用该工具卸载软件。下面以卸载"搜狗五笔输入法 2.0 正式版"为例来介绍使用"添加/删除程序"卸载软件的方法。

🖱 **具体操作**

1 单击"开始"菜单选择"控制面板",打开"控制面板"窗口后,单击"卸载程序"选项,如图 1-23 所示。

2 进入"程序和功能"窗口,在已安装的程序列表中选择要卸载的软件,如本例中的"搜狗五笔输入法 2.0 正式版",然后单击"卸载/更改"按钮,如图 1-24 所示。

图 1-23 在控制面板中选择卸载程序

图 1-24 选择要卸载的软件

3 弹出"搜狗五笔输入法 2.0 正式版卸载"向导窗口,单击"卸载"按钮,跟随卸载向导完成卸载操作,如图 1-25 所示。

4 弹出"您在卸载后是否保留目前的习惯设置与用户词库?(推荐保留)"对话框,单击"是"按钮继续,如图 1-26 所示。

★**注意** 在卸载过程中往往会弹出一些对话框,提示进行相应的设置或选择,根据实际情况设置即可。

图 1-25 卸载向导窗口

5 卸载完成后,单击"关闭"按钮退出卸载程序,完成操作,如图 1-27 所示。

图 1-26 卸载提示

图 1-27 卸载完毕

1.2 用虚拟机构建工具软件实验平台

1.2.1 虚拟机的概念

虚拟机是通过某些软件在一台真实计算机上模拟出来的可独立运行的计算机环境,是其所在的物理计算机上的一个文件。虚拟机是对真实计算机的仿真，同样拥有 CPU、内存、硬盘、光驱、网卡等硬件设备，也可以进行 BIOS 设置、网卡设置，可以安装并运行 Windows、Linux 等真实的操作系统和各种应用程序。借助虚拟机软件可以在同一台物理计算机上创建多台虚拟机，可以根据需要为它们安装相同或不同的操作系统，这些虚拟机运行时彼此互不干扰。

1.2.2　虚拟机的用途

近年来，虚拟计算机技术日益受到各大 IT 公司和众多用户的关注，并已广泛应用在各行各业，甚至包括 Symantec、Microsoft、Intel 这些软件巨头们也都使用虚拟机来测试其产品。虚拟机主要有以下实际应用：

1. 面向软件开发人员

软件开发人员可以依靠虚拟机与 Visual Studio、Eclipse 和 SpringSource Tools Suite 的集成来简化多种环境中的应用开发和调试。

2. 面向计算机病毒研究与测试人员

虚拟机也是计算机病毒研究与病毒测试人员的得力"助手"。研究人员通过创建虚拟机，可以在虚拟机系统里面运行病毒，获取病毒威力、特征等信息。由于使用虚拟机可以同时创建并运行多平台（如 Windows、Linux 等），各平台间切换也非常方便，大大方便了计算机病毒的研究、测试等工作。

3. 面向 QA 测试人员

借助虚拟机，质量保证团队可以在包含不同操作系统、应用平台和浏览器的复杂环境下经济高效地测试应用，同时还能处理重复性的配置任务。

4. 面向系统和销售工程师

系统工程师和其他技术销售专业人员钟爱虚拟机，是因为虚拟机让他们能够轻松地演示复杂的多层应用。可以在单台 PC 上模拟整个虚拟网络环境，其中包括客户端、服务器和数据库。

5. 面向教师和培训人员

教师为学生创建虚拟机，在其中包含课程所需的课件、应用和工具。每堂课结束时，还能将虚拟机恢复到原始状态，为下一批学生做好准备。

6. 面向虚拟化专业人员

具备部署虚拟化产品技术能力的 IT 专业人员，以及那些想学习 VMware vSphere（VMware 公司推出的一套服务器虚拟化解决方案）的人员，可以使用虚拟机建立个人实验室，在多个操作系统、应用环境中进行实验，为完成部署或参加虚拟化认证考试（例如 VCP）做准备。

7. 本书中应用——用虚拟机练习工具软件的安装与使用

虚拟机为练习使用工具软件提供了一个可靠的平台，例如使用虚拟机可以放心大胆地反复练习 Fdisk、PQmagic 等"危险"软件的使用而无须担心破坏实际的计算机系统。此外软件间有时会出现某些冲突，有时会影响操作系统的正常运行，完全可以先在虚拟机上小试牛刀，从而有效地避免了可能出现的不良后果。

案例 1：刘琦刚开始学习计算机维护，对他来讲操作系统的安装过程很神秘，怎样才能尝试各种操作系统的安装，又不影响计算机的正常使用呢？

案例 2：刘宇是计算机应用专业大学二年级学生，他学习认真，求知欲强，不断尝试各种软件，但他的电脑也深受其害，三五天就得重装一次，刘宇也为此很是烦恼……

案例 3：肖铭正在学习网络管理，报了好几个培训班，资料也买了一大堆，理论知识背得滚瓜烂熟，但他仍然茫然，操作实践是他的软肋，他多想有一个自己的网络实验室呀！

解决方案：上述案例都是典型的实验平台构建问题，使用虚拟机一切问题都将迎刃而解（不需要任何硬件投资），其基本作法为：

1. 安装虚拟机软件（如：VMware Workstation、Virtual Box）；
2. 使用虚拟机软件创建一台或多台虚拟机；
3. 为虚拟机安装操作系统；
4. 根据需要共享文件夹，添加硬件设备，保存虚拟机快照。

1.3 VMware Workstation

VMware Workstation（中文名"威睿工作站"）是一款功能强大的桌面虚拟计算机软件，为用户提供了可以在单一的桌面上同时运行不同的操作系统，进行开发、测试、部署新的应用程序的最佳解决方案。对于企业的 IT 开发人员和系统管理员而言，由于 VMware 在虚拟网络、实时快照、拖拽共享文件夹、支持 PXE 等方面的特点，使其成为必备工具。

1.3.1 使用 VMware Workstation 创建一台虚拟机

📋 任务描述

VMware Workstation 安装完成后就可以创建虚拟机了，创建虚拟机的过程很像去电脑城购买硬件，只不过这里的硬件是虚拟出来的，是计算机中的文件。下面就创建一台有 2G 内存、120G 硬盘用于安装 Windows 7(64 位版)操作系统的虚拟计算机。

🖱 具体操作

1 双击桌面上的快捷图标启动 VMware Workstation，在 VMware Workstation 窗口单击"创建新的虚拟机"图标，启动创建向导，如图 1-28 所示。

2 弹出"欢迎使用新建虚拟机向导"对话框，在"你想用什么类型进行配置？"中选择"自定义（高级)"选项，即虚拟机的参数由用户设置，然后单击"Next"按钮继续，如图 1-29 所示。

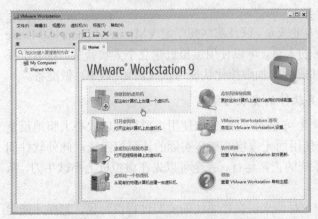

图 1-28 单击"创建新的虚拟机"图标

图 1-29 虚拟机配置类型选择

3 进入"Choose the Virtual Machine Hardware Compatibility"（虚拟机硬件通用性选择）界面，在"硬件兼容性"右侧下拉列表中选择"Workstation 9.0"，然后单击"Next"按钮继续，如图 1-30 所示。

★**注 意** Workstation 9.0 是目前最高的兼容性版本，可以最大限度地应用物理计算机的硬件设备，初学者可对比"硬件兼容性"列表中的几个选项，观察"限制"列表中能使用的硬件的区别。选择最高版本创建的虚拟机移植时会有一些影响，将虚拟机转移到比当前硬件水平低的物理机上时会无法正常运行。

4 进入"Guest Operating System Installation"（客户操作系统安装）界面，在"安装从："中选择"我以后再安装操作系统"，即先创建一台虚拟裸机，然后单击"Next"按钮继续，如图 1-31 所示。

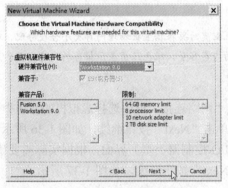 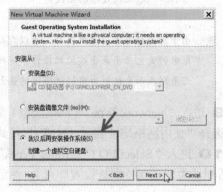

图 1-30　虚拟机硬件通用性选择　　　　图 1-31　客户操作系统安装设置

5 进入"Select a Guest Operating System"（选择用户操作系统）界面，在"客户机操作系统"中选择要安装的操作系统，在"版本"列表中选择要安装的操作系统版本，然后单击"Next"按钮继续，如图 1-32 所示。

6 进入"Name the Virtual Machine"（虚拟机名称）界面，在"虚拟机名称"文本框中输入虚拟机名称，单击"位置"右侧的"浏览"按钮指定虚拟机文件的保存位置，然后单击"Next"按钮继续，如图 1-33 所示。

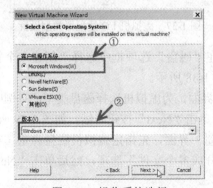 

图 1-32　操作系统选择　　　　　　　图 1-33　指定虚拟机名称及保存位置

7 进入"Processor Comfiguration"（处理器阵列）界面，在"处理器"设置框中为创建的虚拟机指定"处理器数目"、"每个处理器核心数"，然后单击"Next"按钮继续，如图 1-34 所示。

8 进入"Memory for the Virtual Machine"（虚拟机内存）界面，拖动滑块确定虚拟内存大小，然后单击"Next"按钮继续，如图1-35所示。

图1-34 虚拟机处理器器设置　　　　　　图1-35 虚拟机内存设置

注意 由于虚拟机要占用主机内存，所以在指定虚拟机配置时要根据主机物理内存大小合理分配，对话框中的黄色三角表示虚拟机操作系统所需最小的内存容量，绿色三角表示推荐的内存容量，蓝色三角则表示主机能为虚拟机提供的最大内存容量。

9 进入"Network Type"（网络类型）界面，在"网络连接"框中选择虚拟机的网络类型，本例选择"使用网络地址翻译（NAT）"模式，然后单击"Next"按钮继续，如图1-36所示。

10 进入"Select I/O Controller Types"（选择I/O控制器类型）界面，根据实际需要确定I/O适配器类型（保持默认设置即可），然后单击"Next"按钮继续，如图1-37所示。

图1-36 虚拟机网络类型设置　　　　　　图1-37 虚拟机I/O适配器类型设置

11 进入"Select a Disk"（硬盘选择）界面，在"磁盘"选项框中选择"创建一个新的虚拟磁盘"选项，然后单击"Next"按钮继续，如图1-38所示。

12 进入"Select a Disk Type"（选择磁盘类型）界面，为虚拟机选择磁盘类型，本例中选择"SCSI（Recommended）"选项，即推荐类型，然后单击"Next"按钮继续，如图1-39所示。

13 进入"Specify Disk Capacity"（指定磁盘容量）界面，先指定虚拟机磁盘容量（本例中虚拟机磁盘容量为120GB），再选择"虚拟磁盘拆分成多个文件"选项，然后单击"Next"按钮继续，如图1-40所示。

14 进入"Specify Disk File"（指定磁盘文件）界面，指定虚拟磁盘文件的保存位置，默认情况下虚拟磁盘文件同虚拟机文件保存在同一文件夹中，然后单击"Next"按钮继续，如图1-41所示。

图 1-38 选择"创建一个新的虚拟磁盘"

图 1-39 选择磁盘类型

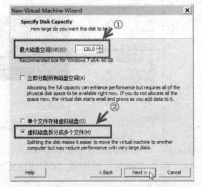

图 1-40 指定虚拟机磁盘容量

图 1-41 指定虚拟硬盘文件保存位置

15 进入"Ready to Create Virtual Machine"（准备创建虚拟机）界面，在"虚拟机将按以下设置被创建"列表框中浏览此前的设置，单击"定制硬件"按钮可以更改硬件设置，单击"Back"按钮可以返回重新设置，单击"Finish"按钮完成虚拟机的创建，如图 1-42 所示。

16 虚拟机创建完成后，将出现在 VMware Workstation 窗口中，在"my pc"虚拟机界面，单击"打开此虚拟机电源"即可启动 my pc 虚拟机，如图 1-43 所示。

图 1-42 回顾配置信息

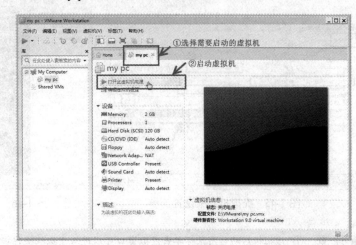

图 1-43 虚拟机创建完成

★**注意** 使用 VMware Workstation 可以创建多台虚拟机，每台虚拟机以一个选项卡的形式出现在右侧窗格中，单击选项卡可切换虚拟机。

1.3.2 为虚拟机安装操作系统

📎 任务描述

新创建的虚拟机是一台裸机，不能进行任何工作，必须为它安装操作系统，下面为虚拟机安装 Windows 7（64 位版）操作系统。

🐭 具体操作

1 启动 VMware Workstation，单击 "my pc" 选项卡，然后双击 "设备" 栏中的 "CD-ROM" 选项，为虚拟机指定光驱，如图 1-44 所示。

2 弹出 "Virtual Machine Settings" 对话框，单击 "Hardware" 选项卡，在列表中选择 "CD/DVD（IDE）"，然后在右侧的 "Connection" 栏中选择虚拟机所用的光驱类型，其中 "Use physical drive" 表示使用主机物理光驱作为虚拟机的光驱，本例中使用主机光驱 F 作为虚拟机的光驱，如图 1-45 所示，设置完成后单击 "OK" 按钮继续。

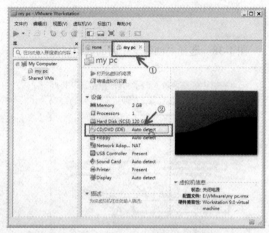

图 1-44 双击 "设备" 栏中的 "CD-ROM"

⭐**注意** "Connection" 栏中的 "Use ISO image" 表示使用 ISO 镜像文件作为虚拟机的光驱。

3 将 Windows 7（64 位版）安装盘放入主机光驱，然后启动虚拟机开始安装操作系统。在虚拟机上安装操作系统与在真实计算机上完全相同，可以参考计算机维护等相关书籍进行安装，如图 1-46 所示正在安装 Windows 7。

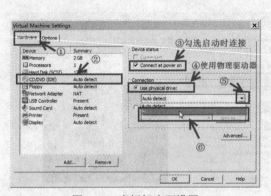

图 1-45 虚拟机光驱设置

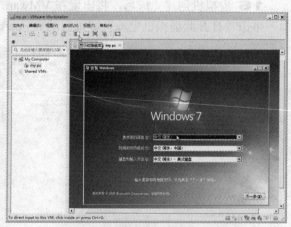

图 1-46 虚拟机操作系统安装过程中

⭐**注意** ① 虚拟机启动后用鼠标单击虚拟窗口可以进入虚拟机操作状态，可以使用 "Ctrl+Alt" 键释放虚拟机的光标（即切换到主机系统），还可以使用快捷键 "Ctrl+Alt+Enter" 完成虚拟机全屏/还原的切换操作。

② 在安装过程中可以单击工具栏中的 "显示或隐藏库" 按钮，关闭左侧 "库"，使窗口更加简洁。

1.3.3 安装 VMware Tools

✎ **任务描述**

VMware Tools 是 VMware 虚拟机中自带的一种增强工具，是 VMware 提供的增强虚拟显卡和硬盘性能以及同步虚拟机与主机时钟的驱动程序。只有在 VMware 虚拟机中安装 VMware Tools，才能实现主机与虚拟机之间的文件共享、鼠标自由拖拽、虚拟机屏幕全屏化，以及实现鼠标在虚拟机与主机之间自由移动的功能（不用再按 ctrl+alt 完成切换），下面介绍 VMware Tools 的安装方法。

🖱 **具体操作**

1 操作系统安装完成后，单击"虚拟机"菜单选择"安装 VMware 工具"，安装 VMware Tool，如图 1-47 所示。

⭐ **注 意** ① 右击"my pc"选项卡，在弹出的快捷菜单中选择"安装 VMware 工具"同样可以安装 VMware Tools。
② 安装 VMware Tools 时虚拟机必须处于运行状态。

2 弹出"自动播放"窗口，选择"运行 setup64.exe"选项，如图 1-48 所示。

图 1-47 选择 Install VMware Tools

图 1-48 安装 VMware Tools

3 弹出"用户帐户控制"对话框，单击"是"继续，如图 1-49 所示。

4 弹出"欢迎使用 VMware Tools 的安装向导"对话框，单击"下一步"按钮继续，如图 1-50 所示。

图 1-49 用户帐户控制

图 1-50 欢迎使用 VMware Tools 的安装向导

5 弹出"安装类型"对话框，选择"典型安装"选项，然后单击"下一步"按钮继续，如图 1-51 所示。

6 弹出"准备安装程序"对话框，单击"安装"按钮开始安装，如图 1-52 所示。

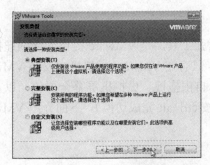
图 1-51　选择安装类型

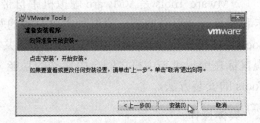
图 1-52　开始安装

7 安装需要一段时间，须耐心等待，完成后弹出"安装向导已完成"对话框，单击"完成"按钮关闭安装向导，如图 1-53 所示。

8 弹出"必须重新启动系统……"对话框，单击"是"按钮重启虚拟机，如图 1-54 所示。

图 1-53　安装完成

图 1-54　重新启动虚拟机

9 在虚拟机重启后，系统对 VMware Tools 做出的配置就可以生效，VMware Tools 开始发挥作用。至此虚拟实验平台就搭建完成了，可以创建一台或多台虚拟机，完成各种单机或网络试验。

1.3.4　共享主机目录

任务描述

VMware Tools 安装完成后，可以通过拖拽的方式实现主机与虚拟机间的文件共享，虽然方便但却是一种复制操作，即将主机的文件复制到虚拟机中，当文件较多、较大时这样操作不仅费时还会重复占用主机硬盘空间。VMware 提供了直接使用主机数据的方式，即将主机目录共享给虚拟机供其使用，实现数据在主机与虚拟机之间的传递，下面介绍共享主机目录的操作方法。

具体操作

1 单击 VMware Workstation 窗口的"虚拟机"菜单选择"设置"菜单项，如图 1-55 所示。

2 弹出"虚拟机设置"对话框，单击"选项"

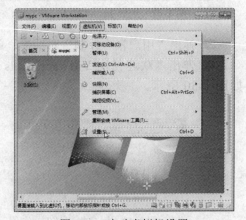
图 1-55　启动虚拟机设置

选项卡，在设置列表中选择"共享文件夹"选项，在右侧"共享文件夹"栏中选择"始终启用"选项，然后单击"文件夹"栏下方的"添加"按钮添加共享文件夹，如图 1-56 所示。

3 弹出"欢迎使用添加共享文件夹向导"对话框,单击"继续"按钮,如图 1-57 所示。

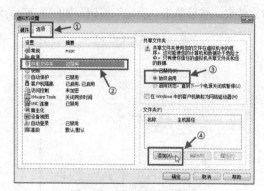

图 1-56 编辑虚拟机设置

图 1-57 添加共享文件夹

4 弹出"命名共享文件夹"对话框,单击"主机路径"右侧的"浏览"按钮,选择要共享的主机文件夹,然后在"名称"栏中指定共享后的文件夹名称,完成设置后单击"继续"按钮,如图 1-58 所示。

5 弹出"指定共享文件夹属性"对话框,勾选"启用此共享"选项,然后单击"完成"按钮,如图 1-59 所示。

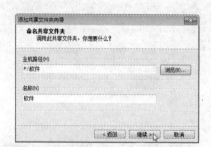

图 1-58 命名共享文件夹

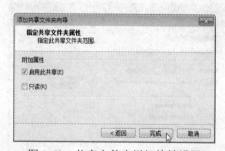

图 1-59 共享文件夹详细特性设置

6 返回"虚拟机设置"对话框,在右下方的"文件夹"列表中可看到刚才添加的共享文件夹,单击"确定"按钮完成共享文件夹操作,如图 1-60 所示。

7 在虚拟机中打开"计算机"窗口,单击"映射网络驱动器"按钮,如图 1-61 所示。

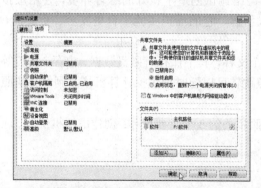

图 1-60 共享文件夹添加完毕

图 1-61 映射网络驱动器

8 弹出"映射网络驱动器"对话框,在"驱动器"列表中选择驱动器符号(如本例中的 Z:),

单击"文件夹"右侧的"浏览"按钮查找共享的主机文件夹，如图 1-62 所示。

❾ 弹出"浏览文件夹"对话框，选中共享的文件夹，然后单击"确定"按钮，如图 1-63 所示。

图 1-62　映射网络驱动器设置

图 1-63　选择共享的网络文件夹

❿ 返回"映射网络驱动器"对话框，勾选"登录时重新连接"选项，然后单击"完成"按钮完成映射操作，如图 1-64 所示。

⓫ 在虚拟机中打开"计算机"窗口，可以像使用本地硬盘一样使用映射的网络驱动器了，如图 1-65 所示，至此共享主机目录操作完毕。

图 1-64　指定驱动器号

图 1-65　共享文件夹映射完毕

1.3.5　虚拟机快照管理

📎 任务描述

使用虚拟机创建实验平台为学习工具软件、网络调试创造了良好的练习环境，善用虚拟机能使练习更方便，其中虚拟机快照很值得深入了解，它的虚拟实验平台更安全、更灵活，可避免不必要的重复操作。

什么是虚拟机快照功能呢？虚拟机快照是一个文件，其中保存有磁盘数据、内存、设置等虚拟机状态信息，有些类似于 GHOST，通过快照跳转可以随时把虚拟计算机恢复到保存快照时的状态。

下面将以 3 个具体实例向大家介绍虚拟机快照相关的 3 个主要操作：创建虚拟机快照、应用快照完成各保存状态间的跳转和删除快照。

1．创建虚拟机快照

📎 任务描述

李骏创建了一台虚拟机用于网络调试实验，由于实验过程中随时可能出现调试失败，需要返回调试前的状态，所以李骏需要将关键状态保存起来，一旦调试失败可返回重新实验。用 Ghost 创建系统映像文件吗？当然不用。我们可以使用虚拟机快照，不但操作简便快捷，而且生成的文件比 GHOST 映像要小很多。

具体操作

1 在 VMware Workstation 窗口中，单击"虚拟机"菜单，依次选择"快照"→"快照管理器"选项，如图 1-66 所示。

2 弹出"快照管理器"对话框，单击"创建快照"按钮创建快照，如图 1-67 所示。

图 1-66　启动快照管理器　　　　　　　　图 1-67　创建快照

3 弹出"创建快照"对话框，在"名称"右侧的文本框中输入快照名称，在"描述"右侧的文本框中输入快照的描述信息，然后单击"创建快照"按钮，如图 1-68 所示。

4 新创建的快照出现在管理窗口中，如图 1-69 所示，快照创建完成后单击"关闭"按钮退出快照管理器。

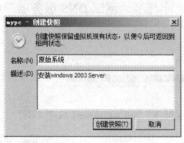

图 1-68　快照描述信息　　　　　　　　图 1-69　快照创建完成

2. 应用快照

任务描述

李骏用虚拟机进行 Windows 2003 Server 网络构建与管理的实验，他在每个关键环节都创建了快照，现在他需要回到 DHCP 服务器配置与管理的实训环境，他应该如何操作呢？

具体步骤

1 在 VMware Workstation 窗口中，单击"虚拟机"菜单，依次选择"快照"→"快照管理器"选项，启动快照管理器。

2 弹出快照管理器对话框，在快照列表中选中要跳转的快照名称，双击该快照名称或单击"转到"按钮完成跳转，如图 1-70 所示。

3 弹出信息提示用户跳转后当前状态信息将丢失，并询问用户是否要回到"DHCP 服务器配置与管理"状态，单击"Yes"按钮完成跳转，如图 1-71 所示。

★ **注意** 跳转后当前虚拟机状态信息将丢失，可以先为当前状态创建快照，然后进行跳转，从而保存当前状态信息。

4 跳转完成后返回 VMware Workstation 窗口，此时虚拟机恢复到原来保存时的状态，如图 1-72 所示。

图 1-70 选择要跳转的快照

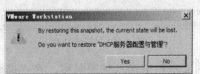

图 1-71 跳转提示

图 1-72 跳转到快照保存的状态

3. 删除虚拟机快照

📝 **任务描述**

李骏根据自己的需要创建了一系列快照，他发现其中一个环节"测试 DNS 服务器"的快照有问题需要删除，他需要怎样操作呢？

🛠 **解决方案**

删除虚拟机快照与创建是反向操作，应从后向前删除快照，直到指定的快照为止，否则链路断裂后续文件将成为垃圾数据。

📖 **具体操作**

1 在 VMware Workstation 窗口中，单击"虚拟机"菜单，依次选择"快照"→"快照管理器"选项，启动快照管理器。

2 弹出快照管理器对话框，按照先创建后删除的次序删除快照，在本例中需要先删除"配置 DNS 客户端"快照，将其选中然后单击"删除"按钮删除该快照，如图 1-73 所示。

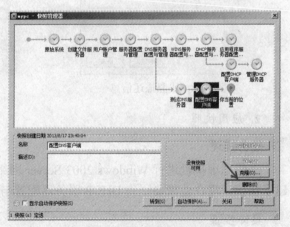

图 1-73 先删除最后创建的快照

3 弹出提示信息询问用户是否确定要删除该快照，单击"Yes"按钮完成删除操作，如图 1-74 所示。

4 删除"配置 DNS 客户端"快照后，按照上述操作删除"测试 DNS 服务器"快照即可，如图 1-75 所示。

图 1-74 删除确认提示信息

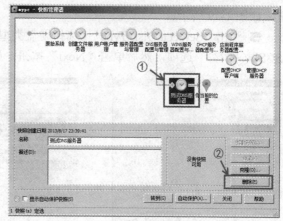

图 1-75 删除指定快照

1.3.6 为虚拟机添加新硬件

📋 任务描述

在练习 GHOST 硬盘克隆时需要两块硬盘，但在实际环境中双硬盘并不容易实现，怎样练习呢？在虚拟机中可以根据需要添加硬件设备（包括硬盘），下面以添加新硬盘为例介绍在虚拟机中添加新硬件的方法。

🖱 具体操作

1 编辑虚拟机硬件设备时虚拟机需要处于关机状态。单击"虚拟机"菜单，选择"设置"选项，如图 1-76 所示。

2 弹出"Virtual Machine Settings"对话框，单击设备列表下方的"Add"按钮添加新硬件，如图 1-77 所示。

图 1-76 编辑虚拟机设置

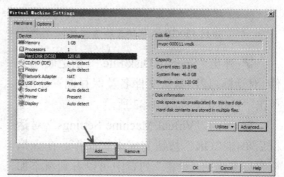

图 1-77 添加新硬件

3 弹出"Hardware Type"（硬件类型）对话框，在"硬件类型"列表中选择"Hard Disk"（硬盘）选项，然后单击"Next"按钮，如图 1-78 所示。

4 弹出"Select a Disk"对话框，选择"创建一个新的虚拟磁盘"选项，单击"Next"按钮，如图 1-79 所示。

5 弹出"Select a Disk Type"（选择硬盘类型）对话框，在"虚拟硬盘类型"列表中选择"SCSI（推荐）"选项，然后单击"Next"按钮，如图 1-80 所示。

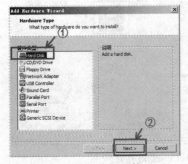

图 1-78　选择硬件　　　　图 1-79　创建一块新虚拟磁盘　　　图 1-80　选择磁盘类型

6 弹出"Specify Disk Capacity"（硬盘容量设置）对话框，在"最大磁盘空间"列表中输入新硬盘容量（本例中为 120GB），勾选"虚拟磁盘拆分成多个文件"选项，然后单击"Next"按钮，如图 1-81 所示。

图 1-81　硬盘容量设置　　　　　　　图 1-82　硬盘文件详细设置

★**注意** 如果勾选"立即分配所有磁盘空间"选项，不论虚拟机占有多少磁盘空间，都立刻分配指定的硬盘空间给虚拟机，如本例中将分配 120GB 主机硬盘给虚拟机。

7 弹出"Specify Disk File"（指定硬盘文件)对话框，使用默认文件名及保存位置即可，单击"Finish"，如图 1-82 所示。

8 返回"Virtual Machine Settings"对话框后单击"OK"按钮完成添加操作。在虚拟机窗口左侧的"设备"列表中可以看到新添加的硬盘，如图 1-83 所示。

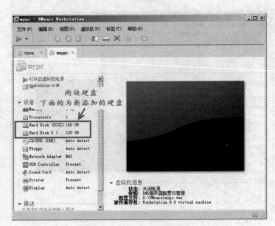

图 1-83　新添加的硬盘

1.4　VirtualBox

VirtualBox 是一款开源虚拟机软件，使用者可以在 VirtualBox 上安装并且执行 Solaris、

Windows、DOS、Linux、OS/2 Warp、BSD 等操作系统。VirtualBox 具有以下特点：

（1）支持 64 位客户端操作系统（即使主机使用 32 位 CPU）。

（2）支持 SATA 硬盘 NCQ 技术。

（3）虚拟硬盘快照功能。

（4）无缝视窗模式 (须安装客户端驱动)。

（5）能够在主机端与客户端共享剪贴板 (须安装客户端驱动)。

（6）在主机端与客户端间建立共享文件夹 (须安装客户端驱动)。

（7）内建远端桌面服务器。

（8）USB 与 USB2.0 支持。

1.4.1 使用 VirtualBox 创建一台虚拟机

📝 任务描述

许多网络组建与调试的学习者都有同样的问题——缺乏练习与实践的环境，实验环境的搭建已成为网络组建与调试自学路上的拦路虎。利用 VirtualBox 可以在一台电脑中创建多台虚拟机，将其组建成局域网，从而实现实验平台的搭建。下面介绍使用 VirtualBox 创建虚拟机的方法。

🖱 具体操作

1 VirtualBox 安装完成后，双击桌面上的快捷图标启动 VirtualBox，如图 1-84 所示。

2 弹出"Oracle VM VirtualBox 管理器"界面，单击工具栏中的"新建"图标创建虚拟机，如图 1-85 所示。

3 新建虚拟电脑向导启动，弹出"虚拟电脑名

图 1-84 双击桌面上的快捷图标启动 VirtualBox

称和系统类型"对话框，在"名称"右侧的文本框中输入虚拟机名称（当创建多台虚拟机时，名称用来区分虚拟机），在"类型"右侧的下拉列表中选择操作系统类型，在"版本"右侧的下拉列表中指定操作系统的版本，设置完成后单击"下一步"按钮，如图 1-86 所示。

图 1-85 新建虚拟机　　　　　　　图 1-86 虚拟电脑名称和系统类型设置

4 弹出"内存大小"对话框，根据实际情况指定虚拟机内存大小，然后单击"下一步"按钮，如图 1-87 所示。

5 弹出"虚拟硬盘"对话框，选择"现在创建虚拟硬盘（C）"选项，然后单击"创建"按钮，如图 1-88 所示。

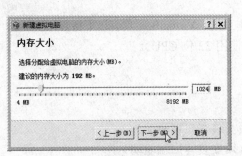
图 1-87　为虚拟机分配内存

图 1-88　现在创建虚拟硬盘

6 弹出"虚拟硬盘文件类型"对话框，选择"VDI（VirtualBox 磁盘映像）"选项，然后单击"下一步"按钮，如图 1-89 所示。

7 弹出"存储在物理硬盘上"对话框，认真阅读其中的说明，选择"动态分配"选项，然后单击"下一步"按钮，如图 1-90 所示。

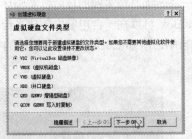
图 1-89　指定虚拟硬盘文件类型

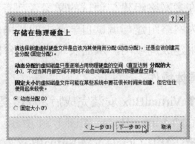
图 1-90　为虚拟硬盘动态分配空间

8 弹出"文件位置和大小"对话框，先指定虚拟硬盘文件的名称和存放位置，再指定虚拟硬盘的大小，然后单击"创建"按钮创建虚拟机，如图 1-91 所示。

9 虚拟机创建完成后将出现在"Oracle VM VirtualBox 管理器"中，从该窗口还可以了解或修改虚拟机的设置，如图 1-92 所示。

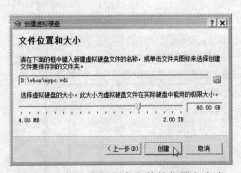
图 1-91　指定虚拟硬盘文件的位置和大小

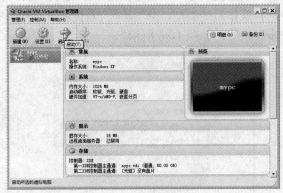
图 1-92　虚拟机创建完成

1.4.2　为 VirtualBox 虚拟机安装操作系统

任务描述

新创建的虚拟机与购买的新计算机一样是一台裸机，不能进行任何工作。必须为它安装操作系统，接下来我们就为虚拟机安装 Windows 7（64 位版）操作系统。

🖱 **具体操作**

1 启动 VirtualBox，进入"Oracle VM VirtualBox 管理器"窗口，在左侧的虚拟机列表中选中要安装系统的虚拟机，例如本例中为 mypc，窗口右侧即显示该虚拟机的相关配置信息，单击"存储"文字按钮，为虚拟机配置光驱，如图 1-93 所示。

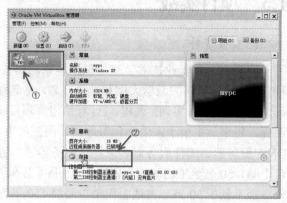

图 1-93　在 Oracle VM VirtualBox 管理器中配置光驱

2 弹出"mypc-设置"对话框，在"存储树"列表中选择光驱，然后单击"分配光驱"右侧的下拉列表选择"第一 IDE 控制器主通道"，然后单击其右侧的"设置虚拟光盘"图标，在弹出的快捷菜单中选择"选择一个虚拟光盘"选项，即使用光盘映像文件安装操作系统，如图 1-94 所示。

3 弹出"请选择一个虚拟光盘文件"对话框，找到并选中虚拟光盘文件，然后单击"打开"按钮继续，如图 1-95 所示。

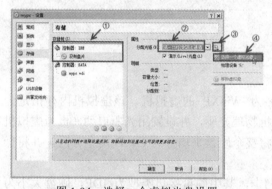

图 1-94　选择一个虚拟光盘设置

图 1-95　找到并选中虚拟光盘文件

4 虚拟光盘文件设置完成后，单击工具栏中的启动图标，启动虚拟机，如图 1-96 所示。

5 虚拟机启动后即可开始安装操作系统，为虚拟机安装操作系统与在物理计算机上完全相同，用户可参考计算机维护等相关书籍进行，如图 1-97 所示为虚拟机正在安装 Windows 7 操作系统。

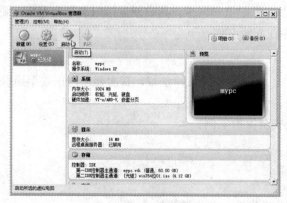

图 1-96　启动虚拟机

图 1-97　为虚拟机安装 Windows 7 操作系统

1.5　项目实战

1. 背景资料

滨江市工业职业技术学院信息工程系网络教研室王勇主任正在为下学期学生组网实训课程发愁。根据学院的教学大纲和教学计划，规定将在下学期为计算机网络技术专业的学生开设《计算机组网项目实训》课程，《计算机组网项目实训》是一门以培养学生动手能力为主的专业课程，每个学生至少需要一台服务器、两三台电脑才能完成 Web 网站服务器、FTP 服务器、DNS 服务器、邮件服务器、流媒体服务器等服务器搭建实验，如果每人分配一台服务器，两台电脑，50 名学生的班级则需要 50 台服务器和 100 台电脑，如果算上交换机等网络设备，投入资金不低于 50 万，占地面积至少需要 150 平方米。王主任曾经向学院提出建设专业网络实训室的申请，被学院国资处驳回，让网络教研室另寻出路。

2. 项目实战

请结合本章所学知识，在电脑上创建一台服务器和两台虚拟机，要求虚拟的服务器和两台虚拟机之间能够正常通讯，同时填写"实训报告单"。

1.6　课后练习

1. 课后实践

（1）使用 VMware Workstation 创建一台名为 WinXP 的虚拟机，该虚拟机内存指定为 512MB，IDE 硬盘容量为 60GB；虚拟机使用主机物理光驱，并设置用光驱启动，再为虚拟机安装 WinXP 操作系统和驱动程序（注：分区时将整个硬盘平均分为 C、D 两个分区，并将操作系统安装在 C 分区）。

（2）为上面所创建的虚拟机添加新硬盘和网卡，其中硬盘接口类型为 IDE，硬盘大小为 12G，硬盘映像文件与虚拟机保存在同级文件夹下。

（3）使用 VirtualBox 创建一台名为 WinXP 的虚拟机，虚拟机内存为 512MB，IDE 硬盘容量为 60GB；虚拟机使用主机物理光驱，设置用光驱启动虚拟机，再为虚拟机安装 Windows XP 操作系统和驱动程序（注：分区时将整个硬盘平均分为 C、D 两个分区，并将操作系统安装在 C 分区）。

（4）为上面所创建的 VirtualBox 虚拟机添加新硬盘和网卡，其中硬盘接口类型为 IDE，硬盘大小为 12GB，硬盘映像文件与虚拟机保存在同级文件夹下。

2. 选择题

（1）在获取软件时，首先必须遵守（　　）及国家相关法律法规，其次要通过正规渠道获得，避免上当受骗。

　　A.《中华人民共和国计算机信息系统安全保护条例》

　　B.《计算机软件保护条例》

　　C.《中华人民共和国著作权法》

　　D.《信息安全等级保护管理办法》

（2）软件开发商推出的主力产品，用户需要购买才能获得的是（　　）

A. 外部测试版（用户测试版 Beta）　　　B. 免费版 Free

C. 完全版（Full Version）　　　　　　D. 发行版（Release）

（3）借助于虚拟机软件可以在同一台物理计算机上创建（　　）虚拟机，根据需要为虚拟机安装（　　）的操作系统，虚拟机运行时（　　）。

A. 最多一台、Windows、与主机互不干扰

B. 多台、必须相同、彼此相互干扰

C. 多台、相同或不同、互不干扰

D. 多台、必须不同、互不干扰

3. 判断题

（1）所有的软件都不需要购买，可以通过互联网或其他途径获取破解软件，使用破解版软件安全、合法。（　　）

（2）不论软件是否带有卸载程序，我们都可以使用 Windows 操作系统自带的"添加/删除程序"进行卸载。（　　）

（3）虚拟机与主机之间只能通过拖拽的方式共享数据。（　　）

4. 简答题

（1）除了共享版软件外，还有哪些形式的软件版本？

（2）什么是虚拟机？虚拟机有哪些用途？请用实例说明。

（3）使用虚拟机软件 VMware Workstation 或 VirtualBox 能够完成哪些单机不能完成的工作？请举例说明。

（4）虚拟机可以上网吗？如果可以，请列举虚拟机上网的途径或方法。

（5）虚拟机可以加入到计算机教室所在的局域网吗？如果可以，需要怎样操作才能实现？

（6）可以在虚拟机上安装操作系统和应用软件吗？安装方式和物理电脑有区别吗？

（7）怎样才能从虚拟机切换到主机？

第 2 章　磁盘管理工具

带着问题学

☑ 购买的容量是 1TB 的硬盘，为什么只有 931.5GB？

☑ 为什么下载或复制文件的时候，硬盘总吱吱地响？

☑ 非正常关机，重启电脑后为什么会出现蓝屏？

☑ 为什么只有 1 字节的文件，却占用了 1KB 的存储空间？

☑ 误删了文件，回收站里也没有，还能找回来吗？

☑ 还原系统失误，造成分区数据丢失，还能找回来吗？

☑ 硬盘坏了，分区也不见了，硬盘中的数据能拷贝出来吗？

2.1　知识储备

　　磁盘是磁盘驱动器的简称，泛指通过电磁感应、利用电流的磁效应向带有磁性的盘片中写入数据的存储设备。广义的磁盘包括早期使用的各种软盘和现在广泛应用的各种机械硬盘；狭义的磁盘专指机械硬盘。本章所述磁盘管理工具不仅包括电脑内部的机械硬盘、固态硬盘、混合硬盘，也包括移动硬盘、优盘、闪存等各类可读写的存储介质（内存除外）。

2.1.1　磁盘容量

　　早期的硬盘容量很小，大多以 MB（兆）为单位，1956 年 9 月 IBM 公司制造的世界上第一台磁盘存储系统只有区区的 5MB，随着硬盘技术的飞速发展，现今攒机多以 4TB、3TB、2TB、1.5TB、1TB、750GB、500GB 几个容量级别的硬盘为主，品牌电脑（台式机）则以 1TB、750GB、500GB、320GB 几个容量级别为主。

　　细心的人会发现，在操作系统中硬盘的容量与官方标称的容量不符，比标称容量要少，容量越大则少得越多。例如，标称 1TB 的硬盘，在操作系统中显示只有 931.51GB，如图 2-1 所示。这并不是厂商或经销商以次充好欺骗消费者，而是硬盘厂商对容量的计算方法和操作系统的计算方法有所不同造成的。

图 2-1　硬盘标称容量与实际容量不符

以 1TB 的硬盘为例：

厂商容量计算方法：1TB＝1，000，000MB＝1，000，000，000KB＝1，000，000，000，000 字节

换算成操作系统计算方法：1，000，000，000，000 字节/1024＝976，562，500KB/1024＝953，674.32MB/1024＝931.32GB

同时在操作系统中，硬盘还必须分区和格式化，系统会在硬盘上占用一些空间提供给系统文件使用，所以在操作系统中显示的硬盘容量和标称容量会存在差异。

2.1.2　磁盘物理结构

优盘、固态硬盘和闪存作为一种新型的电可擦除可编程只读存储（EEPROM），是半导体存储器（SCM）的一种，机械结构简单；硬盘和软盘以磁性材料为存储介质，由磁头、盘片、马达等组成，机械结构极为复杂，如图 2-2 所示。

1. 磁头

传统的磁头是读写合一的电磁感应式磁头硬盘的读、写是两种截然不同的操作，这种二合一磁头在设计时必须要同时兼顾读/写两种特性，从而造成了硬盘设计上的局限。而 MR 磁头（Magneto-resistive heads，磁阻磁头）采用的是分离式的磁头结构：写入磁头仍采用传统的磁感应磁头（MR 磁头不能进行写操作），读取磁头则采用新型的 MR 磁头，即所谓的感应写、磁阻读。设计时针对两者的不同特性分别进行优化，以得到最好的读/写性能。另外，MR 磁头是通过阻值变化而不是电流变化去感应信号幅度，因而对信号变化非常敏感，读取数据的准确性也相应提高。由于读取的信号幅度与磁道宽度无关，故磁道可以做得很窄，从而提高了盘片密度。

2. 磁道

当磁盘旋转时，磁头在某一位置保持不动，磁头在磁盘表面划出的圆形轨迹叫做磁道，如图 2-3 所示。磁道用肉眼是根本看不到的，因为它们仅是盘面上以特殊方式磁化了的一些磁化区，磁盘上的信息便是沿着这样的轨道存放的。相邻磁道之间并不是紧挨着的，这是因为磁化单元相隔太近时磁性会相互产生影响，同时也为磁头的读写带来困难。

3. 扇区

磁盘上的每个磁道被等分为若干个弧段，如图 2-3 所示，这些弧段便是磁盘的扇区，每个扇区可以存放 512 个字节的信息，磁盘驱动器在向磁盘读取和写入数据时以扇区为单位。

4. 柱面

硬盘通常由叠放的一组盘片构成，每个盘面都被划分为数目相等的磁道，磁盘由外缘"0"磁道向内开始编号，具有相同编号的磁道形成一个圆柱，称为磁盘的柱面，如图 2-3 所示。磁盘的柱面数与一个盘面上的磁道数是相等的。无论是双盘面还是单盘面，由于每个盘面都有自己的磁头，因此，盘面数等于总的磁头数。

5. CHS

CHS 是 Cylinder/Head/Sector（柱面/磁头/扇区）的缩写，是磁盘管理中经常遇到的参数，CHS 的值可以确定硬盘容量，硬盘的容量=柱面数×磁头数×扇区数×512B。

图 2-2　机械硬盘的内部结构

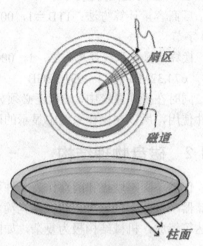

图 2-3　CHS 示意图

2.1.3　磁盘数据结构

　　磁盘管理包括分区管理和数据恢复。硬盘损坏连分区都找不到了数据还能恢复吗？数据恢复的原理是什么呢？

　　想要了解数据恢复的原理，必须先了解磁盘的数据结构、文件的存储原理及操作系统的启动流程，如图 2-4 所示是某网友在 Windows 7（64 位）系统下给硬盘做的分区，下面以该硬盘为例分析磁盘的数据结构。

图 2-4　硬盘分区

1. 主引导扇区结构

　　主引导扇区位于整个硬盘的 0 磁道 0 柱面 1 扇区，包括硬盘主引导记录 MBR 和分区表 DPT，如图 2-5 所示。主引导记录是一段引导代码，作用就是检查分区表是否正确以及确定哪个分区为引导分区。

　　硬盘分区分为主分区、扩展分区和逻辑分区，一块硬盘只能有 0~1 个扩展分区，一个扩展分区最多有 64 个逻辑分区，如果用 P 表示主分区，E 表示扩展分区，L 表示逻辑分区，一块被分为 5 个分区的硬盘，分区方法只能是以下分区方法中的一种：

　　（1）P+P+P+E（L+L）（图 2-4 的分区结构）

　　（2）P+P+E（L+L+L）

　　（3）P+E（L+L+L+L）

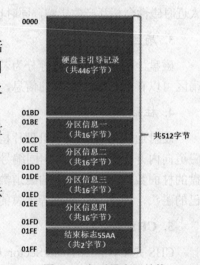

图 2-5　主引导扇区结构

（4）E（L+L+L+L+L）

分区表含有 4 个分区记录，用于存放主分区和扩展分区的结构信息。如果将磁盘都分成主分区，最多分 4 个分区（这就是一块硬盘最多有 4 个主分区的原因），如果硬盘分区数为 N（N≥5），该硬盘必有一个扩展分区，扩展分区里至少含有 N-3 个逻辑分区。

如图 2-4 所示分区结构对应的主引导扇区数据如图 2-6 所示。

```
0000  33 C0 8E D0 BC 00 7C FB  50 07 50 1F FC BE 1B 7C
0010  BF 1B 06 50 57 B9 E5 01  F3 A4 CB BD BE 07 B1 04
0020  38 6E 00 7C 09 75 13 83  C5 10 E2 F4 CD 18 8B F5
0030  83 C6 10 49 74 19 38 2C  74 F6 A0 B5 07 B4 07 8B
0040  F0 AC 3C 00 74 FC BB 07  00 B4 0E CD 10 EB F2 88
0050  4E 10 E8 46 00 73 2A FE  46 10 80 7E 04 0B 74 0B
0060  80 7E 04 0C 74 05 A0 B6  07 75 D2 80 46 02 06 83
0070  46 08 06 83 56 0A 00 E8  21 00 73 05 A0 B6 07 EB
0080  BC 81 3E FE 7D 55 AA 74  0B 80 7E 10 00 74 C8 A0
0090  B7 07 EB A9 8B FC 1E 57  8B F5 CB BF 05 00 8A 56
00A0  00 B4 08 CD 13 72 23 8A  C1 24 3F 98 8A DE 8A FC
00B0  43 F7 E3 8B D1 86 D6 B1  06 D2 EE 42 F7 E2 39 56
00C0  0A 77 23 72 05 39 46 08  73 1C B8 01 02 BB 00 7C
00D0  8B 4E 02 8B 56 00 CD 13  73 51 4F 74 4E 32 E4 8A
00E0  56 00 CD 13 EB E4 8A 56  00 60 BB AA 55 B4 41 CD
00F0  13 72 36 81 FB 55 AA 75  30 F6 C1 01 74 2B 61 60
0100  6A 00 6A 00 FF 76 0A FF  76 08 6A 00 68 00 7C 6A
0110  01 6A 10 B4 42 8B F4 CD  13 61 61 73 0E 4F 74 0B
0120  32 E4 8A 56 00 CD 13 EB  D6 61 F9 C3 49 6E 76 61
0130  6C 69 64 20 70 61 72 74  69 74 69 6F 6E 20 74 61
0140  62 6C 65 00 45 72 72 6F  72 20 6C 6F 61 64 69 6E
0150  67 20 6F 70 65 72 61 74  69 6E 67 20 73 79 73 74
0160  65 6D 00 4D 69 73 73 69  6E 67 20 6F 70 65 72 61
0170  74 69 6E 67 20 73 79 73  74 65 6D 00 00 00 00 00
0180  00 00 00 00 00 00 00 00  00 00 00 00 00 00 00 00
0190  00 00 00 00 00 00 00 00  00 00 00 00 00 00 00 00
01A0  00 00 00 00 00 00 00 00  00 00 00 00 00 00 00 00
01B0  00 00 00 00 00 00 00 00  7A 12 F1 07 00 00 80 00
01C0  01 01 07 FE FF FF C1 3E  00 00 98 E5 69 18 00 FE
01D0  FF FF 07 FE FF FF 59 24  6A 18 59 24 6A 18 00 FE
01E0  FF FF 07 FE FF FF B2 48  D4 30 59 24 6A 18 00 FE
01F0  FF FF 0F FE FF FF 0B 6D  3E 49 9F 68 C1 36 55 AA
```

图 2-6　某网友的主引导扇区数据

2. 分区结构信息

表 2-1 以表格的形式对如图 2-6 所示的分区结构进行分析。

表 2-1　某网友的分区结构分析

偏　移	长　度	分区 1	分区 2	分区 3	分区 4	含　义
00H	1	80	00	00	00	活动分区指示符，该值为 80H 表示为可自举分区(仅有一个)，该值为 00H 表示非活动分区
01H	1	00	FE	FE	FE	分区起始磁头号
02H	1	01	FF	FF	FF	低 6 位是分区开始的扇区，高 2 位是分区开始的柱面的前两位
03H	1	01	FF	FF	FF	分区的起始柱面号的低 8 位
04H	1	07	07	07	0F	系统标志，该值为 01H 表示采用 12 位 FAT 格式的 DOS 分区，为 04H 表示采用 16 位 FAT 格式的 DOS 分区，为 05H 表示为扩展 DOS 分区，为 06H 表示为 DOS 系统，为 0C 表示 FAT32 分区，07 为 NTFS 分区，0F 代表扩展分区
05H	1	FE	FE	FE	FE	分区终止磁头号
06H	1	FF	FF	FF	FF	低 6 位为分区结束的扇区号，高 2 位为结束柱面号的前 2 位
07H	1	FF	FF	FF	FF	分区结束柱面号的低 8 位
08H	4	C13E0000	59246A18	B248D430	0B6D3E49	本分区前已用的扇区数，低位字节在前
0CH	4	98E56918	59246A18	59246A18	9F68C136	本分区的扇区总数，低位字节在前

通过分区结构中的系统标志，可以判定分区采用哪种系统结构，分区的系统结构有 FAT、FAT16、FAT32、NTFS、EXT、EXT2、EXT3、EXT4 等，采用不同系统结构的分区，其分区结构也不相同。下面以 Windows 操作系统为主，介绍分区的文件系统结构。

3. FAT 分区文件系统结构

FAT 文件系统分为 FAT12、FAT16 和 FAT32，三者在结构上比较相似，由引导扇区、保留区、FAT 表、数据区（含根目录）组成，其中文件系统信息放在引导扇区、FAT 表和目录中，如图 2-7 所示。

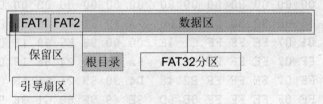

图 2-7　FAT 分区文件系统结构

引导扇区占第一个扇区，保存该分区每扇区的字节数、每簇对应的扇区数等重要参数和引导记录。引导扇区之后是 31 个保留扇区（FAT16 没有保留扇区）。

FAT（文件分配表）有两个（FAT1 和 FAT2），两个文件分配表完全相同，因为文件所占用的存储空间（簇链）及空闲空间的管理都是通过 FAT 实现的，其中一个 FAT 损坏时，可用另一个恢复。

在 FAT 文件系统中，数据区的存储空间是按簇进行划分和管理的，簇是磁盘空间分配和回收的基本单位，一个文件总是占用若干个整簇，因此，如果文件所使用的最后一簇还有剩余的空间，也不能继续使用。

FAT12 采用 12 位文件分配表，是软盘采用的分区结构；FAT16 采用 16 位文件分配表，是 DOS 和早期 Windows 32 常采用的分区结构；FAT32 采用 32 位文件分配表，是自 Windows 95 以来的操作系统普遍采用的分区格式。现在不少 Windows 7 或 Windows 8 用户仍在使用 FAT 32 文件系统，另外，优盘、闪存等存储介质也采用 FAT 32 文件系统结构。

4. NTFS 文件系统结构

NTFS 是 Windows NT 引入的新型文件系统。在 NTFS 文件系统中，分区中所有数据均存放在$MFT（Master File Table，主文件表）中。$MFT 由文件记录数组构成。文件记录的大小固定是 4KB，这个概念相当于 Linux 中的 inode。文件记录在$MFT 是从 0 开始连续编号存放的，如图 2-8 所示。

图 2-8　NTFS 分区文件系统结构

2.1.4　文件分配单位

扇区是磁盘最小的物理存储单元，但由于操作系统无法对数目众多的扇区进行寻址，所以操作系统就将相邻的扇区组合在一起，形成一个簇，再以簇为单位进行管理。簇的大小根据分区容量来确定。簇太大，会导致浪费，簇太小，会导致磁盘工作效率低下，通常簇的大小控制在 4KB 左右（表 2-2）。

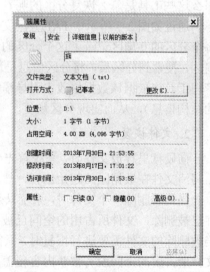

图 2-9　1 字节的文件占用一个族

为了更好地管理磁盘空间和更高效地从硬盘读取数据，操作系统规定一个簇中只能放置一个文件的内容，因此文件所占用的空间，只能是簇的整数倍；如果文件实际大小小于一簇，它也要占一簇的空间。如果文件实际大小大于一簇，根据逻辑推算，那么该文件就要占两个簇的空间。所以，一般情况下文件所占空间要略大于文件的实际大小，只有在少数情况下，即文件的实际大小恰好是簇的整数倍时，文件的实际大小才会与所占空间完全一致。例如，某网友在安装 Windows 7 操作系统的电脑上创建了一个 1 字节的文件（分区采用 NTFS 文件系统），该文件将占用 4KB 存储空间（每个族为 4KB）。如图 2-9 所示。

簇是磁盘管理中比较重要的概念，因为簇是文件分配的最小单位，要恢复文件数据，必须先确定簇的大小。

表 2-2　NTFS 默认的簇大小

分区大小	Windows NT 3.51	Windows NT 4.0	Windows 7, Windows Server 2008 R2, Windows Server 2008, Windows Vista, Windows Server 2003, Windows XP, Windows 2000
7MB~512MB	512 bytes	4 KB	4 KB
512MB~1GB	1 KB	4 KB	4 KB
1GB~2GB	2 KB	4 KB	4 KB
2GB~2TB	4 KB	4 KB	4 KB
2TB~16TB	不支持	不支持	4 KB
16TB~32TB	不支持	不支持	8 KB
32TB~64TB	不支持	不支持	16 KB
64TB~128TB	不支持	不支持	32 KB
128GB~256TB	不支持	不支持	64 KB
>256TB	不支持	不支持	不支持

2.1.5　数据恢复原理

1. 分区恢复

误克隆、人为删除分区后重新分区并安装新操作系统或者病毒破坏等都可能导致关键分区的数据丢失。很多磁盘管理工具都有分区恢复功能，如 DiskGenius、Acronis Disk Director 等，那么这些工具是怎么恢复分区的呢？

通过如图 2-7 所示中 FAT 分区文件系统结构和如图 2-8 所示中 NTFS 文件系统结构可知，每个分区的 0 扇区记录了这个分区的文件系统信息，磁盘管理工具可以逐个扇区搜索分区的 0 扇区，搜索到分区后，将分区信息呈现给用户，以确定是否为用户丢失的分区，如果是，磁盘管理工具将依据该数据修改主引导扇区中分区结构信息（如果是逻辑分区，则修改扩展分区中的结构信息），从而实现分区恢复。

2. 文件恢复

向硬盘里存放文件时，系统首先会在文件分配表内写上文件名称、大小，并在文件分配表上写清文件在数据区的起始位置，然后再向数据区写入文件的真实内容。

当需要删除一个文件时，系统只是在文件分配表内的文件前面写一个删除标志，表示该文件已被删除，文件所占用的空间已被"释放"，其他文件可以使用该文件占用的空间。所以，当被删除的文件需要进行恢复时，只需将删除标志去掉，数据就可以被恢复。恢复的前提是该文件所占用的空间没有被新内容覆盖。

2.2　Acronis Disk Director

Acronis Disk Director 是一款强大的硬盘管理工具，它可以对分区进行管理，可以在不损失资料的情况下对现有硬盘进行重新分区或优化调整，可以对损坏或删除分区中的数据进行修复。除此之外，该软件还是一个不错的引导管理程序，使用它可以轻松地实现多操作系统的安装和引导，并且支持 Windows 7 操作系统。

2.2.1 数据无损调整分区

任务描述

李华是龙兴职业技术学院的一年级新生，在计算机中安装了 Windows 7 操作系统后，又安装了一些常用软件。在使用过程中发现硬盘只有一个分区，管理起来十分不便。因此希望将硬盘进行重新分区，但又担心已有数据会被损坏，没办法只好在学校的论坛里发贴寻求帮助。吴析看到了李华的求助后，向李华提出了解决方案。

解决方案

在保留原有数据的基础上进行分区的调整，叫做无损调整分区。Acronis Disk Director 是一款专门针对硬盘进行管理的工具，支持 Windows 7 操作系统，可以实现在不损失数据的前提下调整硬盘分区。

具体操作

1 启动 Acronis Disk Director，选择"C:分区"，在左侧的向导区域中单击"Spit volume"选项，如图 2-10 所示。

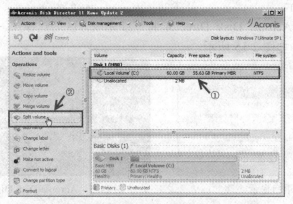

图 2-10　在左侧向导区域中选择"Split volume"

2 在弹出的对话框中通过移动滑块或输入数据的方式指定新分区的容量，单击"OK"按钮，如图 2-11 所示。

图 2-11　指定新分区的容量

3 返回到 Acronis Disk Director 窗口，单击工具栏中的"Commit pending operations(1)"，使调整生效，如图 2-12 所示。

4 弹出"Pending Operations"对话框，在其中列出了刚才的操作，如无异议，单击"Continue"按钮，如图 2-13 所示。

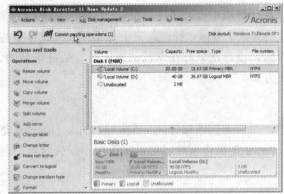

图 2-12　提交设置

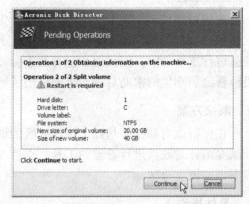

图 2-13　确认操作

5 弹出"警告"对话框，提示用户只有重启后操作才能完成，单击"OK"按钮重新启动计算机，如图 2-14 所示。

6 计算机重启时 Acronis Disk Director 将继续完成分区创建操作，这一过程需要一些时间，用户须耐心等待，如图 2-15 所示。

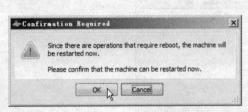

图 2-14　重启提示

图 2-15　Acronis Disk Director 正在创建分区

7 分区创建完成后进入操作系统，双击桌面上的"计算机"图标，即可查看并使用新创建的磁盘分区，如图 2-16 所示。

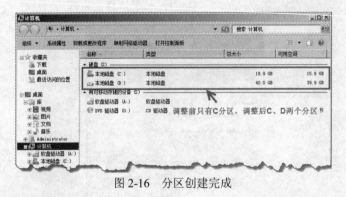

图 2-16　分区创建完成

2.2.2　恢复硬盘数据

✎ **任务描述**

西山职业教育中心计算机应用专业毕业的张欣宇自主创业,毕业后到赛博数码广场租了一个店铺，专做电脑维修业务，刚开始生意比较清淡，时间久了，每天都能接十来个单子。某日，赛博广场 3 层商户急匆匆送来一块硬盘，客户说是硬盘有病毒，他在备份系统盘 C 盘重要数据后重新安装系统一切正常。为减轻以后维护负担，系统调试完毕后，安装了一键还原。一键还原安装完后自动重新启动，出现无法找到系统的错误提示，不能启动到桌面。

张欣宇将客户拿来的硬盘挂接到自己的电脑上，发现用户的硬盘所有分区不见了，而商户描述原盘为 4 个分区，张欣宇该如何恢复客户的重要数据呢？

🛠 解决方案

无论什么原因导致硬盘分区丢失，只要客户还未向硬盘写大量数据，原硬盘中各分区的 0 扇区就可能存在，分区中的文件和数据也可能存在，用 Acronis Disk Director 逐一搜索扇区，找到符合分区中第 0 个扇区的信息，就可以找回该分区。

🖱 具体操作

1 将需要修复的硬盘挂接到电脑上，启动计算机后，右击桌面上的"计算机"图标，在右键菜单中选择"管理"，出现"计算机管理"窗口后，单击窗口左侧的"磁盘管理"，出现"初始化磁盘"窗口后，单击"确定"按钮，如图 2-17 所示。

2 安装并运行 Acronis Disk Director，打开 Acronis Disk Director 窗口，依次单击"Tools"（菜单）→"Acronis Recovery Expert"（Acronis 恢复专家），如图 2-18 所示。

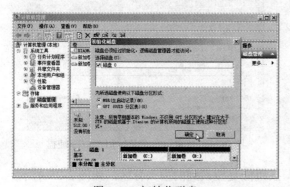

图 2-17 初始化磁盘

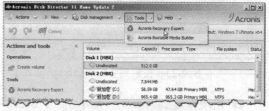

图 2-18 Acronis 恢复专家菜单项

3 出现"Acronis Recovery Expert"对话框后，单击"Next"按钮，如图 2-19 所示。

4 出现恢复模式页面，选择"Manual"（手动模式），单击"Next"按钮，如图 2-20 所示。

图 2-19 Acronis 恢复专家向导程序

图 2-20 选择手动恢复模式

5 出现选择未分配空间页面后，选择需要恢复的硬盘，单击"Next"按钮，如图 2-21 所示。在本例中，因故障硬盘的分区被破坏，所以整块故障硬盘都是未分配空间。

6 出现搜索方式页面后，选择"Complete"（完全），采用完全搜索方式搜索硬盘，如图 2-22 所示。

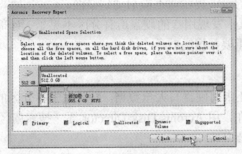

图 2-21　选择故障硬盘　　　　　　　图 2-22　采用完全搜索方式搜索硬盘

7 出现搜索到被删除卷页面，选择搜索到的分区，查验搜索到的分区是不是丢失的分区，如图 2-23 所示。

8 如果故障硬盘不止一个分区，恢复第一个分区后，还会出现其他未分配空间，如果搜索到的分区是丢失的分区，单击"Next"按钮，如图 2-24 所示。

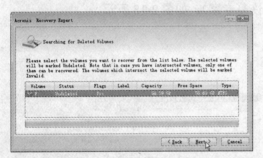
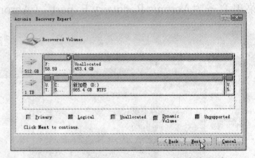

图 2-23　搜索到丢失的分区　　　　　　图 2-24　搜索第一个分区后的故障硬盘

9 出现恢复就绪页面后，单击"Proceed"按钮修复搜索到的丢失分区，如图 2-25 所示。

10 如果出现庆贺页面，表示已修复搜索到的分区，单击"Exit"退出，如图 2-26 所示。

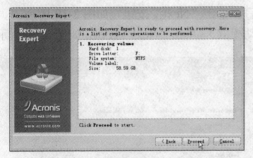

图 2-25　恢复搜索到的丢失分区　　　　图 2-26　成功修复第一个分区

11 返回到 Acronis Disk Director 窗口，依次单击"Tools"菜单→"Acronis Recovery Expert"，继续搜索其他丢失的分区，如图 2-27 所示。

12 出现未分配空间页面，选择剩下的未分配空间，从未分配空间中搜索丢失的分区，如图 2-28 所示。

图 2-27　继续搜索其他丢失的分区

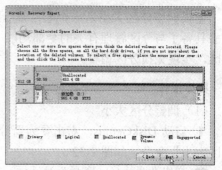

图 2-28　从未分配空间搜索丢失的分区

13 搜索到丢失的分区，按恢复第一个分区的操作方法修复该分区即可，如图 2-29 所示。

14 当所有分区都恢复后，打开"磁盘管理"，查看恢复后的故障硬盘，此时故障硬盘已完全恢复，如图 2-30 所示。

15 用资源管理器查看修复的分区，查看分区里面的文件和文件夹，验证所修复的硬盘，如图 2-31 所示。

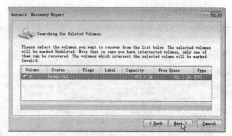

图 2-29　搜索到另一个丢失的分区

图 2-30　整个故障硬盘修复完成

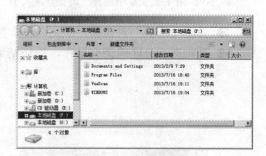

图 2-31　验证修复的硬盘

2.3　DiskGenius

DiskGenius 是一款集磁盘分区管理与数据恢复功能于一身的工具软件。具备分区管理功能，支持 GUID 分区表，支持各种硬盘、存储卡、虚拟硬盘、RAID 分区，提供了独特的快速分区、整数分区等功能，同时具备丢失分区恢复功能、完善的文件恢复功能。

2.3.1　调整并创建分区

📎 **任务描述**

李晶晶是祥荣职业技术学院的一名新生，在使用计算机的过程中发现硬盘分区较少，管理起来不是很方便。可是现在所有的分区中都有数据，她希望将硬盘进行重新分区，但又担心数据会被损坏，夏磊同学听说了她的顾虑后，为她提出了一个解决问题的方案。

解决方案

无损调整分区大小是一个非常重要，亦非常实用的一项磁盘分区管理功能。DiskGenius 几乎具备了与分区管理有关的全部功能，在不破坏数据的情况下可以方便、快捷地创建一个新分区，实现无损分区调整。

具体操作

（1）调整分区大小

1 启动 DiskGenius，右击要为新分区提供空间的分区，在弹出的右键菜单中选择"调整分区大小"命令，如图 2-32。

2 弹出"调整分区容量"对话框，输入调整后容量，单击"开始"按钮，如图 2-33 所示。

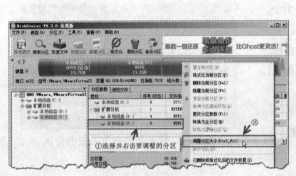

图 2-32　在右键菜单中选择"调整分区大小"

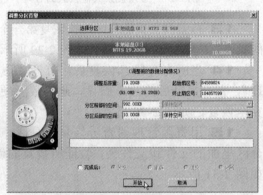

图 2-33　输入调整后容量

3 弹出"确认"对话框，单击"是"按钮，如图 2-34 所示。

4 开始进行分区的调整操作，操作结束后，单击"完成"按钮，如图 2-35 所示。

图 2-34　确认对话框

图 2-35　确认对话框

（2）建立新分区

1 返回 DiskGenius 工作界面，即可看到绿色的空闲分区，右键单击空闲分区，在弹出的菜单中选择"建立新分区"命令，如图 2-36 所示。

2 弹出"建立新分区"对话框，选择分区类型、文件系统类型并设置新分区的大小，单击"确定"按钮，如图 2-37 所示。

3 返回 DiskGenius 工作界面，单击工具栏中的"保存更改"图标按钮，如图 2-38 所示。

4 弹出信息提示对话框，单击"是（Y）"按钮使设置生效，如图 2-39 所示。

图 2-36　在右键菜单中选择"建立新分区"

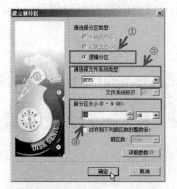

图 2-37　设置新分区的参数

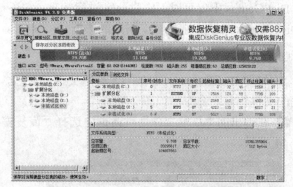

图 2-38　单击"保存更改"按钮

（3）格式化新分区

1 返回 DiskGenius 工作界面，右键单击新创建的分区，选择"格式化当前分区"命令，如图 2-40 所示。

图 2-39　确认对话框

图 2-40　格式化当前分区

2 弹出确认对话框，单击"是（Y）"对新分区进行格式化操作，如图 2-41 所示。

3 双击桌面上的"计算机"图标，可以查看新的磁盘分区情况，如图 2-42 所示。

图 2-41　确认对话框

图 2-42　查看新分区

2.3.2 文件恢复

✎ **任务描述**

对于计算机新手来说，误操作是不可避免的。那么，当问题发生后，应该怎样做才能挽回损失？

李刚就读于东鑫职业技术学院，是一名艺术传媒系的新生，他在操作计算机的过程中不小心误删除了一些重要文件，很着急。听说有软件可以找回误删除的文件，可是不知道如何去做。于是，他向计算机信息安全专业的同学马子驰求助，马子驰向他推荐了 DiskGenius。

✖ **解决方案**

DiskGenius 不仅可以对磁盘分区进行管理，它还是一个非常优秀的数据恢复软件。下面利用 DiskGenius 帮助李刚找回误删除的数据。

🖱 **具体操作**

1 启动 DiskGenius，右击刚才删除文件的分区，在弹出的右键菜单中选择"已删除或格式化的文件恢复"命令，如图 2-43 所示。

2 在弹出的"恢复文件"对话框中选择"恢复整个分区的文件"，单击"开始"按钮，如图 2-44 所示。

图 2-43 选择"已删除或格式化后的文件恢复"命令

图 2-44 选择恢复方式

3 弹出"文件扫描完成"对话框，单击"确定"按钮，如图 2-45 所示。

4 返回 DiskGenius 窗口，"浏览文件"选项卡中列出了刚才被误删除的文件，选中要恢复的文件，单击鼠标右键，选择"复制到'我的文档'"，如图 2-46 所示。

图 2-45 文件扫描完成

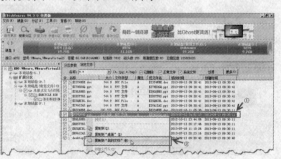

图 2-46 复制文件

5 复制结束后，弹出"文件复制完成"对话框，单击"打开文件夹"按钮，如图2-47所示。

6 打开"文档"，误删除的文件恢复成功，如图2-48所示。

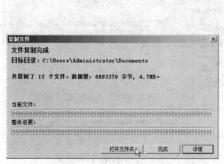

图2-47　文件复制完成

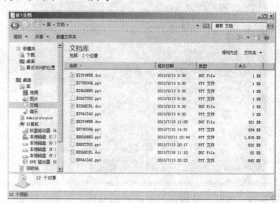

图2-48　文件恢复成功

2.3.3　搜索已丢失的分区

📎 任务描述

江北职教中心的计算机老师杜彦超在江北市IT行业声望颇高，不少电脑公司遇到疑难问题都来找他。一天，江北市宏业数码公司的员工赵胜带来了一块硬盘，赵胜给杜老师简单介绍了一下情况：这块硬盘是东润电力集团财务科某台电脑的硬盘，近期该电脑很不稳定，总出现蓝屏现象，每次蓝屏都要切断电源，等两三分钟才能开机。今天，这台电脑怎么也进不了系统，他们找来信息科的余工程师检查了一下电脑，余工程师检查系统后发现系统瘫痪，必须重新安装系统。财务科的吴科长只好同意了，吴科长说，重装系统可以，必须将硬盘中的数据拷贝出来再重做电脑。余工程师用Windows PE光盘启动电脑，准备将数据复制到移动硬盘，进入Windows PE桌面后，发现整个硬盘的分区都不见了，向吴科长汇报了此事，这下可把吴科长急坏了，这里面有好几年的财务报表，数据不能丢啊！吴科长又向江北市宏业数码公司求助，江北市宏业数码公司这才找到了杜老师，这就是整个事情的经过，杜老师会采取什么样的措施呢？

🔧 解决方案

根据任务描述判断，东润电力集团财务科的电脑故障是硬盘不稳定造成的，造成硬盘不稳定的原因很多，电源、读写频率高、使用时间超过3年、在硬盘读写期间曾震动过主机、电脑积尘、环境过于潮湿等都会引起硬盘工作不稳定。如果是硬盘不稳定引起的分区丢失，这块硬盘也就没有了维修价值，此时的首要任务是导出硬盘中的工作数据。东润电力集团财务科可以购买一块和故障硬盘容量相同的硬盘（也可以购买容量大于故障硬盘的硬盘），然后用Ghost克隆工具将整个故障硬盘的数据克隆到新硬盘，克隆前将映像类型设置为"Image ALL"，就是按扇区一对一的方式将故障硬盘的每个扇区克隆到新硬盘，如图2-49所示。

克隆完成后，再将硬盘挂接到安装有DiskGenius的电脑中，DiskGenius具有搜索丢失分区的功能，因此，用DiskGenius就可以将丢失的数据找回来。

🖱 具体操作

1 将故障硬盘（指备份硬盘）挂接到安装有磁盘管理工具DiskGenius的电脑，启动电脑后，右击桌面上的"计算机"图标，在右键菜单中选择"管理"，出现"计算机管理"窗口后，单击窗口左侧的"磁盘管理"，出现"初始化磁盘"窗口后，单击"确定"按钮，如图 2-50 所示。

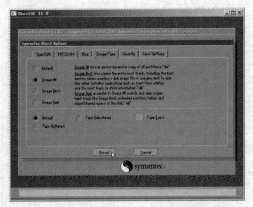

图 2-49 先将故障硬盘以逐扇区的方式克隆到新硬盘

图 2-50 从初始化故障硬盘

2 运行 DiskGenius，打开"DiskGenius"窗口 ，选择故障硬盘，然后依次单击"工具"菜单"搜索已丢失分区（重建分区表）"，如图 2-51 所示。

3 出现"搜索范围"对话框后，选择"整个硬盘"，单击"开始搜索"按钮搜索硬盘，如图 2-52 所示。

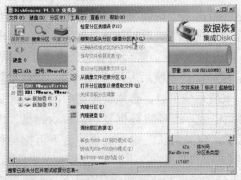

图 2-51 选择"搜索已丢失分区"

图 2-52 搜索整个硬盘

4 搜索到分区后，查看搜索到的分区是否是丢失的分区，如果是丢失的分区，单击"保留"按钮继续搜索，如图 2-53 所示。

5 搜索到分区后，仍然是先查看搜索到的分区是否是丢失的分区，如果是丢失的分区，单击"保留"按钮继续搜索，如图 2-54 所示。

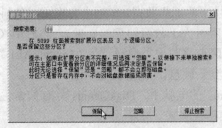

图 2-53 搜索到第一个分区

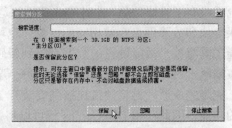

图 2-54 搜索到其他分区

6 完成分区搜索后，单击"确定"按钮。在本例中，共搜索到 4 个分区，如图 2-55 所示。

7 回到 DiskGenius 窗口，可以查看已搜索到的分区，如果搜索到的分区正是丢失的分区，单击工具栏中的"保存更改"图标按钮，保存所恢复的分区，如图 2-56 所示。

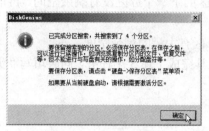

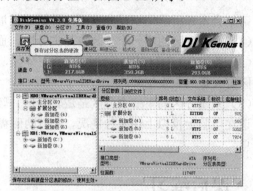

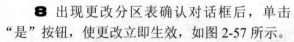

图 2-55 完成分区搜索

图 2-56 保存对分区表的更改

8 出现更改分区表确认对话框后，单击"是"按钮，使更改立即生效，如图 2-57 所示。

9 回到 DiskGenius 窗口后，对比保存更改前后各分区的状态，不难发现，在保存更改后，所有分区都变成了正常的分区，DiskGenius 还为每个分区分配了盘符，如图 2-58 所示。

图 2-57 确认信息

10 用资源管理器查看修复的分区，查看分区里面的文件和文件夹，验证所修复的硬盘，如图 2-59 所示。

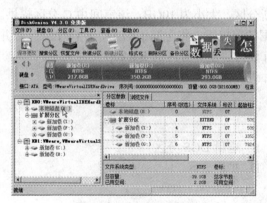

图 2-58 分区恢复成功

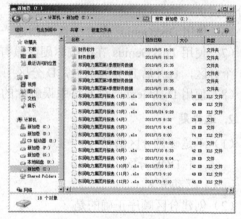

图 2-59 验证所修复的硬盘

2.4 项目实战

1. 背景资料

齐跃先是华北爱信诺航天信息有限公司的一名维修工程师，他每次维修都会做好维修记录，工作一年多，他累计维修了两千多台电脑。有一天，他在等待客户的时候，翻看维修记录以消磨时间，偶然发现，多数电脑变得非常慢是因为系统盘空间太小。如何扩大系统盘容量呢，如果系统分区之外的其他分区是逻辑分区，又该如何调整呢？

2. 项目实战

请结合本章所学知识，分以下几种情况扩展系统分区容量：

（1）系统分区的下一个分区也是主分区，而且有大量剩余空间。

（2）紧邻系统分区的两个分区都是主分区，系统分区的下一个分区没有剩余空间，再下一个分区有大量的剩余空间。

（3）系统分区的下一个分区是逻辑分区，该逻辑分区有大量的剩余空间。

请在电脑上模拟上述 3 种情况，并借助磁盘管理工具完成上述 3 个任务，同时填写"实训报告单"。

2.5 课后练习

1. 课后实践

（1）用 Acronis Disk Director 在 C 分区后面创建一个新分区，分区类型为逻辑分区，采用 FAT32 文件系统，分区大小为 3000MB，该空间由 C 分区提供。

（2）用 Acronis Disk Director 在不破坏硬盘原有数据的前提下，将电脑中的 D、E 两个分区合并为 1 个分区，合并后 D 分区消失，D 分区中原有数据放在 E 分区的 Backup 文件夹中。

（3）用 Acronis Disk Director 调整分区容量，使 C 分区给 D 分区 400MB 容量。

（4）用 Acronis Disk Director 对 Windows XP 操作系统进行调整分区操作。

（5）用 Windows 7 自带的分区功能在 D 分区后创建一个新分区，大小为 5GB，该空间由 D 分区提供。

（6）使用 DiskGenius 在 C 分区后创建一个新分区，大小为 10GB，该空间由 C 分区提供。

（7）使用 DiskGenius 在不破坏硬盘原有数据的前提下，将电脑中的 D、E 两个分区合并为 1 个分区，合并后 D 分区消失，D 分区中原有数据放在 E 分区的 Backup 文件夹中。

（8）使用 DiskGenius 对 F 盘中误删除的文件进行恢复。

2. 选择题

（1）不是硬盘分区的是（   ）。

    A. 主 DOS 分区   B. 逻辑 DOS 分区

    C. 活动分区   D. 扩展分区

（2）创建分区顺序正确的是（   ）。

    A. 先创建主分区，然后创建扩展分区，最后创建逻辑分区

    B. 先创建扩展分区，然后创建逻辑分区，最后创建主分区

    C. 先创建主分区，然后创建逻辑分区，最后创建扩展分区

    D. 先创建扩展分区，然后创建主分区，最后创建逻辑分区

（3）以下不是分区软件的是（   ）。

    A. FORMAT.COM   B. FDISK.EXE

    C. DiskGenius   D. Acronis Disk Director

（4）操作系统引导扇区位于硬盘的（   ）位置。

    A. 0 磁道 0 柱面 1 扇区   B. 0 磁道 0 柱面 0 扇区

    C. 1 磁道 1 柱面 1 扇区   D. 0 磁道 1 柱面 1 扇区

（5）下列表示硬盘主引导记录的是（　　　）。

    A. FAT   B. DBR   C. MBR   D. FDT

（6）下列选项与硬盘容量无关的是（　　　）。

    A. 磁头数   B. 柱面数   C. 扇区数   D. 磁道数

（7）硬盘每个扇区容量的大小是（　　　）。

    A. 1024B   B. 512B   C. 1024b   D. 512b

（8）一个硬盘最多可以设置几个主分区？（　　　）。

    A. 1 个   B. 2 个   C. 3 个   D. 4 个

（9）一般对硬盘的处理顺序是（　　　）。

    A. 低格—分区—高级格式化   B. 分区—低格—高级格式化

    C. 低格—高级格式化—分区   D. 高级格式化—分区—低格

（10）硬盘标称容量为 40G，实际存储容量是（　　　）。

    A. 39.06G   B. 40G   C. 29G   D. 15G

3. 简答题

（1）购买的是 1TB 的硬盘，为什么只有 931.5GB 左右？

（2）为什么下载或复制文件的时候，硬盘总吱吱地响？

（3）只要不正常关机，下次启动的时候为什么总出现蓝屏？

（4）为什么只有 1 字节的文件，却占用了 4KB 的存储空间？

（5）误删了文件，回收站也没有，还能找回来吗？

（6）在还原系统的时候，由于误操作，把分区搞丢了，还能找回来吗？

（7）硬盘坏了，分区也不见了，能把里面的数据拷贝出来吗？

（8）主引导扇区结构位于磁盘的什么位置？

第 3 章　备份与恢复工具

带着问题学

☑ 什么是备份，为什么要备份，系统备份和数据备份有何区别？

☑ 什么是 Ghost 系统，为什么用 Windows 原版光盘比用 Ghost 系统盘装系统慢得多？

☑ 有哪些系统备份方式，恢复系统是系统备份的逆过程吗？

☑ 系统克隆、冰点还原、一键还原有何区别？

☑ 在安装冰点还原的电脑上安装软件或游戏，重新启动后，所装的软件为什么不见了？

☑ 磁盘被格式化了，磁盘里面的数据还能找回来吗？

3.1　知识储备

3.1.1　基础知识

1. 备份的概念

备份是指为应对文件、数据丢失或损坏等可能出现的意外情况，将电脑中的数据复制到磁带等大容量存储设备中。备份可分为系统备份和数据备份。因磁盘损伤或损坏、计算机病毒或人为误删除等原因造成的系统文件丢失，使计算机操作系统不能正常引导，通过系统备份，将操作系统事先储存起来，一旦出现故障，用备份文件快速恢复系统。数据备份指的是用户将文件、数据库、应用程序等数据储存起来，一旦这些数据损坏、丢失或被删除，可用备份数据恢复。

2. 系统映像文件

系统映像是驱动器的精确副本，默认情况下系统映像包含 Windows 运行所需的驱动器、Windows 和用户的系统设置、程序及文件。当计算机系统损坏无法正常工作时，可以使用系统映像还原计算机，使计算机恢复到制作系统映像时的状态。

扩展名为 Gho 的文件是使用赛门铁克公司推出的 Ghost 工具软件所制作的系统映像文件，Gho 文件可存放硬盘分区或整个硬盘的所有文件信息，是目前常见的系统映像文件格式。

3.1.2　系统保护方法分类

1. 系统保护

通过一些系统保护程序或软件、硬件保护工具，可防止硬盘重要数据被破坏，如防止注册表被改写、控制文件 I/O 读写权限等。从用户的角度看，只能在保护程序允许的范围内操作，美萍电脑安全卫士、冰盾系统安全专家等属此类保护软件。

2. 系统还原

使用 Ghost 或 WinImage 等系统备份工具将系统全部或部分进行备份，当系统崩溃或系统混乱，需要重新安装的时候，只需用原来做的备份恢复即可。恢复后的系统和备份前完全一样。这种系统保护方法需要占用大量的存储空间，还原系统也需要较长的时间。

3. 虚拟还原

虚拟还原近似于系统保护，不过它将保护做在系统的底层，先于操作系统启动，当系统启动时，电脑首先执行这类保护程序，然后启动操作系统，并调出长驻内存的程序，拦截并改写 INT 13H 中断（INT 13H 是数据读写中断），修改 VXD 程序，管理用户、系统或应用软件的读写操作，以此实现系统保护。虚拟还原工具也将少量的数据进行备份，在系统还原时只需将这些数据恢复即可，这类保护程序不需要占用太多的存储空间，并且只需几秒时间就可实现系统还原。冰点还原、还原精灵、虚拟还原、捷波恢复精灵等均属此类产品。

3.1.3　虚拟还原、数据恢复的实现

1. 硬盘存储结构

硬盘主要由 BOOT（引导区）、FAT（文件分配表）、ROOT（根目录表）、DATA（数据区）四部分组成。其中 BOOT 存放引导程序及其他重要信息，FAT 存放硬盘的使用情况和分配情况，ROOT 存放文件或子目录信息，DATA 存放数据。

2. 数据存储过程

当向硬盘添加新文件时，操作系统首先将文件信息存入 ROOT，并按照一定的算法在 FAT 里找到一个空簇，然后标记为占用，同时将 ROOT 中相应文件信息的起始簇修改为这个空簇。这些操作完成后，操作系统才把文件内容写入这个簇。如果文件没有写完，系统在 FAT 里再找一个空簇，将其标记为占用，并在前一个簇的最后做一个指向这个新簇的指针，形成一个单链表，接着在这个新簇继续写内容，如此重复直到文件内容全部记录完毕。

当删除文件时，系统实际上并不到每个簇去清除内容，只是将 ROOT 中该文件名的首字符换成空白符号，即做删除标记。然后沿着这个文件的单链表在 FAT 表中将该文件占用的所有簇标记为空。

当更改文件的属性或名字时，操作系统只修改 ROOT 中相应文件的部分信息。

3. 虚拟还原工作原理

虚拟还原工具首先将 ROOT、SUBROOT 以及 FAT 表等重要信息进行备份，并将备份的数据以及工作参数（密码、自动还原时间等）一起保存在硬盘的某个地方。

当用户执行删除文件、改名、改文件属性等操作的时候，系统按正常情况处理，还原软件不做任何干涉。因为这些操作只针对 ROOT 和 FAT 表，而不会改变 DATA（数据区）的任何内容。而 ROOT 和 FAT 都已做过备份，需要的时候完全可以恢复。

当需要添加新文件的时候，为了保护原来的数据，虚拟还原工具并不对已经保护的簇进行任何覆盖操作，而是对通过对照备份的 FAT 表，搜索到现在的 FAT 表和原 FAT 表均标记为空的簇进行操作，这样数据区的数据就不会被覆盖。

当要恢复数据的时候，虚拟还原工具只需把备份的 ROOT、FAT 表等重要数据全部恢复即可。因为需要恢复的数据量小，因此恢复速度很快。

4. 数据恢复工作原理

当从硬盘删除文件时，它们并未真正被删除，这些文件的结构信息仍然保留在硬盘上，除

非新的数据将其覆盖。可以使用 EasyRecovery 软件恢复数据，该软件使用 Ontrack 公司复杂的模式识别技术找回分布在硬盘上不同地方的文件碎块，并根据统计信息对这些文件碎块进行重整，在内存中建立一个虚拟的文件系统并列出所有的文件和目录。因此，用 EasyRecovery 找回数据、文件的前提就是硬盘中还保留有文件的信息和数据块，所以当发现问题时应立即停止对故障硬盘进行新的读写操作，以防数据被覆盖，提高数据的修复率。

3.2 Symantec Ghost

Symantec Ghost 是美国赛门铁克公司推出的一款硬盘备份/还原工具，可以将一块硬盘中的数据完全相同地复制到另一块硬盘中，还可以把整个硬盘或者分区的数据做成映像文件保存起来，一旦系统出现问题就可以使用映像文件进行恢复，从而避免了重装系统的辛苦。

3.2.1 系统备份

任务描述

使用 Ghost 对 Windows 7 64 位版操作系统所在的系统分区进行备份，映像文件以创建日期命名（本例为 2013-7-7），放在非系统分区的指定文件夹（D:/data）中。在本操作中有三个环节需要读者注意：

（1）用光盘或优盘引导计算机启动，本例中使用 WINPE 光盘引导计算机启动。

（2）需要将整个系统分区备份为映像文件。

（3）由于 Windows 7 64 位版操作系统有一个 100M 的预留空间，该空间有硬盘主引导记录和部分系统文件，所以要同时备份两个分区。

具体操作

1 用 Windows PE 光盘引导计算机启动，运行 Ghost：

① 重启动计算机并进入 BIOS 设置程序，将启动顺序设置为光驱优先，保存设置并退出 BIOS 设置程序。

② 将含有 Ghost 软件的 Windows PE 引导盘放入光驱并重启计算机。

③ 在计算机启动后进入 Windows PE 系统，依次单击"开始"菜单→"程序"→"磁盘管理"→"Ghost1115"，启动 Symantec Ghost，如图 3-1 所示。

注意 用户使用的引导光盘不同，启动计算机与运行 Ghost 应用程序的方法也不尽相同。

2 进入"About Symantec Ghost"界面，单击"OK"按钮，如图 3-2 所示。

3 进入 Ghost 主界面后，依次单击菜单中的"Local"→"Partition"→"To Image"菜单项，将分区信息保存为映像文件，如图 3-3 所示。

4 进入"Select local source drive by clicking on the drive number"（单击驱动器号选择源驱动器）界面，在驱动器列表中选择要制作备份分区所在的硬盘，然后单击"OK"按钮，如图 3-4 所示。

5 进入"Select source partition(s) from Basic drive"（从基本驱动器中选择源分区）界面，该界面中列出了源硬盘的分区信息，在列表中选中要备份的分区，本例中操作系统为 Win7 64 位版，系统含一个 100M 的保留分区，所以选择第一个分区（100M）和第二个分区，然后单击"OK"按钮，如图 3-5 所示。

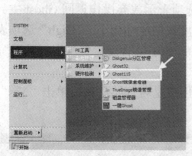

图 3-1　启动 Ghost

图 3-2　Ghost 相关介绍

图 3-3　将本地分区保存为镜像

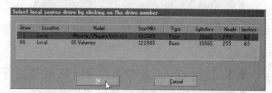

图 3-4　选中要备份分区所在的硬盘

6 进入"File name to copy image to"（映像文件名称）界面，在该界面中确定系统映像文件的保存位置及文件名，单击"Look in"列表右方的倒三角，在弹出的列表中选择备份分区以外的分区，本例为硬盘的第三个分区，如图 3-6 所示。

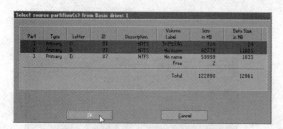

图 3-5　在源硬盘中选择要备份的分区

图 3-6　选择映像文件存放的分区

★**注意**　系统映像文件不能被存放在要备份的分区中。

7 确定了映像文件存放的分区后，单击右上角的新建文件夹图标，为映像文件建立一个文件夹以便于管理，输入文件夹名称后进入该文件夹，如图 3-7 所示。

8 进入新创建的文件夹后，在"File name"后的文本框中输入映像文件的名称，本例中为 2013-7-7，然后单击"Save"按钮，如图 3-8 所示。

图 3-7　为映像文件创建新文件夹

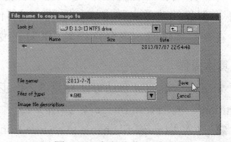

图 3-8　确定映像文件名

9 单击 "Compress Image" 对话框，其中 "No" 选项表示放弃操作返回 Ghost 主界面，"Fast" 选项表示采用快速算法，该方式映像文件形成速度快但压缩比小；"High" 选项表示采用高压缩比算法，该方式映像文件形成速度慢但压缩比高。为了节省硬盘资源本例采用 "High" 方式，所以单击 "High" 按钮，如图 3-9 所示。

10 弹出 "Question" 对话框，在该对话框中询问用户是否开始进行，单击 "Yes" 按钮开始备份，如图 3-10 所示。

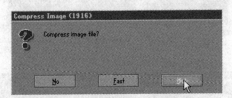 

图 3-9　采用高压缩比模式　　　　　　　　　图 3-10　开始备份

11 使用 Ghost 备份系统分区需要等待一些时间，如图 3-11 所示。

12 备份操作结束后弹出 "Image Creation Complete"（成功创建映像文件）信息框，单击 "Continue" 按钮返回 Ghost 主界面，如图 3-12 所示。

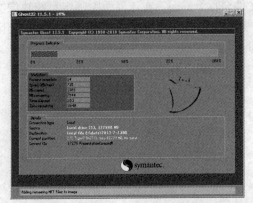 

图 3-11　备份过程中　　　　　　　　　图 3-12　映像文件创建完毕

13 返回 Ghost 主界面后退出 Ghost 并重启计算机，即完成了分区备份操作。

3.2.2　系统恢复

📋 任务描述

系统瘫痪是一件让人头痛的事，我们需要安装操作系统、安装驱动程序、安装各种应用软件等。如果曾经备份过系统，就可以将系统快速回复到备份前的状态。在本例中，将用 3.2.1 中创建的映像文件来恢复系统。因备份时同时备份了系统分区和 100M 的保留分区，所以，在恢复系统时，要分别恢复 100M 的保留分区和系统分区。

🖱️ 具体操作

1 启动 Ghost（启动方法参见 3.2.1 步骤 1），在 Ghost 窗口中依次选择 "Local" 菜单→ "Partition" → "From Image"，如图 3-13 所示。

2 进入 "Image file name to restore from"（恢复用映像文件名）页面，在 "Look in" 后的列表中选中存有映像文件所在的分区，本例中为 "1.3 [ ]NTFS drive"，如图 3-14 所示。

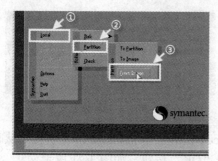

图 3-13　用映像文件恢复分区数据

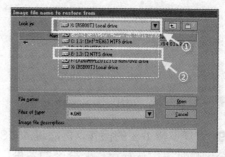

图 3-14　选择存有映像文件的分区

3 在该分区中找到映像文件所在的文件夹并双击将其打开，选中映像文件，然后单击 "Open" 按钮，如图 3-15 所示。

4 进入 "Select source partition from image file"（从映像文件中选择源分区）界面，该界面的列表展示了映像文件中的分区信息，在此列表中可以选择用哪个分区的备份来恢复分区，由于在上例中备份了两个分区，所以列表中有两个分区的备份，先选中 100M 保留分区，然后单击 "OK" 按钮，如图 3-16 所示。

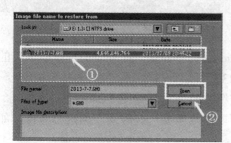

图 3-15　选择映像文件

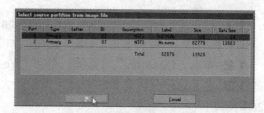

图 3-16　选择分区备份

5 进入 "Select local destination drive by clicking on the drive number"（通过点击选择本地目标驱动器）界面，该界面的列表展示计算机硬盘信息，在列表中选择要恢复分区所在的硬盘（即目标硬盘，如果计算机中有多块硬盘，列表中会有多个选项），然后单击 "OK" 按钮，如图 3-17 所示。

6 进入 "Select destination partition from Basic drive"（从基本驱动器中选择目标分区）界面，该界面的列表展示了目标硬盘的分区情况，在列表中选择要恢复的分区，（即目标分区，本例中为 100M 的保留分区），然后单击 "OK" 按钮，如图 3-18 所示。

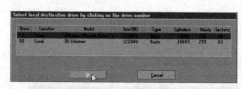

图 3-17　选择要恢复的分区所在硬盘

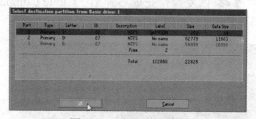

图 3-18　选择目标分区

7 弹出 "Question" 对话框，询问是否进行恢复操作，单击 "Yes" 按钮开始恢复，如图 3-19 所示。

8 恢复操作完成后弹出 "Clone Complete" 对话框，单击 "Continue" 按钮返回 Ghost 主界面继续恢复系统分区，如图 3-20 所示。

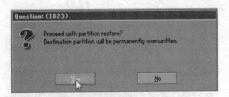
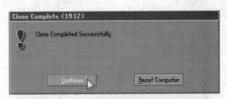

图 3-19　确认进行恢复操作　　　　　　图 3-20　主分区恢复完毕

9 重复步骤 1~3 的操作，再次进入"Select source partition from image file"界面，从映像文件分区信息表中选择第二个分区的备份，然后单击"OK"按钮，如图 3-21 所示。

10 进入"Select local destination drive by clicking on the drive number"界面，在列表中选择要恢复分区所在的硬盘（即目标硬盘），然后单击"OK"按钮，如图 3-22 所示。

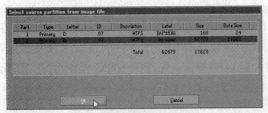
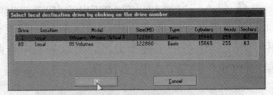

图 3-21　选择映像文件　　　　　　　　图 3-22　选择目标硬盘

11 进入"Select destination partition from Basic drive"界面，在列表中选择要恢复的分区（即目标分区），然后单击"OK"按钮，如图 3-23 所示。

12 弹出"Question"对话框，单击"Yes"按钮开始恢复，如图 3-24 所示。

13 由于这个分区是系统分区，数据量大，所以恢复需要一些时间，须耐心等待，如图 3-25 所示。

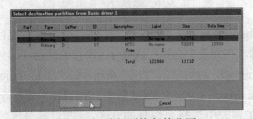
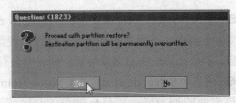

图 3-23　选择要恢复的分区　　　　　　图 3-24　确认进行恢复

14 恢复操作完成后弹出"Clone Complete"对话框，单击"Reset Computer"按钮重启计算机即可，如图 3-26 所示。

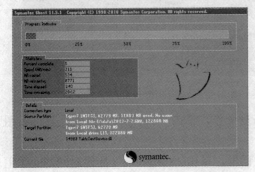
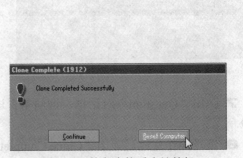

图 3-25　恢复过程中　　　　　　　　　图 3-26　恢复完毕重启计算机

3.2.3 硬盘克隆

✎ **任务描述**

为一台电脑安装操作系统，为两台电脑安装操作系统，如果是为 100 台电脑安装操作系统呢？机房管理员小赵就遇到了这样的事，公司新进了 100 台电脑改善办公环境，现在要为这100 台电脑装操作系统及应用软件，怎么办？

✖ **解决方案**

先做一台样机，即为这台电脑安装好操作系统及应用软件，然后用这台电脑的硬盘"克隆"其他的电脑，这样 1 台"变" 2 台，2"变" 4……装完 100 台也就不那么难了。

🖱 **具体操作**

1 将要克隆的空白硬盘（即目标硬盘）接入计算机。

2 启动计算机并进入 BIOS 设置程序，将启动顺序设置为光驱优先，保存设置并退出 BIOS设置程序，然后将含有 Ghost 软件引导光盘放入光驱，重启计算机，计算机启动后运行 Ghost程序。

3 进入"About Symantec Ghost"界面，单击"OK"按钮，如图 3-27 所示。

4 在 Ghost 主菜单中依次选择"Local"→"Disk"→"To Disk"菜单项，如图 3-28 所示。

5 进入"Select local source drive by clicking on the drive number"界面，该界面的列表中展示了当前计算机的硬盘信息，在列表中选择已做好的硬盘（即源硬盘），然后单击"OK"按钮，如图 3-29 所示。

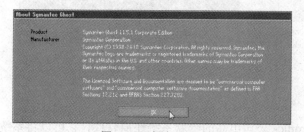

图 3-27　启动 Ghost

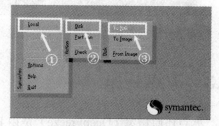

图 3-28　硬盘对克

6 进入"Select local destination drive by clicking on the drive number"界面，在该界面的硬盘列表中选择要被克隆的硬盘（即目标盘），然后单击"Ok"按钮，如图 3-30 所示。

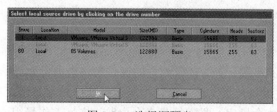

图 3-29　选择源硬盘

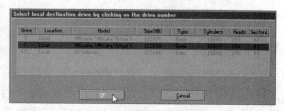

图 3-30　选择目标硬盘

7 进入"Destination Drive Details"界面，该界面展示了源硬盘的数据信息，单击"OK"按钮，如图 3-31 所示。

8 弹出"Question"对话框，询问用户是否开始克隆，并警告用户一旦开始，目标硬盘上的数据将全部被覆盖，单击"Yes"按钮开始克隆，如图 3-32 所示。

图 3-31　源硬盘信息

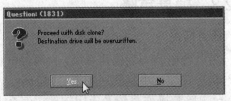

图 3-32　开始克隆硬盘

9 克隆过程需要一些时间，请耐心等待，克隆完成后弹出"Clone Complete"对话框，单击"Continue"按钮返回 Ghost 主界面，如图 3-33 所示。

10 返回 Ghost 主界面后单击主菜单中的"Quit"菜单项，退出 Ghost，如图 3-34 所示。

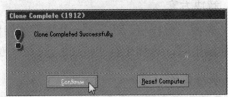

图 3-33　硬盘克隆结束

11 弹出"Quit Symantec Ghost"对话框，询问用户是否确定要退出，单击"Yes"按钮退出，如图 3-35 所示。

12 退出 Ghost 后关闭计算机，然后摘下已经克隆好的目标硬盘即可。

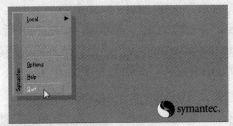

图 3-34　退出 Ghost

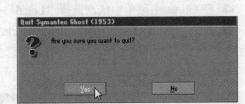

图 3-35　确认退出操作

3.3　冰点还原

冰点还原精灵（DeepFreeze）是由 Faronics 公司出品的一款系统还原软件，它可以将系统还原到设置时的状态，以此保护系统不被更改。它能很好地抵御病毒的入侵以及人为的原因对系统造成有意或无意的破坏，不管是个人用户还是在网吧、学校或企业，用冰点还原能简化计算机的维护工作。

3.3.1　实施系统保护-冻结

📝 **任务描述**

张磊是机房管理员，系统维护一直是困扰他的难题，学生有意无意的操作都可能删除系统文件或应用软件，或因反复安装/卸载软件，产生大量垃圾文件，致使电脑运行速度越来越慢，虽然用 Ghost 可以快速恢复系统，但张磊维护的整个机房，要恢复几十台电脑，恢复工作量很大，恢复频率也高，有比 Ghost 更好的恢复办法吗？

🔧 **解决方案**

使系统处于受保护状态，不让用户安装任何软件正是冰点还原的功能之一。张磊只需为机房中的计算机安装冰点还原，将系统分区设为被保护分区，并设置冰点还原的启动密码，这样没有启动密码的用户就只能"望机兴叹",不能安装软件了!

🖱 **具体操作**

1 打开冰点还原安装程序文件夹,双击安装程序图标。如图 3-36 所示。

2 进入冰点还原安装向导的欢迎界面,单击"下一步"按钮,如图 3-37 所示。

图 3-36 双击冰点还原安装程序图标

图 3-37 设置受保护分区

3 弹出"最终用户许可协议"对话框,认真阅读用户协议,选择"我接受许可协议的条款"选项,然后单击"下一步"按钮,如图 3-38 所示。

4 弹出"许可证密钥"对话框,按对话框提示输入许可证密钥,然后单击"下一步"按钮继续,如图 3-39 所示。

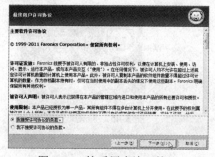

图 3-38 接受用户许可协议

图 3-39 输入许可证密钥

5 弹出"冻结的驱动器配置"对话框,在"选择要冻结(受 Deep Freeze 保护)的驱动器"列表中勾选受保护分区(冰点还原默认受保护分区为整个硬盘),本例将受保护分区设为系统分区 C 和 F(F 为 windows 7 64 位版保留的 100M 分区),然后单击"下一步"按钮,如图 3-40 所示。

6 弹出"准备安装 Deep Freeze"对话框,提示用户"安装完成后,您的工作站将重启",单击"安装"按钮开始安装,如图 3-41 所示。

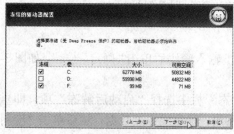

图 3-40 冻结的驱动器配置

图 3-41 安装确认

7 在冰点还原安装完成后操作系统自动重启，重启后在状态栏中可以看到冰点还原的图标，如图 3-42 所示。

8 在冰点还原安装完成后，同时按下 Ctrl+Alt+Shift+F6 键（也可以先按下 Shift 再双击状态栏中的图标）激活冰点还原，冰点还原被激活后首先弹出密码输入框，输入密码（软件安装时的默认密码为空），然后单击"确定"按钮，如图 3-43 所示。

图 3-42　任务栏中的冰点还原图标

图 3-43　启动冰点还原

9 进入冰点还原操作界面后单击"密码"选项卡，在"更改密码"栏中输入并确认密码，然后单击"确定"按钮，如图 3-44 所示。

10 弹出信息框提示新密码已设置，单击"确定"按钮完成操作，如图 3-45 所示。

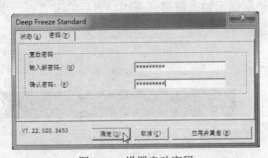

图 3-44　设置启动密码

图 3-45　新密码设置完成

3.3.2　临时解除保护–解冻

📎 **任务描述**

安装冰点还原后效果确实不错，再也不用担心因安装软件导致操作系统受损。但问题同样摆在机房管理员张磊面前，需要安装软件时怎么办呢？

🔧 **解决方案**

作为拥有冰点启动密码的管理者，可以随时向受保护分区添加新数据，即先将冰点还原的保护状态暂停，添加完新数据后重启计算机，使计算机再回到受保护状态。

🖱 **具体操作**

1 同时按下 Ctrl+Alt+Shift+F6 键激活冰点还原，输入密码后单击"确定"按钮，如图 3-46 所示。

2 进入冰点还原操作界面，在"下次启动时状态"栏中选择"启动后解冻"项，即重启后系统处于不受保护状态，用户可以向受保护分区添加、删除或修改数据，然后单击"应用并重启"按钮完成设置并重启计算机，如图 3-47 所示。

图 3-46 输入密码

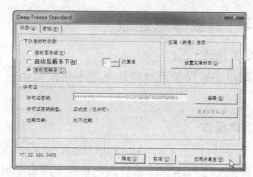

图 3-47 勾选启动后解冻

★ **注 意** (1)"启动后冻结",就是每次启动后设定的分区都处于受保护状态,对其进行添加、删除、修改数据操作无效。

(2)"启动后解冻下 N 次重启",就是设置完成后的 N 次重启,计算机都将处于不保护状态,这 N 次重启进行的操作都有效并能保存。N 值默认为 1,此后的第一次重启,系统为不受保护状态。而第二次重启后,系统又自动转到保护状态,这样在第一次重启后所做的操作在第二次机器重启时就会被自动保护起来,从而达到保护被修改数据的效果。

(3)"启动后解冻"就是以后的启动都处于不保护状态,直到重新设置冰点还原精灵为止。选择此项并重启后,状态栏中的冰点图标上会有一个红色 X,即冰点未对硬盘进行保护。

3 弹出"Deep Freeze"信息框提示用户计算机在未来启动时均将处于"解冻"模式,单击"确定"按钮,如图 3-48 所示。

4 弹出"确认"对话框,单击"是"按钮重启计算机,如图 3-49 所示。

5 计算机重启后状态栏中的冰点还原图标会出现一个红 X,表示当前计算机处于不受保护状态,如

图 3-48 提示用户计算机重启后不受保护

图 3-50 所示。此时可以根据需要对受保护硬盘进行安装/卸载软件或更改数据等操作。

6 对受保护分区的更改操作完成后,同时按下 Ctrl+Alt+Shift+F6 键调出冰点还原,在"下次启动时状态"栏中选择"启动后冻结",然后单击"应用并重启"按钮,如图 3-51 所示。重启计算机后,所添加的数据将受到保护,从而达到修改受保护硬盘上数据的效果。

图 3-49 重启提示

图 3-50 解冻状态下的冰点还原图标

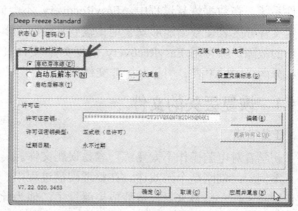

图 3-51 再次启动冻结状态

3.3.3 卸载冰点还原

任务描述

冰点还原保护系统的效果很不错，但由于工作需要张磊想卸载冰点还原，如何进行操作呢？

具体操作

1 同时按下 Ctrl+Alt+Shift+F6 键激活冰点还原，输入密码后单击"确定"按钮进入冰点还原界面。进入冰点还原界面后在"下次启动时状态"栏中选择"启动后解冻"，然后单击"应用并重启"按钮重启计算机。

2 计算机重启后运行冰点还原安装程序。

3 进入冰点还原安装向导界面后，单击"下一步"按钮继续，如图 3-52 所示。

4 弹出"准备卸载"信息框提示用户冰点还原卸载完成后系统将重新启动。单击"卸载"按钮卸载冰点还原，如图 3-53 所示。

图 3-52　进入安装向导

图 3-53　确认卸载

5 卸载完成后重启计算机即可。

3.4　EasyRecovery

EasyRecovery 是一款威力强大的数据恢复工具，能够帮助用户恢复丢失的数据以及重建文件系统。在数据恢复过程中，EasyRecovery 不会向故障硬盘写入任何数据，而是在内存中重建文件分区表使数据能够安全地传输到其他驱动器中。因此，不用担心因恢复数据失败而产生新的故障。除可用 EasyRecovery 恢复文件/文件夹外，还可恢复引导记录、BIOS 参数数据块、分区表、FAT 表、引导区等非文件数据。

3.4.1　恢复丢失的文件

任务描述

初学者对电脑操作不太熟练，容易误删文件。

案例一：刘刚是个游戏迷，在整理硬盘过程中，一不小心将 RPG 游戏存档文件当作垃圾文件删除了，一个月来日夜奋战成果就没了，他为此感到很沮丧。

案例二：吴霞删除文件时不小心把项目设计方案（word 文档）误删除了，眼看就要开会讨论了，怎么办？

方案可以重做，游戏可以重头再玩，时光如何穿越？有办法恢复丢失的文件吗？

✂ 解决方案

EasyRecovery 的主要功能就是帮用户恢复丢失的数据以及重建文件系统，下面就先使用 EasyRecovery 恢复被误删的数据。

🖱 具体操作

1 双击桌面上的 EasyRecovery 快捷图标，如图 3-54 所示，启动 EasyRecovery。

2 进入 EasyRecovery 窗口后单击左侧的"数据恢复"按钮，如图 3-55 所示。

图 3-54 双击桌面上的快捷图标

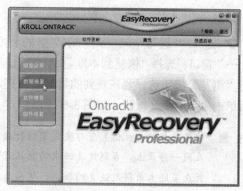

图 3-55 单击"数据恢复"

3 进入数据恢复界面后，在右窗格中单击"删除恢复"按钮，如图 3-56 所示。

4 弹出"目的地警告"对话框，提示用户在使用 EasyRecovery 进行数据恢复时，文件恢复后的存放位置不能为要恢复的文件所在的源分区，单击"确定"按钮继续，如图 3-57 所示。

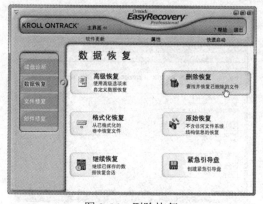

图 3-56 删除恢复

图 3-57 目的地警告

5 进入"选择一个要恢复删除文件的分区……"界面，在左侧的分区列表中选择要进行扫描的分区（即误删除文件所在的分区），勾选"完整扫描"选项并在"文件过滤器"列表中选择"所有文件"，然后单击"下一步"按钮，如图 3-58 所示。

6 文件扫描完成后进入"选中您想要恢复的文件……"界面，在左窗格中勾选要恢复的数据，本例中勾选"我的驱动器"，即恢复分区上的所有文件，然后单击"下一步"按钮，如图 3-59 所示。

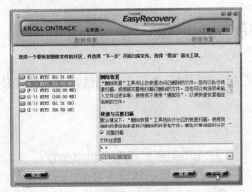

图 3-58　选择要扫描的分区

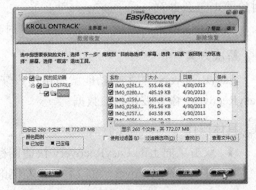

图 3-59　选择要恢复的文件

7 进入"选取一个将复制数据的目的地……"窗口，选择"恢复到本地驱动器"选项，单击"浏览"按钮选择要恢复到的目标文件夹，然后单击"下一步"按钮，如图 3-60 所示。

★**注意** 恢复数据的存放位置应与要恢复的数据不在同一分区上，否则恢复回来的数据有可能覆盖还未来得及恢复的数据，从而造成数据遗失。

8 复制数据过程需要一些时间须用户，耐心等待如图 3-61 所示为复制文件时的界面。

9 进入"选择'打印'来打印恢复摘要……"窗口，在此窗口中可以查看恢复信息，单击"完成"按钮，如图 3-62 所示。

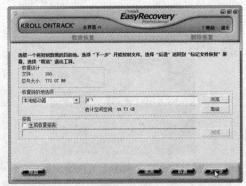

图 3-60　选择数据恢复到的目标文件夹

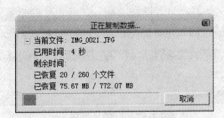

图 3-61　文件扫描过程中

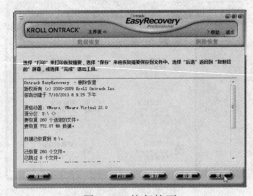

图 3-62　恢复摘要

10 弹出"保存恢复"对话框，如果不需要保存恢复状态，单击"否"按钮结束恢复操作，如图 3-63 所示。

11 恢复完成后在"我的电脑"中打开"H:\LOSTFILE"文件夹。可以查看恢复回来的数据，如图 3-64 所示。

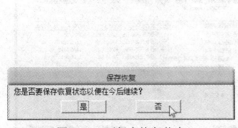

图 3-63　不保存恢复状态　　　　　　图 3-64　查看恢复的数据

3.4.2　恢复被格式化的磁盘

✎ **任务描述**

案例一：李文涛给朋友重新安装系统时候，不小心格式化了有用的分区，朋友的很多珍贵照片转眼化为乌有了。

案例二：张鑫不小心将优盘格式化了，优盘中的重要数据也丢了，这可怎么办呀？

✗ **解决方案**

使用 EasyRecovery 恢复格式化分区或优盘上的数据，下面以恢复被格式化的优盘数据为例，介绍恢复被格式化磁盘的方法。

🖱 **具体操作**

1 启动并打开 EasyRecovery 窗口后，单击左侧的"数据恢复"按钮，进入"数据恢复"界面后单击"格式化恢复"图标按钮，如图 3-65 所示。

2 弹出"目的地警告"对话框，认真阅读，然后单击"确定"按钮，如图 3-66 所示。

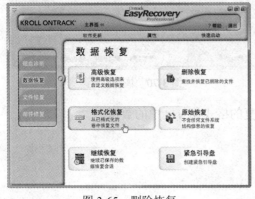
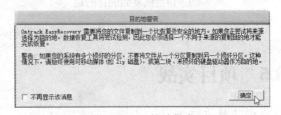

图 3-65　删除恢复　　　　　　　　图 3-66　目的地警告

3 进入"选择您重新格式化的分区……"窗口后，在左侧面的分区列表中选择误格式化的分区，如本例中选择 J 分区（优盘），再选择该分区以前的文件系统，然后单击"下一步"按钮，如图 3-67 所示。

4 扫描完成后进入"选中您想要恢复的文件……"窗口，在列表中选中要恢复的文件，然后单击"下一步"按钮，如图 3-68 所示。

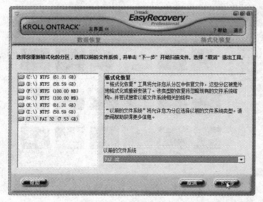

图 3-67　选择删除文件所在分区及扫描方式

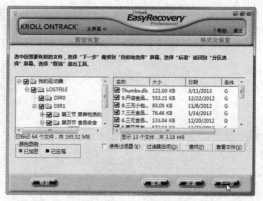

图 3-68　在扫描到的文件中指定要恢复的文件

5 进入"选取一个将复制数据的目的地……"窗口，在"恢复目的地选项"栏中先选择"恢复到本地驱动器"，然后在其右侧的文本框中指定目的文件夹（也可通过单击"浏览"按钮来指定），设置完成后单击"下一步"按钮，如图 3-69 所示。

★注意　目的文件夹不能在要恢复的分区上，否则会造成数据的相互覆盖，影响恢复效果。

6 进入"选择'打印'来打印恢复摘要……"窗口，在此窗口中可以了解与恢复相关的信息，单击"完成"按钮结束恢复操作，如图 3-70 所示。

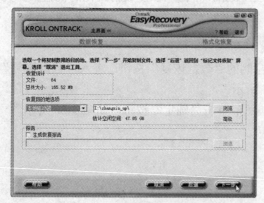

图 3-69　指定恢复到的目的地

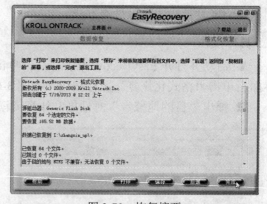

图 3-70　恢复摘要

7 恢复完成后进入目标文件夹，即可看到恢复的格式化分区中的数据。

3.5　项目实战

1. 系统克隆

（1）背景资料

江宁职业教育中心最近新建了一个有 45 台电脑的计算机教室，计算机管理员高海江老师要为这 45 台电脑安装操作系统和教学软件，逐台安装，工作量实在太大，如果先安装其中的一台电脑，再把电脑当作"样机"，这样就可以用 Ghost 克隆工具将样机"克隆"到其他 44 台电脑上。

（2）项目实战

请使用虚拟机模拟背景资料所描述的环境，① 创建两台虚拟机，分别为虚拟机 A 和拟机 B；② 在虚拟机 A 上安装操作系统和应用软件；③ 配置虚拟机 A，为虚拟机 A 增加一块硬盘；④ 用 Ghost 将装有操作系统和应用软件的硬盘备份成 GHO 映像文件；⑤ 配置虚拟机 A，卸载后加的硬盘；⑥ 配置虚拟机 B，挂接存有 GHO 映像文件的硬盘；⑦ 用 Ghost 克隆工具将 GHO 映像文件恢复到虚拟机 B 的硬盘中；⑧ 配置虚拟机 B，卸载后挂接的硬盘；⑨ 启动虚拟机 B，验证系统备份与恢复效果。在项目实战的同时填写"实训报告单"。

2．网吧维护与管理

（1）背景资料

渝江市工业职业技术学院的赵三友大学毕业后，回到乡里开办了一个小网吧，有 20 多台电脑，除网吧业务外，偶尔也承接一些培训业务。不少人在上网过程中下载并安装文件，电脑经常中毒不说，系统也慢得出奇，甚至还有人把系统文件给删了，一个仅有 20 台的小网吧，就让赵三友忙得焦头烂额。

（2）项目实战

请使用虚拟机模拟背景资料所描述的环境，先在虚拟机上安装操作系统和应用软件，用冰点还原保护系统，启用冰点还原保护后，从互联网下载并安装一些应用软件，然后重新启动电脑，查验系统是否恢复正常，新安装的软件是否还在。在项目实战过程中填写"实训报告单"。

3．系统克隆

（1）背景资料

广宁职业中学三年级的赵海燕在广宁市同美世纪科技有限公司实习，她将毕业实习报告复制到优盘，准备带回学校交给老师，同学李小宁向她借优盘，在借之前，她把优盘格式化了，格式化完毕，她突然想起优盘中还有毕业实习报告，她后悔极了，要是先把实习报告拷贝出来再格式化就好了。

（2）项目实战

先模拟背景资料所描述的环境：准备一块优盘，并复制一篇 Word 文档到优盘，格式化优盘。在电脑上安装并运行数据恢复工具 EasyRecovery，用 EasyRecovery 恢复优盘中的数据。在项目实战过程中填写"实训报告单"。

3.6 课后练习

1．课后实践

（1）系统备份：使用 Ghost 备份系统分区到 D 盘，映像文件名为 yourpc.gho。

（2）系统还原：用 Windows PE 启动电脑并格式化系统盘，重新启动电脑，检查电脑能否启动到桌面，如果不能，用课后实践(1)中备份的映像文件 yourpc.gho 恢复系统。

（3）在电脑外挂接一块硬盘，将电脑中原来硬盘中的数据整体复制到挂接硬盘中（建议用虚拟机进行练习）。

（4）将电脑分成三个分区，第一个分区用来存放操作系统和应用软件，第二个分区用来存放教学文档，第三个分区用于练习，请用冰点还原保护第一个和第二个分区。

（5）删除 D 盘中的几个文件或文件夹，用 EasyRecovery 恢复这些被删除的数据，恢复后的数据存放在 C:\BACKUP 中。

（6）格式化 D 分区，用 EasyRecovery 把被格式化的 D 分区上的数据恢复到 C:\BACK2 文件夹中。

2. 简答题

（1）如果你是机房管理员，机房内的机器需要重新安装操作系统，怎样操作更方便快捷？操作中应注意哪些问题？

（2）作为电脑用户，请问什么时候备份系统最科学？为什么？

（3）当发现硬盘中有数据被误删除之后，怎样操作最利于恢复数据？为什么？

（4）某电脑用户在使用中不慎将 D 盘上一些重要数据彻底删除了，删除后又向 D 盘写入了大量数据，现在用 EasyRecovery 把那些被误删除的数据恢复，请问他的恢复能否成功，为什么？

（5）什么是 Ghost 系统，为什么用 Windows 原版光盘比用 Ghost 系统盘装系统慢得多？

（6）扩展名为 GHO 的文件是什么文件？为什么能用 GHO 文件保存系统和数据。

（7）有哪些系统备份方式，恢复系统是系统备份的逆过程吗？

（8）系统克隆、冰点还原、一键还原有什么区别？

（9）在安装冰点还原的电脑上安装软件或游戏，重新启动后，所装的软件为什么不见了？

（10）误删了文件，回收站也没有，还能找回来吗？

（11）磁盘被格式化了，磁盘里面的数据还能找回来吗？

（12）恢复系统时，不小心把系统克隆到了数据盘，数据盘里的数据还能找回来吗？

第 4 章　系统优化工具

带着问题学

☑ 什么是垃圾文件？怎样查找垃圾文件？发现垃圾文件又该怎么清理？

☑ 什么是注册表？注册表和 Windows 系统有什么关系？和软件有什么关系？

☑ 能修改注册表吗？注册表修改后受损该怎么办？

☑ 为什么初装的电脑运行速度快，运行一段时间后电脑越来越慢？

☑ 有人说用优化大师能提高上网速度，是真的吗？

☑ Windows 优化大师和超级兔子在功能上有哪些相似之处和不同之处？

4.1　知识储备

操作系统作为计算机系统中的核心软件，其运行状态直接决定着其他软件的运行速度和效率，是充分发挥计算机硬件性能的关键。因此，操作系统的优化和维护显得尤其重要。目前为操作系统提供优化和维护的软件五花八门，其中比较经典的要数 Windows 优化大师和超级兔子。

4.1.1　垃圾文件

根据计算机工作原理，系统运行、程序运行、数据处理都需要将系统、程序或数据加载到内存中，而内存资源有限，当内存占用达到一定比例后，操作系统会将暂时不用的数据移出内存，放置到外部存储器中（如硬盘），需要加载这些数据的时候，才调回内存。系统运行时间越长，产生的内存交换数据就越多，数据调度就越困难，系统也就越来越慢。

除此之外，应用软件也会产生垃圾文件，因垃圾文件会影响系统的运行速度，所以建议用户定期清理。

Windows 操作系统中的垃圾文件，包括临时文件（如：*.tmp、*._mp）、日志文件（*.log）、临时帮助文件（*.gid）、磁盘检查文件（*.chk）、临时备份文件（如：*.old、*.bak）以及其他临时文件。例如，假设长时间不清理 IE 临时文件夹 "Temporary Internet Files"，其中的缓存文件就可能占用上百兆的磁盘空间。这些垃圾文件不仅仅浪费了宝贵的磁盘空间，还影响系统运行速度和软件运行速度。垃圾文件产生的原因主要有：

（1）系统和应用程序运行时产生的临时文件。这些临时文件只在程序运行时起作用，在应用程序停止时应该自动被删除，但由于许多应用程序并不完善，因此这些临时文件遗留了下来。

（2）IE 运行时产生的临时文件。这些临时文件是为了方便您脱机浏览而保存的，如果您没有脱机浏览网页的需求，则不会用到这些文件。

（3）Windows 回收站里的文件。在 Windows 里删除的文件会先存放在回收站里，以备日后需要时恢复。如果确认这些文件的确不需要了，最好将它们彻底删除。

4.1.2 注册表

1. 注册表的概念

注册表是 Windows 操作系统中的一个核心数据库，其中存放着各种参数，可控制 Windows 的启动、硬件驱动程序的装载以及一些 windows 应用程序的运行，在整个系统中起着核心作用。早在 Windows 3.0 推出 OLE 技术的时候，注册表就已经出现。随后推出的 Windows NT 是第一个从系统级别广泛使用注册表的操作系统。但是，从 Microsoft Windows 95 开始，注册表才真正成为 Windows 用户经常接触的内容，并在其后的操作系统中继续沿用至今。

注册表数据在 Windows NT 中被保存在 DEFAULT，SAM，SECURITY，SOFTWARE，SYSTEM，NTUSER.DAT6 个文件中。从 Windows 9X 开始，Windows 系列操作系统都将所有注册表文件存放在 System.dat 和 User.dat 两个文件中。它们是二进制文件，不能用文本编辑器查看。它们存在于 Windows 目录下，具有隐含、系统、只读属性。System.dat 包含了计算机特定的配置数据，User.dat 包含了用户特定的数据。

Windows 的注册表采用"关键字"及其"键值"来描述登录项及其数据，所有的关键字都是以"HKEY"作为前缀开头。打个比喻来说，关键字更像 Windows 9X 浏览器目录下的文件，每个文件都会有自己特有的内容和属性。注册表关键字可以分为两类：一类是由系统定义，叫做"预定义关键字"；另一类是由应用程序定义的，根据应用软件的不同，登录项也就不同。注册表通过一种树状结构以键和子键的方式组织起来，十分类似于目录结构。

注册表中系统预定义六大关键字（又称根键），分别是 HKEY_USERS、HKEY_CURRENT_USER、HKEY_CURRENT_CONFIG、HKEY_CLASSES_ROOT、HKEY_LOCAL_MACHINE、HKEY_LOCAL_MACHINE。

（1）HKEY_USERS。该根键保存了存放在本地计算机口令列表中的用户标识和密码列表，即用户设置，每个用户的预配置信息都存储在 HKEY_USERS 根键中。

（2）HKEY_CURRENT_USER。该根键包含本地工作站中存放的当前登录的用户信息，包括用户登录用户名和暂存的密码（注：此密码在输入时是隐藏的）。

（3）HKEY_CURRENT_CONFIG。该根键存放着定义当前用户桌面配置（如显示器等）的数据，最后使用的文档列表（MRU）和其他有关当前用户的 Windows 的安装信息。

（4）HKEY_CLASSES_ROOT 该键由多个子键组成，具体可分为两种：一种是已经注册的各类文件的扩展名，另一种是各种文件类型的有关信息。

（5）HKEY_LOCAL_MACHINE。注册表的核心，计算机的各种硬件和软件的配置均存在于此。它包括以下八个部分：Config 配置、Driver 驱动程序、Enum 即插即用、Hardware 硬件、Network 网络、Security 安全、Software 软件、System 系统，每部分中又包括许多子键。

（6）HKEY_LOCAL_MACHINE。该根键存放了系统在运行时的动态数据，此数据在每次显示时都是变化的，因此，此根键下的信息没有放在注册表中。

2. 注册表修改方法

（1）借助软件修改注册表（安全系数最高）：通过一些专门的工具软件来修改注册表，比如：超级兔子、Windows 优化大师、注册表医生（Registry Medical），等等。

（2）间接修改注册表（比较安全）：将要修改的注册表项写入一个.reg 文件中，然后将其导入注册表。这样可以避免错误地写入或删除等操作，但是要求用户了解注册表的内部结构和.reg 文件的格式。

（3）直接修改注册表（最不安全，但最直接有效）：就是通过注册表编辑器直接修改注册表的键值数据项，要求用户有一定的注册表知识，熟悉注册表内部结构而且一定要小心谨慎，因为修改不当会造成系统瘫痪。

3. 注册表编辑器的启动方法：

（1）单击"开始"按钮，在"搜索"框中输入 Regedit.exe 命令，然后回车，如图 4-1 所示。

（2）打开"注册表编辑器"窗口，即可对注册表进行编辑，如图 4-2 所示。

图 4-1　输入 Regedit 命令

图 4-2　Windows 注册表编辑器

★**注　意**　为保险起见，不管用户采用哪种方法修改注册表，修改前必须对注册表进行备份，这样一旦修改错误，可用"导入"方法恢复。

4.2　Windows 优化大师

　　Windows 优化大师是一款功能强大的系统工具软件，它提供了全面有效且简便安全的系统检测、系统优化、系统清理、系统维护 4 大功能模块及数个附加的工具软件。使用 Windows 优化大师，能够有效地帮助用户了解自己的计算机软硬件信息；简化操作系统设置步骤；提升计算机运行效率；清理系统运行时产生的垃圾；修复系统故障及安全漏洞；维护系统的正常运转。

4.2.1　系统检测

任务描述

　　周飞今年考入了南新市职业技术学院的建筑工程系，赶在开学前到电脑城里组装了一台新的计算机。表哥李林到家里找他玩，看到周飞的电脑，就对周飞说起有的奸商故意在电脑中修改计算机硬件名称，然后充当品牌计算机硬件卖给新手朋友，大多数人还以为买到了实惠，其实已经被商家狠狠地宰了一笔。周飞听后，担心自己的计算机也被人做了手脚。可是作为新手，不知道怎么查看自己的计算机的硬件配置情况。

解决方案

　　Windows 优化大师具备详尽准确的系统检测功能，可以提供详细准确的硬件、软件信息，还能为用户提供提升系统性能的建议。

具体操作

1　电脑信息总览

①　安装 Windows 优化大师（含鲁大师）。启动 Windows 优化大师，在页面左侧的列表中依次选择"系统检测"→"系统信息总览"，即可以轻松地了解系统的软硬件信息，如图 4-3

所示。

② 如果想了解关于硬件更详细的信息，单击页面左侧列表中的"更多硬件信息"，如图 4-4 所示。

图 4-3 系统信息总览

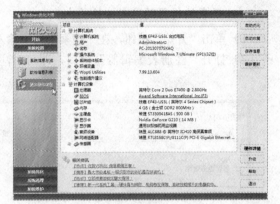
图 4-4 查看更多硬件信息

③ Windows 优化大师将自动链接至鲁大师的运行界面，如图 4-5 所示。

2 查看详细硬件信息

单击"处理器信息"选项后，在页面右侧窗格中将显示当前计算机的处理器信息，如图 4-6 所示，用同样方法还可以了解其他硬件信息。

图 4-5 鲁大师运行界面

图 4-6 处理器信息

3 性能测试

① 单击窗口工具栏中的"性能测试"按钮，单击"立即测试"按钮，如图 4-7 所示。

② 弹出信息框，提示在进行性能测试之前先关闭其他程序，单击"我知道了，开始进行测试"按钮，如图 4-8 所示。

③ 测试过程需要一些时间，用户须耐心等待。测试完成后，鲁大师将给出评估结果，如图 4-9 所示。

图 4-7 性能测试界面

图 4-8　提示用户关闭其他正在运行的程序

图 4-9　性能评估结果

4.2.2　优化系统

📎 任务描述

李乐乐安装的是 Windows 7 旗舰版操作系统。刚安装时运行速度很快，现在过了一个月，感觉越来越慢，具体现象有：开机速度慢、运行程序时打开窗口慢、关闭程序也慢，比如关闭 IE 时，任务管理器里的 IE 进程都要等一分钟左右才消失。为什么会出现这种现象？需要重装操作系统吗？

🔧 解决方案

出现这种现象的主要原因有：有程序随系统启动自动运行，有大量垃圾文件，注册表过度膨胀等，用 Windows 优化大师可以管理开机启动程序，可以清理垃圾文件，可以清理注册表中的无效表项，李乐乐可用 Windows 优化大师完成优化系统、提高系统安全性能、隐藏系统备份分区等工作，在本例中，将完成以下工作内容：

（1）为了加快计算机启动速度，关闭除杀毒软件、系统保护软件外所有应用程序跟随系统自动启动的功能（开机启动功能）。

（2）为了系统安全，禁止光盘、U 盘的自动运行（这是防止病毒入侵的有效途径），此外禁止自动登录，关机时自动清除文档的历史记录。

（3）为了安全，禁止用户编辑注册表和使用注册表编辑器。

（4）因为用户时常将 Ghost 备份文件误删除，因此将 Ghost 备份文件放在系统最后一个小的分区中，并隐藏此分区。

🖱 具体操作

1　开机速度优化

启动 Windows 优化大师，单击左侧列表"系统优化"中的"开机速度优化"选项，将"Windows 7 启动信息停留时间"滑块拖向"快"侧，在"请勾选开机时不自动运行的项目"列表中勾选除杀毒、系统保护软件外的所有选项，然后单击"优化"按钮，如图 4-10 所示。

2　系统安全优化

① 单击左侧列表"系统安全优化"选项，勾选"禁止自动登录"、"每次退出系统（注销用户）时，自动清除文档历史记录"、"当关闭 Internet Explorer 时，自动清空临时文件"、"禁止光盘、U 盘等所有磁盘自动运行"选项，然后单击"更多设置"按钮，如图 4-11 所示。

② 弹出"更多的系统安全设置"对话框，勾选"禁用注册表编辑器 Regedit"、"禁止执

行注册表脚本文件"选项，在"请选择要隐藏的驱动器"列表中勾选要隐藏的分区盘符，然后单击"确定"按钮，如图 4-12 所示。

图 4-10　开机速度优化

图 4-11　系统安全优化

③ 弹出信息对话框，提示系统安全设置成功，必须重新启动计算机才能生效，单击"确定"按钮，如图 4-13 所示。

图 4-12　更多的系统安全设置

图 4-13　提示信息

3 重新启动计算机

返回 Windows 优化大师窗口，退出 Windows 优化大师并重新启动计算机使设置生效。

4.3　超级兔子

超级兔子是一款老牌计算机设置工具，它能帮助用户轻松辨别硬件真伪、安装硬件驱动、维护系统安全、安装系统补丁及软件升级、优化清理系统、清除系统垃圾、提升电脑速度、保护 IE 安全、监测危险程序、屏蔽广告弹窗、清理流氓软件、延长 SSD 硬盘寿命、超大内存不浪费、有效提升系统速度，真正让用户打造属于自己的安全系统。

4.3.1　系统检测

📠 任务描述

网络用户在浏览一些非法网站或者从不安全站点下载游戏或其他程序时，往往会连带恶意程序一并存入自己的电脑，而用户本人对此丝毫不知情。直到有恶意广告不断弹出或色情网站自动出现时，用户才发现电脑已"中毒"。在恶意软件未被发现的这段时间，用户网上的所有敏感资料都有可能被盗走，比如银行账户信息、信用卡密码等。如何才能检测系统是否安全？

怎么做才能对检测出的问题进行修复呢？

解决方案

"恶意网站"是一个集合名词，指携带故意在计算机系统上执行恶意任务的病毒（如蠕虫、特洛伊木马等）的非法网站。这类网站都有一个共同特点，它们通常情况下是以某种网页形式让人们正常浏览页面内容，同时非法获取用户计算机里面的各种数据。

超级兔子可以对系统进行快速的体检，具有 IE 修复、IE 保护等功能。下面利用超级兔子的系统体检及系统防护功能解决上述用户遇到的问题。

具体操作

1 启动超级兔子，单击窗口上方的"系统体检"按钮，然后在左侧的选项栏中选择"系统体检"，单击 "开始检测"按钮，如图 4-14 所示。

2 检测结束后，会在中间窗格中显示检测结果，单击"查看并修复"，如图 4-15 所示。

图 4-14 系统体检

图 4-15 检测结果

3 勾选被修改的选项，单击"立即修复"按钮，如图 4-16 所示。

4 修复完毕，如图 4-17 所示，退出超级兔子即可。

图 4-16 进行 IE 修复

图 4-17 修复完毕

4.3.2 垃圾清理

任务描述

刘思绮是滨河市职业技术学院信息工程系的大三学生，正在准备毕业设计，每天都花费大量的时间在网上搜集材料。最近她注意到计算机系统磁盘的可用空间正在一天天减少，电脑的运行速度也一天比一天迟缓。通过上网查阅资料得知，造成系统运行变慢的原因主要有：

（1）后台运行程序增加，系统资源不足；

（2）垃圾文件过多，磁盘空间不足；

（3）磁盘碎片太多，读写效率下降。

通过分析，她把自己的电脑运行缓慢的原因归结为垃圾文件过多，磁盘空间不足造成的。那么，如何才能清理垃圾文件对系统造成的淤塞，让系统始终保持"苗条"的身材呢？

解决方案

Windows 在安装和使用过程中都会产生很多的垃圾文件，特别是如果一段时间不清理 IE 的临时文件夹"Temporary Internet Files"，其中缓存文件就会占用上百兆的磁盘空间。这些垃圾文件不仅仅浪费了宝贵的磁盘空间，严重时还会使系统运行慢如蜗牛。

超级兔子可以对系统进行清理，包括痕迹清理、系统垃圾文件清理、注册表清理等。本案例需要使用超级兔子的系统垃圾文件清理功能来解决。

具体操作

1 启动超级兔子，单击窗口上方的"系统清理"按钮，然后在左侧的选项栏中选择"清理垃圾文件"，单击 "开始扫描"按钮，如图 4-18 所示。

2 扫描结束后，进入扫描结果窗口，单击窗口下方的"全选"按钮，然后选择"立即清理"，如图 4-19 所示。

图 4-18 清理垃圾文件

图 4-19 扫描结果

3 清理完成后，退出超级兔子即可。

4.4 项目实战

1. 背景资料

Windows 优化大师和超级兔子均属于系统辅助工具，主要用它们来清理、优化系统。近 10 年来 Windows 优化大师和超级兔子一直被认为是优化、清理系统的最佳软件，能够为计算机系统提供全面有效、简便安全的系统信息检测、系统清理和维护系统性能优化手段，让您的电脑系统始终保持在最佳状态。这两个软件各有各的强项,尽管它们有的功能是交叉的,但可以同时在一台电脑上使用,不会有什么冲突。

2. 项目实战

从软件适用平台、界面及易用性、主要功能、优化后的效果、安全性能 5 个方面入手对 Windows 优化大师和超级兔子进行综合测评,同时填写"实训报告单"。

4.5　课后练习

1. 课后实践

(1)使用 Windows 优化大师优化你的电脑,对比优化前后系统运行速度。

(2)用超级兔子关闭系统保护软件、杀毒软件之外所有程序的自启动。

(3)从网上查阅除了本章涉及的两款系统优化工具外,还有哪些系统优化工具比较优秀?安装并测试其功能。

2. 选择题

(1)利用优化大师不能清理的是(　　)。

　A. ActiveX　　　　　　B. 注册表　　　　　　C. 系统日志　　　　　　D. 冗余 DLL

(2)下列哪个应用程序不能用来优化系统(　　)。

　A. Ghost　　　　　　　　　　　　B.超级兔子

　C. Wopti　　　　　　　　　　　　D.恶意软件清理离线下载

(3)下列文件中哪项不属于系统垃圾文件(　　)。

　A.日志文件　　　　　B.帮助索引　　　　　C.临时文件　　　　　D.注册表文件

(4)如果想取消开机自启动程序的运行,可使用 Windows 优化大师"系统性能优化"中的(　　)。

　A. 文件系统优化　　　　　　　　　B. 开机速度优化

　C. 桌面菜单优化　　　　　　　　　D. 系统安全优化

(5)注册表文件越来越庞大的主要原因有(　　)

　① 安装软件造成　　　　　　　② 自己编辑加上的

　③ 卸载软件造成　　　　　　　④ 随使用时间增加而增加

　A. ①②③　　　　　B. ②③④　　　　　C. ①③④　　　　　D. ①②④

(6)使用优化大师可对系统的(　　)进行优化。

　A. 软件和网络　　　B. 硬件和网络　　　C. 软件和硬件　　　D. 文件和软件

3. 判断题

(1)Windows 优化大师就是让系统运行后没有垃圾文件。(　　)

(2)注册表直接影响系统运行的稳定性。(　　)

(3)超级兔子可以对系统进行优化设置。(　　)

(4)计算机硬件配置比较低是计算机系统运行缓慢以及性能下降的主要因素。(　　)

(5)Windows 优化大师可以修改注册表但不能备份注册表。(　　)

4. 简答题

（1）跟随 Windows 自动运行的应用程序过多会对系统产生什么影响？取消应用程序的自动运行应考虑哪些问题？

（2）扫描注册表时所用方法不当可能会导致系统瘫痪，如果出现了这种情况如何挽救系统？

（3）电脑运行一段时间以后，速度大不如以前，为什么？有什么方法可以提高电脑的运行速度？

第 5 章　文件管理工具

带着问题学

- ☑ 什么是压缩？打包和压缩有什么关联？
- ☑ 压缩包能加密吗？能将压缩包做成自解压程序？
- ☑ 怎么给文件夹加密？哪款文件和文件夹加密软件比较好？
- ☑ 有什么好用的电脑硬盘加密软件？如何给移动硬盘加密？
- ☑ 能禁止别人在自己的电脑中使用 U 盘吗？其他移动存储设备也能禁止吗？
- ☑ 电脑资料怎么实时备份？
- ☑ 数据实时同步备份怎么实现？要用到什么软硬件资源？
- ☑ 如何实现局域网内两台电脑中文件的实时备份？

5.1　知识储备

计算机中所有信息都以文件的形式存储，文件管理成为日常维护、数据传输等过程的重要组成部分。文件管理主要包括文件整理、文件检索、文件加密、文件压缩、文件备份等操作，本章重点介绍三款工具软件：文件压缩工具（WinRAR）、文件加密工具（文件夹加密超级大师）和文件备份工具（Second Copy），使文件管理变得简单快捷。

5.1.1　压缩的作用

早期的电脑无论是硬盘空间还是磁盘空间都很小。比如 1993 年的时候，个人电脑硬盘的存储容量最大只有 0.5GB，软盘的存储量只有 1.44MB。在光盘还没有诞生的时候，一些游戏、软件的安装程序要用多张软盘存放，安装时要逐一更换软盘进行安装。因为容量的限制，促使程序员开始研发各种压缩软件对数据进行压缩，以节省存储空间。

压缩技术发展的另一个高潮是在互联网刚刚兴起时，由于网速慢，上网费用高，所以人们都希望从网上传递的文件越小越好，这样不仅可以提高文件上传下载的成功率，还能缩短上网时间，节省上网费用。此外将多个文件压缩成一个压缩包后，大大缩减了网络文件传递的操作过程，使文件的网络传递快捷方便。

现在，硬盘的容量虽然在不断扩大，网络速度也在不断提高，但新兴的数码技术、高清音视频技术、三维动画技术、网络游戏使得存储与传输面临新的挑战，所以压缩技术也在不断发展。

由上可知对文件进行压缩的意义：（1）压缩文件占用较小的空间，这样就可以在有限的存储空间里存放更多的数据，也有利于在网络上传送。（2）将多个文件（如上百张数码照片）压缩为一个压缩包便于管理，多个文件下载/上传都很不方便，而将它们压缩成一个压缩包下载/上传就方便多了。

5.1.2　压缩与解压缩

为了给文件"瘦身"，程序员开发了多种压缩软件，但所有压缩软件都有两项基本功能，即压缩与解压缩。电脑中的数据，包括声音、图像、软件、视频都以二进制代码形式保存，所谓压缩，就是将要压缩文件的二进制代码中冗长的、重复的代码遵循一定的算法进行简短化，把文件的二进制代码压缩，把相邻的 0、1 代码减少，比如有 000000，可以把它变成 6 个 0 的写法 60 来减少该文件的空间。文件中的冗长的、重复的代码如果都按一定的算法用简短的代码来替换，重新生成的文件会小很多，这个重新生成的文件，就是压缩后的文件。使文件变小的过程，就叫做压缩。压缩时使用的算法是相对固定的，压缩软件既包含算法数据库，又包含压缩功能。一般而言，被压缩的文件是不能直接运行的，因为它的代码都被简化了，计算机不能直接识别，为了正常使用必须进行还原操作使文件恢复成原来的样子，这种将压缩文件还原成普通文件的过程，就是解压缩。

5.1.3　文件夹加密

加密就是以某种特殊的算法改变原有的信息数据，使得未授权的用户即使获得了已加密的信息，但因不知解密的方法，仍然无法了解信息的内容。

1. 传统的加密思路

用各种加密算法，将文件夹里的文件和文件夹自身加密处理，需要使用文件时再进行解密操作。这种加密方式的优点：没有密钥就无法解密，无法看到真实数据，文件安全性高。其缺点在于：（1）如果忘记密码，数据将无法解密。所以很多文件加密软件（包括微软）都在使用前声明，如果忘记密码，连开发人员也无法解密，文件将彻底不能用。（2）如果加密算法不稳定，文件加密之后很可能就无法解密，导致数据被破坏。（3）效率低。"加密"和"解密"过程都是对文件的二进制数据按照算法进行处理，处理速度的快慢取决于算法的优劣。

2. 文件加密新思路

作为计算机普通用户，对于加密的需求就是当别人用自己电脑，无意间打开自己的隐私文件时，弹出密码提示窗口，需要输入密码才能打开。此外软件简单、易用、无风险，不用因为忘记密码而损失文件。从这个角度出发，其实不需要任何加密算法，完全可以利用文件夹加密（打开文件夹时，加一个密码认证机制），或是文件夹伪装（将隐私文件夹的图标变成其他图标，打开时打开另一个文件，用假象来蒙蔽偷窥者）来实现普通用户对于"加密"的需求。

5.1.4　文件备份

1. 文件备份的重要性

计算机中的重要数据、档案或历史纪录，不论是对企业用户还是对个人用户，都是至关重要的，一旦不慎丢失或损坏都会造成不可估量的损失，轻则辛苦积累起来的心血付之东流，严重的会影响企业的正常运作，给科研、生产造成巨大的损失。用户应当采取先进、有效的措施，对数据进行备份，防患于未然。

2. 文件备份相关概念

文件备份是为了在发生意外时能够恢复文件，如果备份文件存放不好，所有努力都可能前功尽弃。在选择保存方法前需要先了解几个概念：

（1）本地备份：指在本机硬盘的特定区域备份文件。

（2）异地备份：即将文件备份到与电脑分离的存储介质，如存储卡、光盘、互联网存储空间等非本机硬盘的存储介质。

（3）活备份：即备份到可擦写存储介质，以便更新和修改。

（4）死备份：备份到不可擦写的存储介质，以防错误删除和别人有意篡改。

（5）动态备份：利用软件功能定时自动备份指定文件，或文件内容产生变化后随时自动备份。

（6）静态备份：为保持文件原貌而进行人工备份。

3. 常用文件备份策略

备份策略指确定需备份的内容、备份时间及备份方式。用户根据自己的实际情况制定不同的备份策略，目前被采用最多的备份策略主要有以下三种：（1）完全备份，指对要备份的内容做无条件的全部备份。（2）差分备份，即从前一个全备份后，对变更过或新增的文件进行备份。（3）增量备份，即从上次任意形式的备份后，对变更过或新增的所有文件进行备份。在实际工作中应合理组合运用完全备份、增量备份和差分备份，尽可能减少每次备份的数据量以提高备份速度。例如每周一至周六进行一次增量备份或差分备份，每周日进行全备份，每月底进行一次全备份，每年底进行一次全备份。

4. 备份的存储设备和介质

目前，可以用来备份的设备很多，除本地硬盘外，CD-R、CD-RW 光盘、Zip 磁盘、活动硬盘、移动存储设备以及磁带机等都可以很方便地买到。此外，Internet 还给用户提供了网络备份的新途径，尤其是一些免费空间，很值得我们予以关注。

5.2　WinRAR

WinRAR 是目前流行的压缩工具，其内置程序可以解开 CAB、ARJ、LZH、TAR、GZ、ACE、UUE、BZ2、JAR、ISO、Z 和 7Z 等多种类型的档案文件、镜像文件和 TAR 组合型文件。通过使用新的压缩和加密算法，压缩率进一步提高，而资源占用相对较少，并可针对不同的需要保存不同的压缩配置。固定压缩和多卷自释放压缩以及针对文本类、多媒体类和 PE 类文件的优化算法是很多压缩工具所不具备的。

5.2.1　使用 WinRAR 制作压缩文件

任务描述

李丹和朋友一起去张家界旅游，期间拍摄了许多照片。回来后想通过邮件彼此交换相片，但她发现逐个传送文件很麻烦，速度也慢，怎样才能将那么多张照片既方便又快速地传给朋友呢？

解决方案

WinRAR 能将多个文件（或文件夹）制作成一个压缩文件（又称压缩包），可以大大简化网络传输操作，提高传输速度。本例介绍制作压缩文件的简便方法，即在当前文件夹中制作同名压缩文件。

具体操作

1 右击要压缩的文件夹（或文件），在弹出的右键菜单中选择"添加到'XX.rar'"（XX 为文件名，如本例中的张家界_李丹）选项，如图 5-1 所示。

★ **注 意** 如果是将多个文件（或文件夹）右键压缩，压缩文件名将以这多个文件所在文件夹或其中一个文件的名称命名。

2 弹出"正在创建压缩文件……"对话框，显示压缩进度，如图 5-2 所示。

3 压缩完成后在当前文件夹中可以看到新创建的压缩文件，如图 5-3 所示。

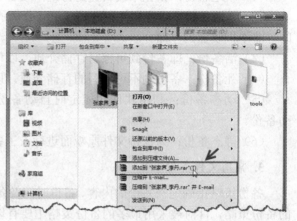

图 5-1 在右键菜单中选择"添加到'XX.rar'"

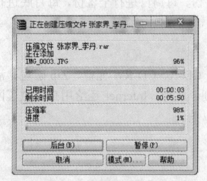

图 5-2 压缩进度对话框

图 5-3 指定压缩文件保存位置和文件名

5.2.2 分卷压缩并添加密码与注释

任务描述

赵峥完成了一本计算机教程的编写，他想把稿件通过邮件发给出版社，但发现自己申请的 126 免费邮箱可发送的附件最大为 3G，可自己的稿件有 3.6G，怎么办呢？

解决方案

可将书稿进行分卷压缩，卷的容量为 2G（实际上小于 3G 即可），同时出于安全性考虑，要对压缩包进行加密，通过添加注释给使用者留言、注释或说明。

具体操作

1 右击需要压缩的文件夹，在右键菜单中选择"添加到压缩文件"菜单项，如图 5-4 所示。

2 弹出"压缩文件名和参数"对话框，单击"浏览"按钮指定压缩包的保存位置，如图 5-5 所示。

3 弹出"查找压缩文件"对话框，指定压缩文件的保存位置，在"文件名"文本框中输入文件名，然后单击"确定"按钮，如图 5-6 所示。

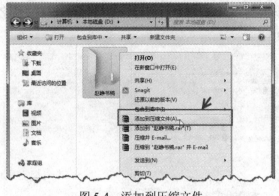

图 5-4　添加到压缩文件

图 5-5　单击"浏览"按钮

4 返回"压缩文件名和参数"对话框后，在"压缩为分卷，大小"中输入 2，并在右侧的下拉列表中选择 GB，即卷的大小为 2GB 字节，然后单击"高级"选项卡，如图 5-7 所示。

图 5-6　确定压缩包的保存位置及文件名

图 5-7　确定卷的大小

5 进入"高级"选项卡后，单击"设置密码"按钮，如图 5-8 所示。

6 弹出"输入密码"对话框，输入密码并确认，然后单击"确定"按钮返回，如图 5-9 所示。

图 5-8　设置密码

图 5-9　输入压缩密码

7 单击"注释"选项卡，进入"注释"选项卡后，在"手动输入注释内容"文本框中输入注释，然后单击"确定"按钮开始创建压缩包，如图 5-10 所示。

★**注意**　如果在创建压缩包时反复添加相同的注释内容或是文本内容较多，可以采用先将注释保存为文本文件，然后使用"从文件中加载注释"的方法简化操作。

常用工具软件实训教程

8 如图 5-11 所示，为分卷后的压缩包，该压缩文件被分为两部分，第一部分在主文件名中加".part1"，第 2 部分在主文件名中加".part2"。

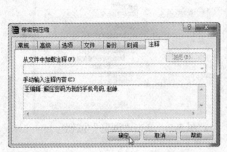

图 5-10　手动输入注释内容　　　　　　图 5-11　分卷后的压缩文件

5.2.3　解压缩文件

任务描述

出版社编辑王永宁收到赵峥随邮件发出来的稿件，由于是分卷且加密的压缩文件，他需要怎样操作才能恢复书稿原貌呢？

解决方案

分卷、加密的压缩文件，其解压方法与普通压缩文件基本相同，为了简化操作建议用户将所有的卷放在相同的文件夹中。

具体操作

1 将分卷压缩文件的各部分下载后放在同一文件夹中，右击其中一个卷（如本例中的"赵峥书稿及课件.part1.rar"），在弹出的右键菜单中选择"解压文件"选项，如图 5-12 所示。

2 弹出"解压路径和选项"对话框，选择该文件解压后的存放位置，然后单击"确定"按钮，如图 5-13 所示。

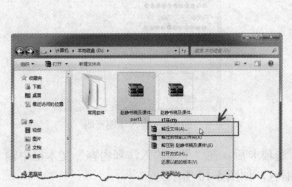

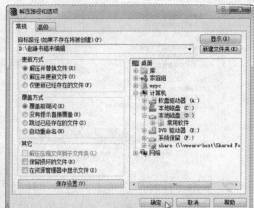

图 5-12　右击压缩文件选择解压文件　　　　图 5-13　选中并解压文件

3 弹出"输入密码"对话框，输入解压密码后单击"确定"按钮开始解压，如图 5-14 所示。

84

★ **注 意** 只有加密的压缩文件在解压时才会弹出此对话框。

4 解压完成后打开解压文件夹即可浏览其中的内容了，如图 5-15 所示。

图 5-14 输入解压密码　　　　　　图 5-15 解压后的文件夹

★ **注 意** 由于将所有分卷放在同一个文件夹中，所以解压过程自动完成。如果各分卷不在同一文件夹中，解压过程中当解压到某一分卷时，会弹出对话框要求用户指定该分卷的存放位置。

5.3　文件夹加密超级大师

文件夹加密超级大师是一款功能强大的文件和文件夹加密软件，具有文件加密、文件夹加密、数据粉碎、彻底隐藏硬盘分区、禁止或只读使用 USB 设备等功能。文件和文件夹加密有闪电加密、隐藏加密、全面加密、金钻加密和移动加密 5 种加密方法。加密文件和加密文件夹有解密与临时解密两种选择，临时解密的文件或文件夹使用完毕后自动恢复到加密状态，方便安全。文件和文件夹通过粉碎删除后，无法通过数据恢复软件恢复，可以做到数据安全无忧。

5.3.1　文件、文件夹加密

✎ **任务描述**

最近因为笔记本故障在维修过程中出现的数据泄露事件屡见不鲜，李诚电脑上的工作数据是公司机密，这让李诚很紧张，怎样才能既方便使用，又不会因一时疏忽而泄密？

✖ **解决方案**

安装文件夹加密超级大师，对机密文件夹进行加密，可以保证数据安全。当使用时对文件夹进行临时解密，文件使用完毕后关闭加密文件夹，文件又自动恢复为加密状态，不需要二次加密。

🖱 **具体操作**

1 将文件夹加密超级大师安装完成后，右击需要加密的文件夹，在弹出的右键菜单中选择"加密"，如图 5-16 所示。

2 弹出"加密文件……"对话框，输入密码并确认，在"加密类型"右侧的下拉列表中选择加密类型（如本例中的"闪电加密"），然后单击"加密"按钮完成加密，如图 5-17 所示。

3 加密完成后会发现原文件夹的图标有所变化，如图 5-18 所示。

4 当需要使用加密文件时，双击加密文件夹图标，弹出"文件夹加密超级大师—请输入密码"对话框，输入密码然后选择"打开"，如图 5-19 所示。

图 5-16　右击要加密的文件夹选择"加密"

图 5-17　加密设置

图 5-18　加密后的文件夹

图 5-19　输入密码

★注意　本例中因为文件夹使用后仍希望保持加密状态不变,所以选择打开而不是解密。

5 弹出"控制模式选择"对话框,单击"临时解密控制"按钮,如图 5-20 所示。

6 文件夹被临时解密后用户可随意使用、修改文件夹中的内容,同时在屏幕右上角出现"加密文件夹控制窗口",用户可以根据需要随时解密文件夹或关闭文件夹(文件夹关闭后仍处于加密状态),如图 5-21 所示。

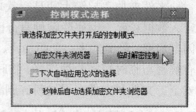

图 5-20　临时解密文件夹

★注意　当文件夹不再需要加密保护时,只需单击解密文件夹即可取消对文件夹的加密,使文件恢复正常,如图 5-22 所示。

图 5-21　临时解密后的文件夹及控制窗口

图 5-22　解密后的文件夹

5.3.2　加密并隐藏文件夹

✎ **任务描述**

对于公司的一些重要文件,李诚不仅不希望别人打开,甚至不希望别人知道,文件夹加密超级大师能满足他的要求吗？

🔧 解决方案

文件夹加密超级大师当然可以做到，而且操作与文件夹加密基本相同，只是解密时有些变化。下面介绍加密并隐藏文件、文件夹方法。

🖱 具体操作

1 右击需要加密的文件夹，在弹出的右键菜单中选择"加密"，如图 5-23 所示。

2 弹出"加密文件……"对话框，输入密码并确认，在"加密类型"列表中选择"隐藏加密"，然后单击"加密"按钮完成加密，如图 5-24 所示。

图 5-23　右击需加密的文件夹选择加密菜单项

3 加密操作完成后会发现被加密的文件夹消失了，如图 5-25 所示。

图 5-24　加密设置

图 5-25　加密文件夹被隐藏

4 当需要使用隐藏的加密文件时，双击桌面上的"文件夹加密超级大师"快捷图标启动文件夹加密超级大师，如图 5-26 所示。

5 进入文件夹加密超级大师窗口，在工具栏下方的文件列表中可以找到被隐藏的加密文件夹，单击该文件夹弹出"请输入密码"对话框，输入密码后即可对该文件夹进行操作，如图5-27 所示。

图 5-26　启动文件夹加密超级大师

图 5-27　在文件夹加密超级大师窗口中进行解密操作

⭐ **注意**　(1) 文件夹加密超级大师提供了 5 种加密类型，即"闪电加密"、"隐藏加密"、"全面加密"、"金钻加密"和"移动加密"。

(2) 闪电加密和隐藏加密的特点是加密和解密速度快，并且不受文件夹的大小限制，适合加密超大的文件夹。

(3) 全面加密、金钻加密和移动加密的特点是加密强度高，没有密码无法解密，但加密和解密速度稍慢，适合加密体积不大（最好不要超过 600M）但里面内容十分重要的文件夹。

(4) 移动加密文件夹是把文件夹打包加密成一个 EXE 文件，这个加密文件夹转移到没有安装文件夹加密超级大师的电脑上也可解密。

5.3.3 磁盘保护

🖎 任务描述

李诚发现使用文件夹加密超级大师保护文件非常实用，他设置了多个加密文件夹，如公司数据、个人文档、个人照片等，但这也太麻烦了，能不能将某个硬盘分区保护起来呢，这样只要将重要数据放在这个被保护分区中就行了。

🔧 解决方案

文件夹加密超级大师具有磁盘保护功能，而且操作还非常简单。

🖱 具体操作

1 启动文件夹加密超级大师，在工具栏中单击"磁盘保护"图标按钮，如图 5-28 所示。

2 弹出"保护"对话框，单击右侧的"添加磁盘"按钮，如图 5-29 所示。

图 5-28　单击"磁盘保护"图标按钮

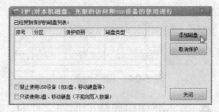
图 5-29　添加磁盘

3 弹出"添加磁盘进行保护"对话框，在"磁盘"列表中找到要保护的磁盘（如本例中的 D 盘），在"级别"中选择保护级别，然后单击"确定"按钮，如图 5-30 所示。

⭐ **注意**　(1) 初级保护：磁盘分区被隐藏和禁止访问（但在命令行和 DOS 下可以访问）。

(2) 中级保护：磁盘分区被隐藏和禁止访问（命令行下也无法看到和访问，但在 DOS 下可以访问）。

(3) 高级保护：磁盘分区被彻底地隐藏，在任何环境用任何工具都无法看到和访问。

4 返回"保护"对话框，可以根据需要进行其他设置，如"禁止使用 USB 设备（如 U 盘、移动硬盘等）"，然后单击"关闭"按钮，如图 5-31 所示。

图 5-30　选择被保护磁盘

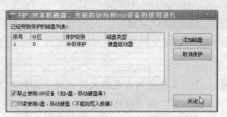
图 5-31　磁盘保护设置

5 设置完成后打开我的电脑窗口，可以发现被保护的 D 盘隐身了，如图 5-32 所示。

6 当需要使用被保护磁盘时，启动文件夹加密超级大师，在窗口中单击工具栏中的 "磁盘保护"图标按钮，弹出"保护"对话框，选择被保护磁盘然后单击"取消保护"按钮，取消保护后隐藏的磁盘就可以使用了，如图 5-33 所示。

图 5-32 磁盘保护效果

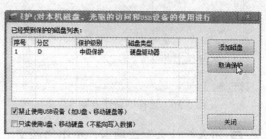

图 5-33 取消磁盘保护

5.4 Second Copy

Second Copy 是一款文件备份软件，它会常驻在系统托盘，按照设定的时间间隔（每隔几分钟或几小时、几天）自动在后台执行一次备份操作。Second Copy 主要功能就是自动帮助用户将重要的文件或是整个文件夹备份到指定的目录，除了进行简单的复制，程序还可以将要备份的文件压缩成 Zip 文件，并使源文件夹和目标文件夹保持同步。Second Copy 借助向导的帮助，可以使用户轻松地完成备份方案的设置和更改。

5.4.1 文件实时备份

📎 **任务描述**

在成功地实现了公司重要数据加密后，李诚倍感轻松，但数据安全的另一重要问题又摆在他面前，那就是重要数据的损毁问题，怎样才能轻松方便地对重要数据进行备份呢？

✕ **解决方案**

使用 Second Copy 在每个工作日的中午 11:30 分（午休时间）自动将指定文件夹中的数据备份到公司的服务器上。

🐭 **具体操作**

1 双击桌面上的 Second Copy 快捷图标，启动 Second Copy（图 5-34）。

2 Second Copy 启动后会常驻系统托盘，单击托盘中的 Second Copy 图标，打开 Second Copy 窗口，如图 5-35 所示。

图 5-34 Second Copy 快捷图标

3 进入 Second Copy 窗口，单击"文件"菜单选择"新建方案"菜单项，如图 5-36 所示。

4 弹出"Second Copy 方案向导"对话框，进入"开始"选项卡，选择"快速设置"，然后单击"下一步"按钮，如图 5-37 所示。

图 5-35 系统托盘中的 Second Copy 图标

图 5-36　选择"新建方案"

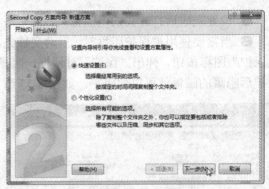

图 5-37　选择"快速设置"

5 进入"什么"选项卡，单击"源文件夹"右侧的"浏览"按钮查找要备份的源文件夹，如图 5-38 所示。

6 弹出"浏览文件夹"对话框，选中要备份的文件夹，然后单击"确定"按钮，如图 5-39 所示。返回"什么"选项卡后单击"下一步"按钮。

7 进入"哪里"选项卡，单击"目标文件夹"右侧的"浏览"按钮确定数据备份的目标位置，如图 5-40 所示。

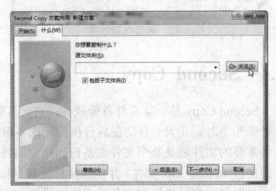

图 5-38　选择文件并解压缩

图 5-39　选中要备份的文件夹

图 5-40　指定目标位置

8 弹出"浏览文件夹"对话框,选中目标文件夹(本例为局域网络中 CD-pc 主机上的 licheng 文件夹)，然后单击"确定"按钮，如图 5-41 所示。返回"哪里"选项卡后，单击"下一步"按钮。

9 进入"什么时候"选项卡，根据需要选择备份的"频率"、"开始时间"等，然后单击"下一步"按钮，如图 5-42 所示。

10 弹出"完成"选项卡，为新的配置文件指定文件名，然后单击"完成"按钮完成备份方案的创建，如图 5-43 所示。

11 方案创建完成后 Second Copy 会按照方案中的设置自动完成备份操作。用户也可随时应用备份方案，进入 Second Copy 窗口双击方案名称即可，如图 5-44 所示。

图 5-41　选择目标文件夹

图 5-42　备份时间设置

图 5-43　完成方案创建

图 5-44　双击方案名称可立即启动指定备份方案

5.4.2　同步数据

任务描述

杨桂娟是湖东景润集团的一名会计，常常把工作带回家处理。由于事情太多，常常会出现到了单位才发现忘了拷贝数据，或是到家后才发现忘了拷贝数据的情况。于是，为了拷贝数据，杨会计经常在家里和单位之间来回奔波。

解决方案

Second Copy 具有数据同步功能，杨会计可以在她家里的电脑、单位的电脑以及随身携带的笔记本中都安装上 Second Copy，并用一个容量大一点的 U 盘或移动硬盘来同步工作数据，这样，杨桂娟只需随身携带 U 盘，就可以保证在家里、单位或外出都是一样的数据。

图 5-45　新建配置文件菜单项

具体操作

1 打开 Second Copy 窗口，依次单击"文件"菜单→"新建配置文件"，如图 5-45 所示。

2 弹出"Second Copy 配置文件向导"对话框，在"开始"选项卡中选择"个性化设置"，然后单击"下一步"按钮，如图 5-46 所示。

3 弹出"什么"选项卡，选择需要同步的源文件夹并勾选"包括子文件夹"，然后单击"下

常用工具软件实训教程

一步”按钮，如图 5-47 所示。

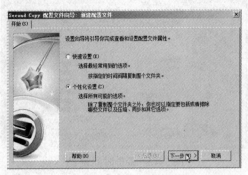

图 5-46　选择个性化设置

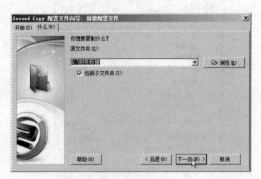

图 5-47　选择源文件夹

4 弹出“哪些文件”选项卡，选择“所有文件和文件夹”，然后单击“下一步”按钮，如图 5-48 所示。

5 弹出“哪里”选项卡，选择目标文件夹，然后单击“下一步”按钮，如图 5-49 所示。

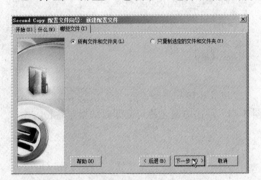

图 5-48　同步所有文件和文件夹

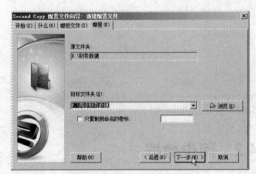

图 5-49　选择目标文件夹

6 弹出“什么时候”选项卡，在“频率”下拉菜单中选择“每隔几分钟”，并在“分钟”文本框中设置同步周期，然后单击“下一步”按钮，如图 5-50 所示。

7 出现“怎样”选项卡，在复制方式下拉菜单中选择“同步”，勾选“同时还同步文件删除”，用户还可为删除的文件保留多个版本，在本例中，设置只保留一个版本给删除文件，同时指定移动、删除及更改文件保存的位置，然后单击“下一步”按钮，如图 5-51 所示。

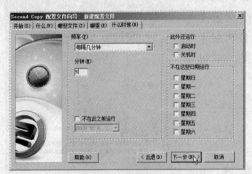

图 5-50　设置同步频率

图 5-51　同步来源和目标使它们完全匹配

8 弹出“完成”选项卡，为配置文件命名，然后单击“完成”按钮，如图 5-52 所示。

9 回到“Second Copy”窗口，选中新创建的配置文件后，在窗口下方状态栏可以看见下次运行配置文件的时间，如果想立即执行，右击新建的配置文件，在右键菜单中选择"运行配置文件"，如图 5-53 所示。

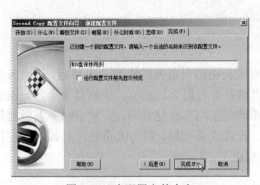

图 5-52　为配置文件命名

图 5-53　手动执行配置文件

10 对比来源文件夹和目标文件夹，查验数据同步是否有效，如图 5-54 所示。

图 5-54　对比来源和目标文件夹

5.5　项目实战

1. 照片打包

（1）背景资料

徐淑艳和同学一起到张家界旅游，拍了不少风景照片，在旅行途中数码相机的存储卡已经存储满了，回到酒店后，徐淑艳决定将相机里面的照片导出到酒店的电脑，然后发到自己的邮箱中，由于照片文件太多，如果一个个发送实在太麻烦，徐淑艳想一次性发出（或分几次也行），你有什么办法帮她解决吗？

（2）项目实战

请模拟背景资料所描述的情景，搜集照片，然后将照片压缩打包，单个压缩包不能超过 2GB（网易云附件可发送单个不超过 2G 的超大文件），同时填写"实训报告单"。

2. 加密文件夹

（1）背景资料

李春华正在替迁南市明日科技电脑公司开发软件，在产品正式发布前，为了防止别人窃取源程序，他需要将源程序加密，只有输入密码才能打开源程序文件夹，调试程序。

（2）项目实战

请你模拟背景资料所描述的情景，新建一个文件夹，在该文件夹下创建几个文本文件，然后用文件夹加密超级大师加密该文件夹，同时填写"实训报告单"。

3. 数据同步

（1）背景资料

受环境影响，渝唐市丰华区丰水机械钻井有限公司的财务室的电脑总出问题，该财务室有7台电脑，其中有三台电脑换过硬盘，对丰水机械钻井有限公司而言，换硬盘事小，数据丢失事大。为防止数据再次丢失，公司花了五千多元购买了网络存储设备，并规定财务人员将每天的财务数据备份到网络存储。运行一段时间后，管理人员发现，财务人员并没有按照规定按时将财务数据备份到网络存储，原因是工作太忙忘记了。

（2）项目实战

请你用 VMware 虚拟机模拟背景资料所描述的情景：

① 模拟网络存储

打开虚拟机后，依次单击"VM"菜单→"Setting"，出现设置对话框后，单击"Options"选项卡，在对话框左侧选择"Shared Folders"（共享文件夹），在右侧选择"Always enabled"（总允许），勾选"Map as a network drive in Windows guests"（在虚拟机上将共享文件夹映射为网络驱动器），单击"Add"按钮，指定主机的某个文件夹作为共享文件夹，如图5-55所示。

② 同步数据

启动虚拟机后，打开计算机窗口，此窗口中的网络驱动器就是共享的主机文件夹，如图5-56所示。

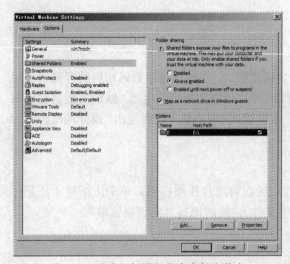

图 5-55　为虚拟机设置共享主机文件夹

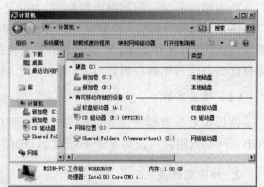

图 5-56　模拟网络存储

模拟网络存储后，在虚拟机上安装同步备份工具 Second Copy，并用 Second Copy 同步虚拟机的 D 盘。在完成实战的同时填写"实训报告单"。

5.6 课后练习

1. 课后实践

（1）将 C:\WINDOWS\HELP 文件夹创建为压缩包，压缩文件名为"第一个.rar"，存放在 E:\LX 文件夹中。

（2）将 C:\WINDOWS\SYSTEM 文件夹添加到刚才所建的压缩包中。

（3）打开压缩文件"第一个.rar"，删除 help 文件夹中所有以 hlp 为扩展名的文件。

（4）将 C:\WINDOWS\HELP 文件夹创建为自解压文件，压缩文件名为"第二个"。

（5）将 C:\WINDOWS\HELP 文件夹创建为分卷压文件，压缩文件名为"第三个.rar"，每个卷 5M。

（6）将 C:\WINDOWS\HELP 文件夹创建加密压缩文件，压缩文件名为"第四个"，解压密码为：123456。

（7）使用文件夹加密超级大师对 C:\WINDOWS\HELP 文件夹进行闪电加密，然后对其进行解密操作。

（8）使用 Second Copy 将 C:\WINDOWS\HELP 每 2 小时一次备份到 D 盘 data 文件夹中。

2. 选择题

（1）WinRAR 是运行在（ ）。

    A. Windows 操作系统下的解压缩软件   B. UNIX 操作系统下的解压缩软件

    C. DOS 操作系统下的解压缩软件   D. 所有操作系统下的解压缩软件

（2）下列文件中属于压缩文件的是（ ）。

    A. fit.exe   B. test.rar   C. trans.doc   D. map.htm

（3）下列工具软件中，哪款不是压缩工具（ ）。

    A. WinRAR   B. WinZip   C. WinPE   D. 7-Zip

3. 简答题

（1）简述数据压缩的原理，并介绍常见的压缩软件。

（2）自解压文件的原理是什么？什么时候需要创建自解压文件？

（3）为什么要对文件或文件夹进行加密操作？想一想文件或文件夹加密在实际生活中有哪些作用？

（4）文件夹加密超级大师提供了几种加密操作类型？各有什么特点？

（5）文件备份重要吗？有哪些备份策略？

第 6 章　上传下载工具

带着问题学

☑ 什么是断点续传？

☑ P2P 的优点是下载用户越多速度越快，为什么？

☑ 有哪些下载工具有隐藏下载的功能？

☑ 快车的 DHT 和 UPNP 到底是什么功能？

☑ 批量下载需要满足什么条件？

☑ BT 下载和电驴（电骡）下载有什么异同点？

☑ 迅雷、快车和 QQ 旋风在功能上有哪些相似之处和不同之处？

☑ FlashFXP、LeapFTP、CuteFTP 在功能上有哪些相似之处和不同之处？

6.1　知识储备

6.1.1　术语解释

1. 下载软件

下载软件是指通过互联网或局域网，利用 HTTP、FTP 、ed2k、BitTorrent 等协议，将互联网或企业内部网络上的电影、软件、图片等文件传到本地电脑上的工具软件。

2. 上传软件

上传实际上是下载的逆过程，上传软件就是将制作好的网页、文字、图片等发布到互联网或企业内部网络的工具软件。

3. HTTP 协议

HTTP 是英文 "Hypertext Transfer Protocol" 的缩写，中文称为 "超文本传输协议"，它是用来在 Internet 上传送超文本的协议。

4. FTP 协议

FTP 是 "File Transfer Protocol" 的缩写，中文称为 "文件传输协议"，是为了能够在 Internet 上互相传送文件而制定的文件传送标准，规定了 Internet 上文件如何传送。

5. ed2k

ed2k 全称叫 "eDonkey2000 network"，是一种文件共享网络，最初用于共享音乐、电影和软件。与多数文件共享网络一样，它是分布式的；文件基于 P2P 原理存放于用户的电脑上而不是存储于一个中枢服务器。

6. BitTorrent

比特流（BitTorrent）是一种内容分发协议。它采用高效的软件分发系统和点对点技术共享文件，并使每个用户提供上传服务。一般的下载服务器为每一个发出下载请求的用户提供下载服务，而 BitTorrent 的工作方式与之不同。分配器或文件的持有者将文件发送给其中一名用户，再由这名用户转发给其他用户，用户之间相互转发自己所拥有的文件部分，直到每个用户的下载都全部完成。这种方法可以使下载服务器同时处理多个大体积文件的下载请求，而无须占用大量带宽。

7. 上传与下载

"上传"（Upload）和"下载"（Download）是在网络使用中经常遇到的两个概念，"下载"文件就是从远程主机拷贝文件到本地计算机的过程；"上传"文件就是将文件从本地计算机中拷贝到远程主机上。

8. 断点续传

在文件下载过程中由于某种原因使服务器与客户机的联系中断，导致文件传输被迫中断，从而使文件传输未能全部完成；一旦网络连接恢复正常，支持断点续传的工具软件能够根据断线时记录的传输进度自动完成文件剩余部分的传输工作；不支持断点续传的工具软件则不得不从头开始，重新进行文件传输操作。

6.1.2 相关下载原理

1. 网络瓶颈

通常下载软件、游戏、音乐、电影或其他文档，都是从 Web 站点或 FTP 站点下载。每台服务器都有带宽限制，基于该服务器下载的用户越多，每个用户下载的速度就越慢，如图 6-1 所示，这就是网络瓶颈。

2. P2P 下载

P2P 是 peer-to-peer 的缩写，是一种分布式网络，在此网络中的参与者既是资源（服务和内容）提供者（Server），又是资源（服务和内容）获取者（Client）。P2P 打破了传统的 Client/Server (C/S)模式，在网络中每个节点的地位都是对等的，每个节点既充当服务器，为其他节点提供服务，同时也享用其他节点提供的服务。P2P 使得沟通更容易，共享和交互更直接，用户可以直接与网络中的其他计算机交换文件，而不是像过去那样连接到服务器去浏览与下载。P2P 改变了以大网站为中心的状态，重返"非中心化"，从而把权力交还给用户。

P2P 还是 point to point 点对点下载的意思，是下载术语，意思是在用户下载的同时，还充当主机为其他用户提供下载服务，正是基于这种下载方式，网络中下载同一数据的人越多则下载速度越快。

3. BT 下载原理

用户上网时主要是浏览网页、下载数据等，使用的是"下行带宽"，也就是数据从其他主机传输到本地计算机的带宽。而"上行带宽"（即数据从本地计算机传输到其他主机的带宽）使用率非常低，BT 下载充分利用了用户富余的"上行带宽"，使用户在下载的同时也进行上传，充分利用网络资源，解决传统下载中出现的网络瓶颈问题，做到"下载的人越多，下载速度越快"。

BT 下载采用多点对多点的传输原理，即 BT 首先在上传者端把一个文件分成若干个部分，甲从服务器随机下载第 X 部分，乙从服务器随机下载第 Y 部分……当甲需要下载第 Y 部分时，BT

就会根据情况从服务器或乙的电脑中下载第 Y 部分，乙的 BT 也就会根据情况从甲的电脑下载第 X 部分，这样不但减轻了服务器端的负荷，还加快了用户方（甲、乙）的下载速度，效率自然就提高了。由于下载的同时也在上传，所以下载的人越多下载速度越快，如图 6-2 所示。

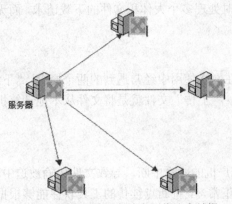

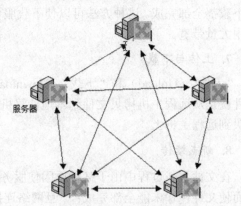

图 6-1　传统下载用户越多下载速度越慢　　　　图 6-2　BT 下载用户越多下载速度越快

3. 电驴下载原理

电驴是建立在点对点（peer to peer）技术上的文件共享软件。它与传统文件共享的区别在于：共享文件不是在集中的服务器上等待用户端来下载，而是分散在所有参与者的硬盘上。所有参与者组成一个虚拟网络，每个用户端都可以从这个虚拟网络里的任意一台机器里下载文件。同时每个人也可以把自己的文件共享给他人。在电驴体系里有一些服务器，不过这些服务器不再存放文件，而是存放这些共享文件的目录或地址。每个用户端从服务器处得到或搜索到共享文件的地址，然后自动从别的客户端处进行下载，这样参与的客户端越多，下载的速度越快。

4. 离线下载原理

离线下载其实就是下载工具的服务器代替电脑用户先行下载，多用于冷门资源。比如，用户的正常下载最大速度能达到 200KB/S，但是某个资源是冷门资源，下载速度可能只有 10B/S 甚至更低，一个只有百兆的文件可能需要好几个月才能完成下载，如果用离线下载技术，就可以让服务商的服务器代替用户下载，用户就可以关掉下载工具或者机器，节约时间和电费。等冷门资源下载到服务器后（离线下载），电脑用户再用下载工具将服务器上的资源以 200KB/S（理论上会员等级越高越快，最高速度仅受限制于用户宽带）的速度下载到自己的电脑上。即使对于热门资源，离线下载也能节省挂机等待的时间，并节约宽带资源。

5. 磁力链接下载

类似"magnet:"开头的字符串，就是一条磁力链接；磁力链接的主要作用是识别能够通过点对点技术下载的文件，这种链接是通过不同文件内容的 Hash（哈希算法，一种查找算法）结果生成一个纯文本的"数字指纹"来识别文件，而不是基于文件的位置或者名称识别文件。磁力链接下载可以利用 BT 种子中记录的"数字指纹"通过 DHT 网络进行搜索，获取下载者列表，防止因断种而无法继续下载现象的出现。

6. 迅雷下载加速原理

迅雷下载加速原理的核心有镜像服务器加速、P2P 加速、高速通道加速和离线下载加速

（1）镜像服务器加速：全网数据挖掘，自动匹配与资源相同的镜像用户下载。而它的原理就是利用互联网上的其他服务器提供的资源进行下载，如用户下载一个软件，该软件在 A 网站存在，用户从 A 网站下载，同时 B 网站存在相同资源，则迅雷可以从 B 网站下载，提升了下载速度。镜像服务器（Mirror server）与主服务器的服务内容都是一样的，只是放在不同的地方，分担主机的负载。简单来说就是和照镜子似的，能看，但不是原版的。在网上内容完全相同且同步更新的两个或多个服务器，除主服务器外，其余的都被称为镜像服务器。

（2）P2P 加速：利用 P2P 技术进行用户之间的加速，该通道产生的上传流量会提升通道的健康度，从而提升通道加速效果。若其他迅雷用户下载过本文件，则下载时可以由该用户上传给其他用户。

（3）高速通道加速：高速 CDN 加速，不受网络条件限制，瞬间享受高速下载。在用户下载了一个迅雷服务器上没有的资源后，迅雷会记录资源地址，云端准备完成后其他用户在下载时即可用高速通道下载。

（4）离线下载加速：冷门资源服务器下载速度缓慢，迅雷服务器可以代替用户下载，下载后用户再从迅雷服务器上高速下载该文件。

6.2 迅雷

迅雷是一个提供下载和自主上传的工具软件，迅雷的资源取决于拥有资源网站的多少，不过，每一个迅雷用户所下载的资源（包括正在下载的资源）都将作为迅雷资源供其他迅雷用户下载。迅雷使用的多资源超线程技术基于网格原理，能够将网络上存在的服务器和计算机资源进行有效的整合，构成独特的迅雷网络，通过迅雷网络，各种数据文件能够以最快的速度进行传递。多资源超线程技术还具有互联网下载负载均衡功能，在不降低用户体验的前提下，迅雷网络可以对服务器资源进行均衡，有效降低了服务器负载。注册并用迅雷 ID 登陆后可享受到更快的下载速度；下载越多，积分越多，等级越高，免费下载资源越多。同时如果办理 VIP 业务可以开启迅雷离线下载和高速通道，会员共分为多个等级（普通 VIP 1～6，白金 VIP1-7），不同的等级对应不同级别的服务特权，迅雷还支持 P2P 下载等特殊下载模式。

6.2.1 功能设置

📝 任务描述

尽管下载工具的安装过程和使用方法越来越简单，但人们在使用下载工具下载网络资源时仍然会遇到很多问题，例如，下载的网络资源存放在什么地方，怎样才能找到？开机时，有时需要启动迅雷并自动下载没有完成的任务，有时不需要启动迅雷，能实现吗？最大下载任务数和线程数能不能调节，有工作任务的时候减少任务数量，空闲的时候能不能提高任务数……。这些都是用户在使用过程中普遍存在的问题，新阳职业技术学院的王洋经常帮人装系统和软件，他现在同样遭遇到这类问题，决定搞清楚迅雷有哪些功能，可以设置哪些参数。

🔧 解决方案

迅雷是一款国产下载软件，全中文界面，通过软件界面的文字描述，就能明白迅雷的主要功能，尤其是设置界面，是迅雷为用户个性化需求而提供的功能模块，王洋同学只需进入迅雷设置界面，认真观察、反复实践，即可了解并掌握设置相关参数的方法。

具体操作

（1）打开迅雷主窗口

安装并启动迅雷后，双击桌面上的迅雷图标、迅雷悬浮窗或通知图标栏的迅雷图标，均可打开迅雷主窗口。进入迅雷主窗口后，单击窗口上方的"配置"图标按钮即可进入迅雷配置页面，如图6-3所示。

（2）常规设置

进入"系统设置"页面后，依次单击"基本设置"→"常规设置"进入常规设置页面。常规设置包括"启动设置"和"模式设置"，启动设置包括"开机时自动启

图6-3　进入迅雷主窗口

动迅雷7"、"启用老板键"、"启用'离开模式'"。用户可以在模式设置里面选择"下载优化模式"、"网速保护模式"或"自定义模式"，指定"最大下载速度"和"最大上传速度"。在常规设置里面，"老板键"和"离开模式"是两个实用功能，如图6-4所示。

- 老板键：启用老板键后，只要按默认的组合键"Alt+D"，就可以隐藏迅雷，以避免他人发现自己下载网络资源，再次按组合键"Alt+D"，迅雷又出现了。因此，老板键可以有效避免别人发现自己用迅雷下载网络资源。
- 离开模式：如果用户要下载的资源较多，下载时间较长，例如，需要整夜下载网络资源，此时可以启用"离开模式"，当用户离开电脑，电脑处于休眠状态时，迅雷仍在下载资源。

（3）常用设置

依次单击"我的下载"→"常用设置"，进入常用设置页面。可以设置"同时运行的最大任务数"，选择"自动将低速任务移动到列尾"，设置磁盘缓存，设置"全局最大连接数"，"启用 UPnP 支持"等参数，如图6-5所示。

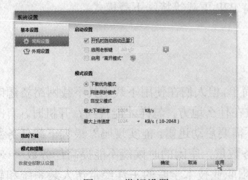

图6-4　常规设置

图6-5　常用设置

如果经常出现网页无法打开的现象，可以适当减少"全局最大连接数"。如果用户启动迅雷后发现电脑明显变慢，可以适当减少"同时运行的最大任务数"。

（4）任务默认属性

依次单击"我的下载"→"任务默认属性"进入任务默认属性设置页面。在该页面，可以指定迅雷下载目录，可以设置"原始地址线程数"，选择"下载完成后自动运行"、"关闭任务

列表扩展栏"、"新建任务时不显示主界面"、"任务列表中显示列表头"、"新建面板显示二维码"、"开启任务预下载"等实用参数，如图 6-6 所示。

其中，提高"原始地址线程数"可以提高任务的下载速度，"开启任务预下载"则是迅雷的一个特色功能，在用户单击"立即下载"前，便已开始下载甚至下载完成。

（5）监视设置

依次单击"我的下载"→"监视设置"进入监视设置页面。可以设置监视对象，包括监视剪贴板和监视浏览器，也可以设置为"Ctrl+鼠标左键打开链接时不监视"，还可监视下载类型，包括传统下载、BT 下载、EMule 下载和磁力链接下载，如图 6-7 所示。

图 6-6

图 6-7 监视设置

（6）BT 设置

依次单击"我的下载"→"BT 设置"进入 BT 设置页面。可以在此页面进行关联设定、上传设定、端口设定、允许链接 DHT 网络，如图 6-8 所示。其中 DHT 全称叫分布式哈希表，是一种分布式存储方法，在不需要服务器的情况下，每个客户端负责一个小范围的路由，只负责存储小部分数据，从而实现整个 DHT 网络的寻址和存储，下载任务不会因断种而停止。

（7）eMule 设置

依次单击"我的下载"→"eMule 设置"进入 eMule 设置页面。eMule 是一个开源免费的 P2P 文件共享软件，基于 eDonkey2000 的 eDonkey 网络，遵循 GNU 通用公共许可证协议发布，运行于 Windows 下。迅雷支持 eMule 下载（电骡下载），可以通过 eMule 设置页面，设置用户昵称，导入积分文件，选择是否连接 ED2K 网络，是否链接 KAD 网络，设置监听端口等常规设置，也可以进行高级设置，如是否"启用身份验证"、"启动时自动连接"、"启用数据压缩"、"启用 AICH 支持"和"启用模糊协议"等参数，如图 6-9 所示。

图 6-8 BT 设置

图 6-9 eMule 设置

其中 AICH 是高级智慧型损坏处理的英文缩写，eMule 使用各种的方式来确保文件在网络共享及下载时没有错误，万一发生错误，称为损坏，可以使用 eMule 的 AICH 功能重新下载最小量的资料来修正这个损坏。

（8）下载加速设置

依次单击"我的下载"→"下载加速"进入下载加速设置页面。可在此页面设置"开启镜像服务器加速"、"开启迅雷 P2P 加速"、"开启智能解决死链"等参数，如图 6-10 所示。

（9）模式和提醒设置

模式和提醒设置包括"模式提示"和"消息提醒"两个页面，以满足用户个性化需求，其中，"开启免打扰模式"可以使用户专心于工作，关闭"显示流量监控"后不再显示流量监控，关闭"显示迅雷资讯"后不再出现迅雷资讯窗口，如图 6-11 所示。

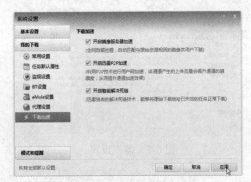
图 6-10 下载加速设置

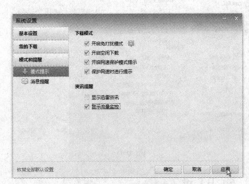
图 6-11 模式和提醒设置

6.2.2 迅雷高级应用

任务描述

《精忠岳飞》是张双酷爱的电视连续剧，它是一部正在热播的国产大型历史电视连续剧，尤其是"岳母刺字"、"枪挑小梁王"等经典桥段颇受百姓喜爱。张双很想将该电视剧下载到本地电脑，经过一番努力，张双通过互联网搜索到《精忠岳飞》的下载地址，但要逐集下载很麻烦。有一次，他和朋友闲谈时听说，如果用迅雷，可以采用批量下载的方式一次性地将所有电视连续剧下载下来，张双对此非常感兴趣。

解决方案

电视连续剧、连载的网络小说、连载的评书、连载的有声小说……文件名具有一定的连续性是这些网络资源的共同特点，只要所下载资源的文件名有连续性这一特点，就可以用迅雷等下载工具进行批量下载。

具体操作

（1）新建下载任务

单击迅雷主窗口上方的"新建"按钮，出现"新建任务"对话框后，单击对话框下方的"按规则添加批量任务"按钮，如图 6-12 所示。

（2）按规则添加批量任务

出现 URL 地址设置页面后，将下载地址粘贴到"URL"文本框，并将地址中表示剧集的

图 6-12 新建任务

数字用"(*)"代替，在本例中，《精忠岳飞》的下载地址是"ftp://dy131.com:6vdy.com@ftp.66e.cc:4718/【更多电视剧请去www.dy131.com】精忠岳飞[HD版]01.rmvb"到"ftp://dy131.com:6vdy.com@ftp.66e.cc:4718/【更多电视剧请去www.dy131.com】精忠岳飞[HD版]69.rmvb"，用"(*)"代替地址中表示剧集的数字后的地址是"ftp://dy131.com:6vdy.com@ftp.66e.cc:4718/【更多电视剧请去www.dy131.com】精忠岳飞[HD版]（*）.rmvb"。确定地址后，在"URL"文本框下方输入剧集的范围，本例为"从1到69"，通配符长度是"2"，设置好批量下载任务后，单击"确定"按钮继续，如图6-13所示。

如果批量下载的文件较多，可以将这些文件合并为任务组。出现保存页面后，单击下载文件清单中的最后一条"合并为任务组"，出现文本框后，输入任务组的名称，本例输入的名称是"精忠岳飞"，其他参数按需求设置即可，如图6-14所示。

图6-13 设置下载地址

图6-14 合并为任务组

（3）用高速通道下载

进入下载页面后，选择正在下载的任务或任务组，在任务的下方会出现"试用高速通道"和"离线下载加速"两个按钮，如果所下载的是视频资源，还会有"立即播放"按钮，单击"试用高速通道"按钮可测试开启高速通道后所增加的下载速度，如图6-15所示。

如图6-16是下载《精忠岳飞》时，单击"试用高速通道"按钮的某时刻的截图，图中整个任务组的下载速度是"291.18KB/s"，其中因启用高速通道后的速度是"281.70KB/s"，由此得知启用迅雷高速通道后，下载加速效果非常明显，如图6-16所示。

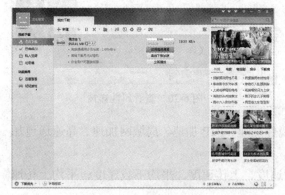

图6-15 试用高速通道

图6-16 启用迅雷高速通道后加速效果明显

美中不足的是，只有迅雷会员才能享受高速通道的特权，非迅雷会员只有 1 分钟试用时间，试用结束后，会弹出"迅雷会员"对话框，同时显示提速效果统计，如果想继续使用高速通道，须成为迅雷会员，迅雷会员还能享受离线下载、去除广告等特权，如图 6-17 所示。

（4）查看下载详情

右击下载任务或任务组，在右键菜单中选择"详情页"可了解任务下载的具体情况，如图 6-18 所示。

在"我的下载"页面的上方是下载任务的名称、大小、下载速度、进度等信息，页面的下方是任务的具体信息，本例查看的是任务组，任务信息包含任务组文件列表信息，包括每个文件的名称、大小和进度等信息，如图 6-19 所示。

图 6-17　迅雷会员特权

图 6-18　下载任务的右键菜单

属性详情包括任务名称、任务状态、文件大小、存储目录、已下载、累积下载、累积上传、创建时间、完成时间、剩余时间、平均速度等信息，如图 6-20 所示。

图 6-19　查看任务信息

图 6-20　查看属性详情

任务分块以图表形式显示原始地址来源、镜像加速、P2P 加速、局域网加速、高速通道加速和离线下载加速等信息，如图 6-21 所示。

Peer 连接信息包含了下载来源的 IP、下载速度、上传速度、平均下载速度、平均上传速度等详细信息，如图 6-22 所示。

图 6-21　查看任务分块

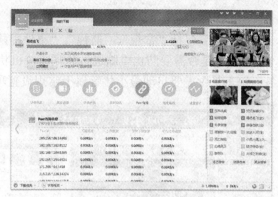

图 6-22　查看 Peer 连接信息

6.3　快车

快车是一款使用简单、便捷的下载工具，即便是新快车用户，也能用快车下载网络资源，快车还全面支持 HTTP、FTP、BT、eMule 等多种协议，具有智能检测下载资源，HTTP/BT 下载切换无须手工操作，One Touch（一触即发）技术优化 BT 下载，获取种子文件后自动下载目标文件，无须二次操作等功能，快车也因此赢得了大量用户的青睐。

用户在使用快车时可能会遇到各式各样的问题，如"为什么只能一个一个文件下载啊"、"快车暂停下载后重新开始，下载进度为什么变成从零开始了"、"为什么显示下载但下载速度却为 0 呢"……。快车官网为此开辟了"快车论坛"，快车用户可以通过这个平台交流下载经验，解决用户使用快车中遇到的安装问题、数据问题和下载速度等问题。

6.3.1　功能设置

✎ 任务描述

新阳职业技术学院信息工程系学生王洋经常浏览"快车论坛"，为自己维护电脑积累经验，王洋将"快车 3.x 系列其他问题讨论"栏目下的 2347 个主题都浏览了一遍，还精读了其中部分主题，发现网友所遇到的问题都与快车设置有关，只要设置得当，一大半问题都能得到解决，于是王洋开始逐项研究快车的设置项目。

✖ 解决方案

快车和其他公共软件一样，按多数用户的使用习惯和需求设计，同时软件提供参数配置功能，以满足不同用户的使用习惯和功能需求，王洋认为从快车的参数配置着手，只要熟悉快车的设置项目，就可以轻松解决下载中遇到的各种问题。

🖱 具体操作

（1）快车首页面

打开快车主窗口后，发现各类广告占据了快车首页面的大部分空间，在首页面左侧是任务分类栏目，快车具有文件自动分类功能，在"完成下载"项后可以看到快车将下载的网络资源自动分成"影视"、"软件"、"音乐"、"种子文件"、"其他"类别。在首页顶部是功能菜单，依次单击"工具"菜单→"选项"可进入快车参数配置页面，如图 6-23 所示。

（2）基本设置

基本设置包括"常规"、"监视"、"事件提醒"、"磁盘缓存"4 个栏目，开机时是否启动快车、下载时是否需要防止电脑进入休眠或待机状态、启动快车后是否需要自动开始未完成的任务、快车是否需要自动最小化等属于常规设置项目，如图 6-24 所示。

图 6-23　快车首页面　　　　　　　　　　　　　　图 6-24　常规设置

快车可监视以 IE 为核心的浏览器、剪贴板等项目，可设置监视类型，可撤消下载提示信息等，如图 6-25 所示。

"事件提醒"包括"启动退出"、"添加任务"、"任务完成"、"其他"4 类 8 个项目的提醒功能。用户根据自身需要，通过"事件提醒"栏目下的提醒项目可以决定设置哪些项目，取消哪些项目，如图 6-26 所示。

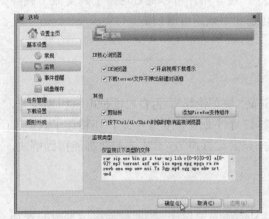

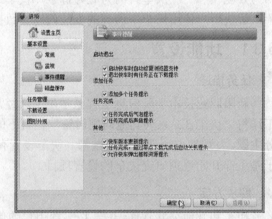

图 6-25　监视设置　　　　　　　　　　　　　　图 6-26　事件提醒

用户可通过"磁盘缓存"栏目设置磁盘缓存的大小，磁盘缓存越大，硬盘写入次数越少，不过缓存越大，内存开销也就越大，缓存太大会影响电脑运行速度，如图 6-27 所示。

（3）任务管理

任务管理包括"任务默认属性"、"分类规则"等设置栏目，下载分类是快车的特色功能，在"任务默认属性"栏目可以设置分类方法，包括"自动归类"、"记忆上次选择"、"指定分类及目录"等方法，可以重新指定下载资源的存放位置，可以选择"立即下载"或"手动开始"等下载方式，可以选择是否只从原始地址下载，如图 6-28 所示。

如果选择从原始地址下载，普通任务将不会使用快车 P4S 加速技术，下载速度完全依赖于原始地址所在服务器，下载可能慢很多或停止下载。"只从原始地址下载"的目的就是禁用BT下载，以此降低硬盘的读写频率，延长硬盘寿命。对只有一个来源的资源，如私有文件或其他工作文件，选择"只从原始地址下载"不会影响下载速度。

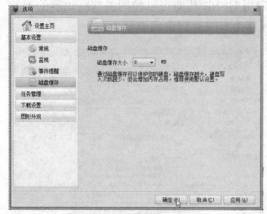

图 6-27　磁盘缓存设置

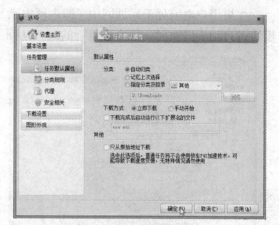

图 6-28　任务默认属性

快车的下载分类功能是按照下载资源的扩展名自动分类的，可以通过"分类规则"重新定义分类规则，如图 6-29 所示。

（4）下载设置

"下载设置"包括"速度设置"、"HTTP/FTP"、"BT"、"eMule"等设置栏目，在下载速度中可设置最大下载速度和最大上传速度，可定义最多同时进行的任务数，任务数的上限是 100，和迅雷可同时进行的人数上限 50 相比，多一倍，如图 6-30 所示。

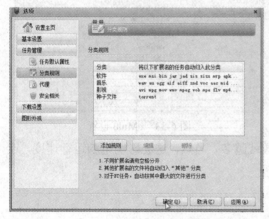

图 6-29　自定义分类规则

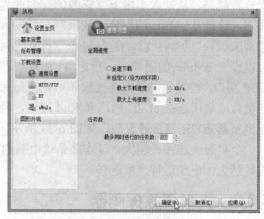

图 6-30　速度设置

多数用户都有浏览器下载资源失败的经历，这与源服务器的会话时间有关，服务器为了节约资源，会自动断开超出会话时间的客户端。快车"HTTP/FTP"设置栏目可以设置连接超时时间、连接失败重试前等待时间、最大重试次数等参数，如图 6-31 所示。

在"BT"设置栏，可以重新指定 BT 使用的 TCP 端口和 UDP 端口，可以指定下载完成后默认做种时间，可以运用开启 DHT、开启 UPNP、下载种子文件后自动新建 BT 任务等参数设置，如图 6-32 所示。

假设用户甲正在下载资源 A，用户乙也在下载资源 A，甲可以从乙那里下载乙已经下载完的部分，乙也可以从甲那里下载甲已经下载的部分资源。也就是说，对 BT 下载而言，资源在下载过程中都在为别人做种，此处所指定的做种时间是指资源下载完成后的做种时间，默认的做种时间是 1 小时。

如果用户电脑处于局域网中（即内网电脑），启用 UPNP 功能可以使网关或路由器的 NAT 模块做自动端口映射，将快车监听的端口从网关或路由器映射到内网电脑上。

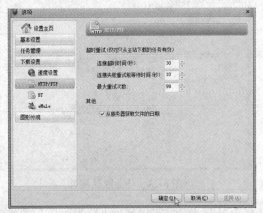

图 6-31　HTTP/FTP 设置

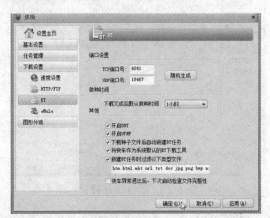

图 6-32　BT 设置

eMule 下载采用积分下载机制，例如用户甲用快车下载资源，上传设置为无限制，长时间开启电脑并登录快车的电驴账户，就会有人从甲处下载资源，别人下载的资源越多，甲的积分就越高，从别人那里下载资源的排名就越靠前，这就是 eMule 的积分下载机制，鼓励大家都来做种，互利互惠。在"eMule"设置栏目可以设置 eMule 的用户名，指定 TCP 端口和 UDP 端口，设置全局最大连接数和单任务最大连接数，启用连接 eD2K 网络和 Kad 网络，监视浏览器 eD2K 链接等参数，如图 6-33 所示。

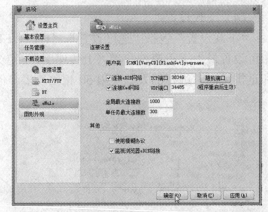

图 6-33　eMule 设置

全局最大连接数越大，可连接到该电脑的人数就越多，当然，这会影响电脑运行速度，连接数越大，电脑运行速度越慢。

6.3.2　快车资源探测器

任务描述

多数用户都有在线听歌或看视频的习惯，遇到好听的歌曲或者精彩的视频，总想把它下载下来收藏，许多网站提供的音、视频只能在线收听或收看，找不到下载地址，也不能下载。在东宁市职业技术学院信息工程系就读的董寅初同学也遇到同样的问题，董寅初的辅导员肖建军准备给同学们做一次"弘扬和培育民族精神教育"的讲座，肖老师通过互联网寻找相关视频资料，尤其是钓鱼岛问题，经过一番努力，他从"凤凰视频"网站找到了有关钓鱼岛问题的新闻视频，如图 6-34 所示，但不能下载。肖老师需要将选好的视频下载到本地硬盘并嵌入他的 PPT 报告中。他找来班里的计算机"高手"董寅初，并询问自己的想法能否实现，如果能实现，他让董寅初帮他下载这个视频资源。

图 6-34

解决方案

肖老师所遇到的问题是不少网友遇到的共性问题，为了保护知识产权不受侵犯，多数音视频网站对音视频进行了防下载处理。下载音视频资源的前提是必须获得资源的下载地址，快车资源探测器就是这样一款资源探测工具，它不仅可以探测到音视频资源及其地址，还可以探测到图片、文本等其他资源。

具体操作

1 打开快车主窗口后，依次单击"工具"菜单→"快车资源探测器"，打开"快车资源探测器"窗口。通过地址栏输入播放视频的网页地址，单击"探测"按钮开始探测资源，如图6-35 所示。

2 播放需要下载的视频，快车自动在底部列出视频文件，此时右击视频文件，选择"使用快车下载"下载视频文件，如图 6-36 所示。

很多视频网站把一个大的视频分割成若干个小视频，这就是在快车底部所列视频文件中，可能会出现多个视频文件的原因，如果要下载完整的视频，需要等视频播放完后，将快车底部所列的视频文件全部下载到本地电脑，再手动筛选。

图 6-35　通过地址栏打开视频播放页面

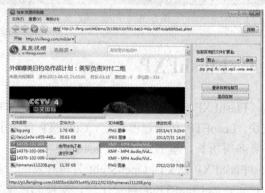

图 6-36　下载探测到的视频文件

3 出现"新建任务"对话框后，快车会根据探测到的网址自动填入"下载网址"文本框，文件名则是地址中包含的文件名，用户可以通过此对话框更改文件名、分类和下载地址，如图6-37 所示。

通过视频下载窗口可以了解视频下载的详细信息，包括视频大小、进度、下载速率等信息，如图 6-38 所示。

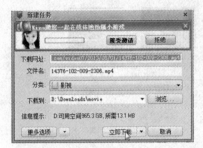

图 6-37 建立视频资源下载任务

图 6-38 下载视频资源

4 视频下载完成，双击下载的视频资源可播放所下载的视频，如图 6-39 所示。

5 如果电脑已安装播放器，此时就可以播放下载的视频文件，可以根据播放内容筛选需要的视频文件，如图 6-40 所示。

图 6-39 完成下载

图 6-40 播放下载的视频资源

6.4 FlashFXP

FlashFXP、LeapFTP、CuteFTP 被称为 FTP 上传工具三剑客。其中 FlashFXP 传输速度比较快，LeapFTP 传输速度稳定，CuteFTP 自带了许多免费的 FTP 站点，资源丰富。总的来说，三者各有所长，本书只介绍 FlashFXP 工具。

FlashFXP 是美国 OpenSight 公司开发的一款 FXP/FTP 软件，集成了其他优秀的 FTP 软件的优点，如 CuteFTP 的目录比较，支持彩色文字显示；如 BPFTP 支持多目录选择文件、暂存目录；又如 LeapFTP 的界面设计。FlashFXP 支持目录（和子目录）的文件传输、删除；支持上传、下载以及第三方文件续传；可以跳过指定的文件类型，只传送需要的文件；可自定义不同文件类型的显示颜色；暂存远程目录列表，支持 FTP 代理及 Socks 3&4；有避免闲置断线功能，防止被 FTP 平台踢出；可显示或隐藏具有"隐藏"属性的文档和目录；支持每个平台使用被动模式等。

6.4.1 用 FlashFXP 上传网站

✎ **任务描述**

　　蔡晓霜在东宁市职业技术学院信息工程系计算机网络技术专业学习,正处于毕业前实习阶段,老师布置的毕业设计项目是为一家企业做一个网站,他经过市场调查后,终于和一个小型企业签订了网站建设合同,网站空间、域名、日常维护均由对方处理,蔡晓霜只负责网站设计。蔡晓霜严格按照需求分析、界面设计、框架设计、代码编写等步骤,经过近两个月的努力,终于完成了整个网站的设计制作和调试,并通过对方的初步验收,最后他要将网站上传到该企业所申请的服务器中,这是网站建设的最后环节,也是蔡晓霜最担心的环节,以前她都是在开发环境调试网站的,不需要调试服务器。老师讲课的环境也是课前调试好了的,现在,蔡晓霜不会上传,同时担心上传后网站不能正常运行。

✖ **解决方案**

　　蔡晓霜遇到的是共性问题,只有少数企业有自己的中心机房,多数中小企业都是以租赁空间、租赁主机或服务器托管的方式来部署自己的网站,以租赁空间为例,企业交纳租赁费后,提供给企业向空间上传文件或文件夹所需的 IP 地址、FTP 用户账号和密码,企业再借助 FTP 工具将网站上传到租赁空间。

🖱 **具体操作**

　　1 从官方网站下载的 FlashFXP 是试用版,每次运行 FlashFXP 都会弹出剩余试用期限的对话框,如果已经购买此软件,单击"输入代码"按钮输入注册码,如果想继续试用,单击"我接受"按钮,如图 6-41 所示。

　　2 进入 FlashFXP 主窗口后,依次单击"会话"菜单→"快速连接",打开快速连接对话框窗口,如图 6-42 所示。

图 6-41　剩余试用期限

图 6-42　FlashFXP 主窗口

　　3 打开快速连接对话框后,分别在"地址或 URL"和"端口"文本框中输入 FTP 站点的 IP 地址（或 URL 地址）和端口（地址为企业申请的网站空间地址,端口一般是 21）,分别在"用户名称"和"密码"文本框中输入登录 FTP 站点所需要的用户名和密码（用户名和密码由空间服务商提供）,单击"连接"按钮连接到指定 FTP 站点,如图 6-43 所示。

　　登录到 FTP 站点后,在 FlashFXP 主窗口中部被分割成两栏,左栏是"本地浏览器",右栏是远程主机,如图 6-44 所示。

　　4 在"本地浏览器"下方有三个图标按钮,从左到右分别是"导航树"、"文件夹书签"、"上级目录",在"上级目录"右侧是地址栏,借助"导航树"、"上级目录"和地址栏,可定位到制作好的网站所在文件夹,如图 6-45 所示。

5 按"Ctrl+A"组合键选择整个网站的
文件及文件夹，然后将选中的文件和文件夹
拖拽到远程电脑中（FTP用户空间中的根文
件夹"/"下），如图6-46所示。

图6-43　快速连接

图6-44　连接到远程主机

图6-45　定位到网站所在文件夹

图6-46　将整个网站拖拽到远程FTP站点

6 FlashFXP开始将整个网站的文件和文件夹上传远程FTP站点（企业申请的网站空间），
左下窗格为上传队列，右下窗格为上传进度信息，可以通过这两个窗格了解数据上传情况，如
图6-47所示。

7 完成上传后，在FlashFXP左下方上传队列窗格为空，上传的数据出现在右上方远程主
机用户根文件夹"/"中，右下方窗格中显示"传输队列已完成"等信息，表示已完成上传任
务，如图6-48所示。

图6-47　网站上传中

图6-48　完成网站上传任务

6.4.2 用FlashFXP管理网站

任务描述

蔡晓霜将网站上传完毕后发现，网站显示正常，但应用后台发布信息总不成功，经反复研究发现是文件访问权限的问题。整个网站有 900 多个文件夹，3000 多个文件，她需要怎样设置访问权限呢？

解决方案

将网站上传到 FTP 站点后，也可以用 FlashFXP 维护和管理网站，如更新站点内容、修改站点权限等。如果需要维护和管理该网站，可以将该站点的快速连接添加到站点管理器，然后将整个网站的权限都设置为读取、写入和执行权限。

目前，只有少数 FTP 上传工具可以一次性地对整个网站的文件或文件夹修改权限，CuteFTP、LeapFTP 也只能对选择的文件或文件夹修改权限，如果文件夹有子目录，则要进入子目录后再修改，要修改整个网站的文件或文件夹访问权限，工作量巨大。FlashFXP 具有"将更改循环应用到子文件夹和文件"的功能，有效解决了这个问题。

具体操作

1 采用快速连接方法登录到远程主机后，依次单击"站点"菜单→"添加当前站点"，将已打开的站点添加到站点管理器，如图 6-49 所示。

2 出现"添加当前站点"对话框窗口后，输入站点名称，如图 6-50 所示。如果需要管理多个站点，可以对站点进行分组。

将当前站点添加到站点管理器后，进入 FlashFXP 主窗口后，依次单击"站点"菜单→"站点管理器"，打开站点管理器后，在窗口左侧选择新添加的站点，单击"连接"按钮可直接连接到该远程站点，如图 6-51 所示。

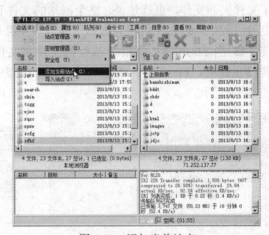

图 6-49　添加当前站点

图 6-50　输入站点名称

图 6-51　用站点管理器管理站点

3 登录到远程站点后，单击远程主机栏的文件列表框，进入文件列表框后，按"Ctrl+A"组合键，选择所有文件和文件夹，右击选区，在右键菜单中选择"属性"，如图 6-52 所示。

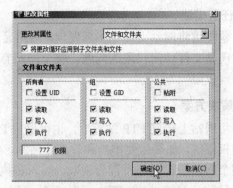

图 6-52　远程站点的文件右键菜单　　　　图 6-53　修改站点文件权限

4 出现"更改属性"对话框窗口后，勾选"将更改循环应用到子文件夹和文件"，将权限设置为"777"，即所有者、组和功能对文件和文件夹都具有读取、写入和执行权限，如图 6-53 所示。

5 因勾选了"将更改循环应用到子文件夹和文件"，FlashFXP 将权限"777"循环应用到子文件夹和文件，也就是说，整个网站的文件和文件夹的访问权限都将设置为"777"，在权限更改过程中，远程主机栏会根据上传进度不断刷新地址栏和文件列表框，如图 6-54 所示。

6 当 FlashFXP 将整个站点的文件和文件夹权限都设置完成后，远程主机栏目重新回到根文件夹，FlashFXP 主窗口右下侧的状态栏显示的将是"空闲"，表示任务已完成，如图 6-55 所示。

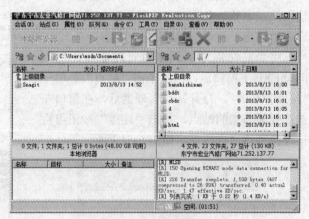

图 6-54　正在设置文件权限　　　　　　图 6-55　完成任务

6.5　项目实战

1. 下载工具横向测评

（1）背景资料

辽东铁路运输学校的萧梦雪在学习了本章内容之后对下载工具有了更深的认识。她在太平洋电脑网搜到了一篇题为"挑战速度：多协议下载工具横向评测"的评测文章，她准备仿照这篇文章对迅雷、快车和 QQ 旋风做一个更详细的横向评测。

（2）项目实战

请你结合背景资料对迅雷、快车和 QQ 旋风做一个横向评测，同时填写"实训报告单"，撰写测评报告，填写"表 6-1 下载工具横向测评结果一览表"。

表 6-1　下载工具横向测评结果一览表

序　号	功能列表	迅　雷	快　车	QQ 旋风
1				
2				

2. 上传工具横向测评

（1）背景资料

"上传"和"下载"是两个完全相反的过程，辽东铁路运输学校的萧梦雪分别下载了最新版的 FlashFXP、LeapFTP、CuteFTP 软件，她用帝国 CMS 网站管理系统开发了一个简易网站，并申请到免费的帝国 CMS 专用型虚拟主机，有了网站代码和免费的网络空间，萧梦雪决定再对 FlashFXP、LeapFTP 和 CuteFTP3 款上传工具做横向测评。

（2）项目实战

请你结合背景资料，做一个简易型网站（或用文件夹代替网站），通过互联网申请免费站点，然后对 FlashFXP、LeapFTP 和 CuteFTP3 款下载工具做横向测评，同时填写"实训报告单"，撰写测评报告，填写"表 6-2 上传工具横向测评结果一览表"。

表 6-2　上传工具横向测评结果一览表

序　号	功能列表	LeapFTP	FlashFXP	CuteFTP
1				
2				

6.6 课后练习

1. 课后实践

（1）利用百度或 Google 搜索引擎，搜索热播电影"速度与激情6"，查看搜索结果，分别用迅雷、快车和 QQ 旋风下载该电影，以此对比三款工具的下载速度和专用链接数量。

（2）"www.simplecd.org"被称为山寨版的 VeryCD（国际知名电驴网站），在 www.simplecd.org 里面有不少电影、剧集、游戏、动漫、音乐、综艺、软件、资料、图书和教育资源，请到该网站搜索电影"《白宫陷落》2013"，如果搜索到资源且含多个资源，请全选资源，用这个电驴网站测试迅雷、快车和 QQ 旋风三款下载工具的电驴下载功能。

（3）BT 之家主要从事论坛社区发展与会员间的互动交友，网友可以将自己喜爱的电影、电视剧、游戏、软件做成 BT 种子，和大家一起分享。请你到 BT 之家搜索 40 集电视连续剧"龙门镖局"，在搜索结果中找到附件为"龙门镖局 d-vb(全 40 集).torrent"的帖子，分别用"迅雷"、"快车"和"QQ 旋风"下载并打开"龙门镖局 d-vb(全 40 集).torrent"，测试 3 款工具的 BT 下载功能。

2. 判断题

（1）用文件传输服务 FTP 将文件从远程主机中拷贝到你的计算机中，这个过程叫下载。（ ）

（2）利用文件传输服务 FTP 将文件从你的计算机传送给远程主机，这叫做上传。（ ）

（3）只要是网上提供的音乐，都可以随便下载使用。（ ）

（4）"BT"网络下载服务采用对等工作模式，其特点是"下载的请求越多、下载速度越快"。（ ）

3 简答题

（1）什么是断点续传？

（2）P2P 的优点是下载用户越多下载速度越快，为什么？

（3）有哪些下载工具有隐藏下载的功能（举出两款以上）？

（4）简述快车的 DHT 和 UPNP 功能。

（5）批量下载需要满足什么样的条件？

4. 辨析题

（1）BT 下载和电驴（电骡）下载有什么异同点？

（2）迅雷、快车和 QQ 旋风在功能上有哪些相同（相似）和不同。

（3）FlashFXP、LeapFTP、CuteFTP 在功能上有哪些相同（相似）和不同。

第 7 章 网络通信工具

带着问题学

☑ 如何用 QQ 聊天?怎么使用远程协助、语音聊天和视频聊天?

☑ 能通过 QQ 传文件或文件夹吗? 如果对方不在线还能传文件吗?

☑ Foxmail 是什么? 有什么用? 怎么用?

☑ 什么是电子邮件? 如何申请邮箱? 怎样收发邮件?

☑ 电子邮件能备份到本地磁盘上吗?

☑ 有完全免费的网络电话吗? 真的免费吗?

☑ 用网络电话能拨打普通座机吗?

7.1 知识储备

7.1.1 即时通信

即时通信是指能够即时发送和接收互联网消息等的业务。自 1998 年面世以来,特别是近几年的迅速发展,即时通信工具的功能日益丰富,逐渐集成了电子邮件、博客、音乐、电视、游戏和搜索等多种功能。即时通信工具不再是一个单纯的聊天工具,它已经发展成集交流、资讯、娱乐、搜索、电子商务、办公协作和企业客户服务等为一体的综合化信息平台,即时通信可以说是继电子邮件、万维网之后互联网最广泛的应用。

当前流行的有腾讯 QQ、YY 语音(歪歪语音)、阿里旺旺、飞信、微信、UUCall、KC、阿里通、Skype、微微等即时通信工具。

由于即时通信软件的兴起,能够进行即时互通的"内容"正迅速由语音全面扩展到图像、文字、数据等方面,不过"多功能"还不是即时通信的全部内涵,能够跨越互联网、手机、固定电话等多个平台进行通信才是即时通信未来的价值所在。即时通信已经跨越原来狭义上的"网络"概念,正向更为广义的方向发展,未来的即时通信软件可以随时随地和任何人进行任何方式的沟通,不仅是语音,还包括图像、资料、数据等,不仅在电脑上,还可以在手机、固定电话等任何终端上。

7.1.2 电子邮件

1. 电子邮件的概念

电子邮件(electronic mail,简称 E-mail),又称电子信箱、电子邮政,它是一种用电子手段提供信息交换的通信方式,是 Internet 应用最广的服务之一,通过网络的电子邮件系统,可以用非常低廉的价格,以非常快速的方式与世界上任何一个角落的网络用户联系,这些电子邮件可以是文字、图像、声音等各种形式。

2. 电子邮件的发送和接收

电子邮件的工作过程遵循客户—服务器模式。每份电子邮件的发送都要涉及发送方与接收方，发送方构成客户端，而接收方构成服务器，服务器含有众多用户的电子信箱。发送方通过邮件客户程序，将编辑好的电子邮件向邮局服务器（SMTP 服务器）发送。邮局服务器识别接收者的地址，并向管理该地址的邮件服务器（POP3 服务器）发送消息。邮件服务器将消息存放在接收者的电子信箱内，并告知接收者有新邮件到来。接收者通过邮件客户程序连接到服务器后，就会看到服务器的通知，进而打开自己的电子信箱来查收邮件。

通常 Internet 上的个人用户不能直接接收电子邮件，而是通过申请 ISP 主机的一个电子信箱，由 ISP 主机负责电子邮件的接收。一旦有用户的电子邮件到来，ISP 主机就会将邮件移到用户的电子信箱内，并通知用户有新邮件。因此，当发送一条电子邮件给另一个客户时，电子邮件首先从用户计算机发送到 ISP 主机，再到 Internet，然后到收件人的 ISP 主机，最后到收件人的个人计算机。

ISP 主机起着"邮局"的作用，管理着众多用户的电子信箱。每个用户的电子信箱实际上就是用户所申请的账号名。每个用户的电子邮件信箱都要占用 ISP 主机一定容量的硬盘空间，由于这一空间是有限的，因此用户要定期查收和阅读电子信箱中的邮件，以便腾出空间来接收新的邮件。

电子邮件在发送与接收过程中都要遵循 SMTP、POP3 等协议，这些协议确保了电子邮件在各种不同系统之间的传输。其中，SMTP 负责电子邮件的发送，而 POP3 则用于接收 Internet 上的电子邮件。

3. 电子邮件地址的构成

电子邮件地址的格式由三部分组成。第一部分"USER"代表用户信箱的账号，对于同一个邮件接收服务器来说，这个账号必须是唯一的；第二部分"@"是分隔符；第三部分是用户信箱的邮件接收服务器域名，用以标志其所在的位置。

4. 常用免费电子邮箱申请地址

现在很多大型网站提供 1G～10G 不等的大空间免费电子邮箱服务，例如新浪免费邮箱、搜狐免费邮箱、网易免费邮箱等均提供免费电子邮件注册服务。除了基本收发邮件功能之外，各免费邮箱的空间大小和功能等有自己的特点。下面是部分常用免费电子邮箱申请地址：

（1）新浪免费邮箱（http://mail.sina.com/）。

（2）雅虎免费邮箱（http://cn.mail.yahoo.com/）。

（3）21CN 免费邮箱申请（http://mail.21cn.com/）。

（4）Tom 免费邮箱申请 http://mail.tom.com/

（5）google 免费邮箱（http://mail.google.com/gmail，邮箱超过 2.5G，但需要邀请函才可注册）。

（6）Hotmail 免费邮箱（http://www.Hotmail.com/）。

（7）MSN 免费邮箱（http://www.msn.com/）。

（8）QQ 免费邮箱（http://mail.qq.com/）。

（9）163 网易免费邮箱（http://mail.163.com/）。

（10）126 网易免费邮箱（http://mail.126.com/）。

7.2 腾讯 QQ

腾讯 QQ 2013 是由深圳市腾讯计算机公司开发的一款基于因特网的即时通讯工具。这是一款方便、实用、高效的即时联络工具，它支持在线聊天、视频电话、点对点续传文件、共享文件、网络硬盘、自定义面板、QQ 邮箱等多种功能，支持电脑、笔记本、手机、平板等多种智能终端设备，支持 Windows、Android、IOS 等多种操作系统。

7.2.1 和好友聊天

📝 任务描述

刘霞在新阳职业技术学院上学，是一名骑行爱好者，经常利用寒暑假时间去旅游。今年去西藏旅游时认识了很多志同道合的"驴友"。临分别时，除了手机号码还给她留了 QQ 号码，便于即时联络。回来后，刘霞要和"驴友"即时联络，和"驴友"聊天，具体操作步骤是什么呢？

⚒ 解决方案

早期的联系方式主要以普通信件的形式体现：如电报挂号、详细地址、固定电话号码等。随着信息技术的不断发展及更新，现今的联系方式除了手机号码、电子邮箱外，QQ 号码、MSN 地址、微信号码等也都加入了联系方式的行列，可谓是异彩纷呈。

腾讯 QQ 可以方便地添加好友，并与好友进行在线的沟通与交流。

🖱 具体操作

1 启动 QQ 2013，打开"QQ 2013"登录窗口，输入 QQ 号码与密码，单击"登录"按钮，如图 7-1 所示。

2 登录成功后，单击窗口下方的"查找"按钮，如图 7-2 所示。

3 弹出"查找"对话框，进入"查找"界面，在"查找"栏的文本框中输入对方的 QQ 号，单击"查找"按钮，如图 7-3 所示。

4 出现查找结果，列出了符合条件的 QQ 个人和 QQ 群，单击"+好友"按钮，如图 7-4 所示。

图 7-1 QQ 用户登录

图 7-2 查找用户

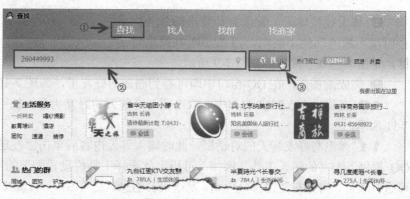

图 7-3 输入对方 QQ 号

5 弹出"添加好友"对话框，如果对方要求进行身份验证，则输入验证信息，单击"下一步"按钮，如图 7-5 所示。

图 7-4 符合条件的 QQ 个人和 QQ 群

图 7-5 输入验证信息

6 弹出对话框，在"备注姓名"文本框中输入备注信息（也可为空），在"分组"列表中选择将好友划分的组别，单击"下一步"按钮，如图 7-6 所示。

7 添加好友的请求发送成功，单击"完成"按钮，等待对方确认，如图 7-7 所示。

图 7-6 输入备注姓名并选择分组情况

图 7-7 添加好友请求发送成功

★**注 意** 发出添加好友的请求后，对方登录 QQ 后会在任务栏的右下角出现不断闪动的小喇叭，双击小喇叭，弹出"添加好友"对话框，选择"同意并添加对方为好友"选项，单击"确定"按钮，如图 7-8 所示，出现备注信息对话框后，填写备注和分组，单击"完成"按钮结束。

8 请求被接受后，发送方计算机的任务栏也会出现不断闪动的小喇叭，双击小喇叭弹出对话框，单击"完成"按钮，如图 7-9 所示。

图 7-8 对方接受好友请求

9 完成添加后，在 QQ 窗口中即可看到添加的好友了，如图 7-10 所示。

10 在腾讯 QQ 2013 窗口中，双击要与之聊天的好友头像，就可以和好友聊天了，如图 7-11 所示。

11 弹出与好友聊天的对话框，此时输入聊天内容后单击"发送"按钮即可实现聊天。QQ 提供了丰富的聊天工具，例如，可用字体选择工具栏设置聊天的字体，如图 7-12 所示，可选择表情、向好友发送窗口抖动、发送语音消息、发送图片、传输文件和文件夹、屏幕截图、语音聊天、视频聊天。

图 7-9　添加好友成功

图 7-10　添加好友后的 QQ 窗口

图 7-11　双击好友头像

图 7-12　设置聊天字体

7.2.2　远程协助

任务描述

刘霞在自己的电脑上新安装了 Windows 7 操作系统，想要修改超级用户的密码，可是由于之前没用过 Windows 7 操作系统，操作不熟练，不会修改用户密码，刘霞向好友晓雨求助，晓雨不在现场，能帮助刘霞修改用户密码吗？

解决方案

腾讯 QQ 有远程协助功能，刘霞可向晓雨申请远程协助，晓雨获得控制权后，就可以向操作本地计算机一样，远程操作刘霞的电脑，帮助刘霞修改超级用户的密码。

具体操作

（1）协助申请

启动 QQ 2013，双击好友头像，打开聊天窗口，选择应用图标工具栏中的"远程协助"图标按钮，如图 7-13 所示。

此时在聊天窗口的右侧出现"远程协助"内容，等待对方接受申请，如图 7-14 所示。

图 7-13　单击"远程协助"按钮

（2）接受申请

晓雨收到申请后，打开聊天窗口，单击"接受"按钮，如图 7-15 所示。

图 7-14 等待对方接受"远程协助"申请

图 7-15 接受"远程协助"申请

（3）远程协助

晓雨开始操作计算机，帮助刘霞设置超级用户的密码，如图 7-16 所示。

（4）断开链接

完成协助操作后，刘霞单击 QQ 聊天窗口上的"断开"按钮，结束远程协助，如图 7-17 所示。

图 7-16 进行远程协助

图 7-17 单击"断开"按钮

7.3 Foxmail

Foxmail 是一款著名的电子邮件客户端管理工具，具备强大的邮件编辑、管理功能。

7.3.1 添加邮件账号

任务描述

徐磊是一名外贸业务员，每天都会收到很多电子邮件，这些邮件的收发和管理占用他不少时间。一次他与好朋友王晨聊起这件事情，王晨推荐他使用 Foxmail 管理邮件，徐磊还是第一次听说有邮件管理工具，他平常可是用浏览器收发邮件的，怎样用 Foxmail 收发邮件呢？

✖ 解决方案

Foxmail 是一款功能强大的邮件收发工具，支持网易、QQ、新浪或其他各类邮件的收发，只要正确设置邮件的收发服务器，就可以方便快捷地收发邮件。

🖱 具体操作

1 安装并启动 Foxmail，弹出"新建账号"对话框，输入 E-mail 地址和密码，单击"手动设置"按钮，如图 7-18 所示。

2 出现"新建帐号"对话框后，在"接收服务器类型"下拉列表框中选择"IMAP"。

3 在"邮件帐号"文本框中输入邮件帐号，在"密码"文本框输入邮箱的密码，从邮件服务器官网查找邮件接收服务器的地址和邮件发送服务器的地址，分别在 "IMAP 服务器"和"SMTP 服务器"文本框中输入邮件收发服务器的地址，单击"创建"按钮创建邮箱账户，如图 7-19 所示。

图 7-18 "新建帐号"向导对话框

图 7-19 设置其他参数

4 出现"设置成功"页面，单击"完成"按钮完成邮件账号设置。

7.3.2 使用 Foxmail 撰写、发送邮件

📑 任务描述

时间过得真快，转眼间徐磊大学毕业已有半年时间了，每天都忙于工作，上周末终于有时间和同学小聚了一下，要不是同学提醒，徐磊都把毕业照片的事情忘得一干二净了。根据同学们留下的邮件地址，他要将照片发给同学，现在徐磊想一次性地将邮件发给同学，即群发邮件，当同学收到邮件后，徐磊希望收到对方接收的消息，这样他就不用打电话落实了。

✖ 解决方案

在撰写邮件时，徐磊只需将同学们留下的邮件地址输入到"收件人"、"抄送人"文本框中，这样就可以实现群发邮件。徐磊在撰写邮件时，将邮件设置为邮件回执，对方收到并阅读邮件时，会自动发送一个回执信息给徐磊，表示该邮件已被接收者打开。Foxmail 提供了一个名为"阅读收条"功能选项，和"邮件回执"功能完全相同。

🖱 具体操作

1 启动 Foxmail，单击工具栏中的"写邮件"图标按钮，如图 7-20 所示。

2 打开"写邮件"窗口，在"收件人"一栏输入其中一名同学的邮箱地址，在"抄送"一栏输入其他同学的邮箱地址（各邮箱地址用分号隔开），在"主题"栏内填写邮件的主题，

在窗口下方输入邮件内容，单击"附件"图标按钮，如图 7-21 所示。也可以在"收件人"文本框中输入多个邮箱地址（用逗号分隔）。

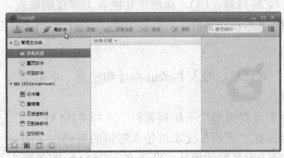
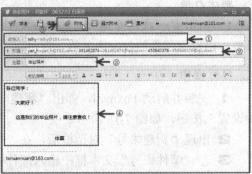

图 7-20　单击"写邮件"图标按钮　　　　　　　　　图 7-21　写邮件

3 弹出"打开"对话框，选择随邮件一起发送的文件，本例为"毕业照片.rar"，单击"打开"按钮，如图 7-22 所示。

4 返回"写邮件"窗口，单击工具栏右侧的"设置"按钮，选择"阅读收条"选项，如图 7-23 所示。

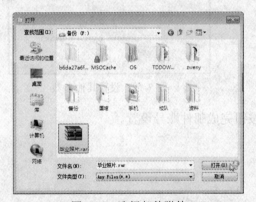

图 7-22　选择邮件附件　　　　　　　　　　图 7-23　选择"阅读收条"命令

5 返回"写邮件"窗口，单击工具栏中的"发送"图标按钮发送邮件，如图 7-24 所示。

6 在随后弹出的"发送邮件"对话框显示了邮件发送进度，如图 7-25 所示，发送完成后，该对话框会自动消失。

图 7-24　单击"发送"图标按钮　　　　　　　　图 7-25　正在发送邮件

7 对方收到邮件后，只要打开了该邮件，就会自动发送一条回执信息给徐磊，如图 7-26 所示。

图 7-26　收到阅读回执

7.3.3　阅读并回复邮件

✎ 任务描述

作为一名外贸业务员，徐磊每天都会收到很多电子邮件，每天接收、阅读及回复邮件是他必做的事情。徐磊原先是以 WEB 方式收发邮件的，也就是进入邮箱所在网站，用自己的邮箱账号登录邮箱，然后收发邮件。这种方式收发邮件的缺点是，如果想阅读下一封邮件，必须回到收件箱，如果要处理的邮件比较多，邮件处理就会很麻烦，有没有更简单方便的方法呢？

✖ 解决方案

Foxmail 是目前较为流行的邮件收发工具，只要打开 Foxmail 主窗口，就可以非常直观地浏览到未读邮件、置顶邮件、标签邮件，也可以进入邮箱查看收件箱，在阅读某邮件时想阅读另一封邮件，只要在邮件列表中选择该邮件即可。

☝ 具体操作

1 打开 Foxmail 主窗口后，单击图标工具栏中的"收取"图标按钮开始接收邮件，如图 7-27 所示。

2 邮件收取完成后，单击左栏的"所有未读"，在中间列表中单击未读的邮件，在右栏内即可看到邮件内容，双击邮件可打开邮件阅读，如图 7-28 所示。

图 7-27　收取邮件

图 7-28　读取邮件

3 单击邮件内容上方的"回复"图标按钮可回复邮件，如图 7-29 所示。

4 在邮件内容上方出现一个文件回复窗口，输入回复内容，单击"发送"按钮，完成回复操作，如图 7-30 所示。

图 7-29　单击"回复"按钮

图 7-30　回复邮件

7.4　UUCall 电话宝

UUCall 电话宝是一款免费网络电话工具，该工具拥有自主知识产权 VoTune2 语音引擎技术，可以直接通过电脑拨打全球任意一部电话或者手机，其价格低廉、通话清晰，是最受网友喜爱的免费网络电话软件。

7.4.1　用户注册与登录

任务描述

赵明经过自己的努力，终于拿到了剑桥大学的全额奖学金，现正在英国留学。他一个人在国外，父母总是不放心，所以他几乎天天给父母打电话报平安。这样下来，每个月的越洋话费是一笔不小的开销，有没有办法可以减少这笔开销呢？

解决方案

UUCall 电话宝采用点对点免费通话方式实现全球性的清晰通话，能在全球范围内超低资费拨打固定电话和手机，而且资费超低。必须注册并激活 UUCall 账号，才能用 UUCall 通话。

具体操作

1 安装并启动 UUCall 电话宝，单击"注册新的帐号"超链接，如图 7-31 所示。

2 此时 UUCall 电话宝会自动启动网页浏览器，进入"UUCall 新用户注册"页面后，输入用户名、密码及验证码，单击"提交注册"按钮，如图 7-32 所示。

图 7-31　注册新的帐号

图 7-32　新用户注册页面

★**注意** 此处注册的用户名必须是邮箱账号，成功注册后，需要登录邮箱，打开 UUCall 电话宝账号激活邮件才能激活账号，账号只有激活后才能使用。

3 进入注册成功页面，单击"领取免费话费"，可免费领取 5～300 分钟体验话费，如图 7-33 所示。

4 登录注册的邮箱（注册时的用户名是邮箱账号），打开收到的激活邮件，点击激活链接，如图 7-34 所示。

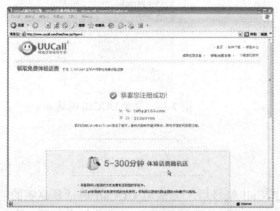

图 7-33　注册成功

图 7-34　激活注册帐号

5 出现"开通取回密码功能"页面后，输入密码，单击"确认"按钮完成账户激活，如图 7-35 所示。

6 账户激活后，单击"登录我的帐户"按钮，如图 7-36 所示。

图 7-35　开通取回密码功能

图 7-36　登录帐户

7 进入"我的帐户"窗口，可查看账户信息，至此，用户注册操作完毕，接下来就可以使用 UUCall 了，如图 7-37 所示。

8 启动 UUCall 电话宝，输入用户名和密码，单击"登录"按钮，即可登录 UUCall 电话宝，如图 7-38 所示。

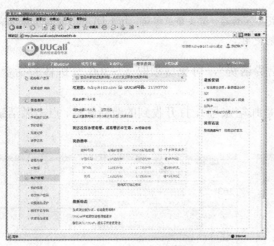

图 7-37　帐户信息　　　　　　　　图 7-38　登录 UUCall 电话宝

7.4.2　UUCall 用户之间的语音通话

任务描述

赵明在自己的电脑上安装了注册并激活了 UUCall 帐号后，尝试用 UUCall 通话是赵明的迫切需要，赵明申请 UUCall 账号时只领取到了 10 分钟的免费体验话费，10 分钟太短了，有没有不限时长的免费电话？

解决方案

UUCall 电话宝是通过在通话双方建立 P2P 网络连接来实现免费通话的，因此，只要能够上网，UUCall 用户之间就可永久免费通话。

具体操作

1 进入"UUCall 电话宝"窗口，选择"打电话"选项卡，在号码输入栏中输入对方的 UUCall 号码，单击"呼叫"图标按钮，如图 7-39 所示。

2 等待对方接听，对方接通电话后，双方即可使用音频输入设备（如麦克风）进行语音对话。如果单击"开始录音"，还可以对通话进行录音，如图 7-40 所示。

3 通话结束后，单击"挂断"图标按钮结束通话，如图 7-41 所示。

4 单击"通话记录"选项卡，可查看通话记录情况，如图 7-42 所示。

图 7-39　拨打UUCall 号码　图 7-40　对通话进行录音　图 7-41　结束通话　图 7-42　查看通话记录

7.4.3 拨打手机或普通座机

任务描述

赵明借助网络电话工具 UUCall 实现免费网络通话后，节省了不少电话费用。使用 UUCall 一段时间后，赵明又发现了不少新问题，对方必须安装了 UUCall 才能实现免费通话，要是能用 UUCall 拨打固定电话或手机就更方便了。

解决方案

UUCall 不仅支持系统用户间免费通话，还可以直接拨打手机或固定电话，话费最低 0.05 元/分钟，赵明在申请 UUCall 账号时领取到了 10 分钟的免费体验话费，因此，赵明可以用 UUCall 拨打固定电话或手机，如果通话效果好，赵明还可以为 UUCall 电话宝充值，继续用 UUCall 打国际长途电话。

图 7-43 添加联系人

具体操作

1 进入"UUCall 电话宝"窗口，选择"联系人"选项卡，单击"添加联系人"链接，如图 7-43 所示。

2 弹出"添加联系人"对话框，输入"姓名"、"手机号码"等相关信息，单击"确定"按钮，如图 7-44 所示。

3 返回"UUCall 电话宝"窗口，单击窗口上方的"菜单"按钮，选择"添加联系人"命令，单击"添加联系人"链接，添加更多的联系人到 UUCall 电话宝中，如图 7-45 所示。

4 选择联系人的电话或 UUCall 号码，单击"呼叫"图标按钮，如图 7-46 所示。

5 切换到"打电话"选项卡，显示"正在呼叫"，等待对方接听，如图 7-47 所示。

6 对方接通电话后，会显示"正在通话中"，此时，即可使用音频输入设备（如麦克风）与对方通话。要想结束通话，单击"挂断"图标按钮即可，如图 7-48 所示。

图 7-44 填写联系人信息

图 7-45 添加联系人　　图 7-46 添加联系人　　图 7-47 正在呼叫　　图 7-48 单击"挂断"图标按钮结束通话

7.5 项目实战

1. 远程协助

（1）背景资料

蒋艳芳毕业于燕京市求实职业学校学前教育专业，毕业后她在景山区金童幼儿园担任电脑专科教师，同时也负责园内网络维护，每次遇到网络故障，小蒋都会回到学校向教过自己的黄仲飞老师请教。有一次在和朋友聊天的过程中，听说可以在QQ中申请远程协助，小蒋觉得很有意思，不久，幼儿园的学生管理系统出了点问题，她想请黄老师用QQ远程协助帮她解决问题，她要来了黄老师的QQ号，将黄老师添加了好友，准备请黄老师远程协助解决问题，打开聊天窗口后，蒋老师不知道怎样才能发出远程协助申请。

（2）项目实战

请用虚拟机模拟背景资料所描述的环境：分别在主机和虚拟机上安装QQ聊天工具，申请两个QQ号码并彼此加为好友，在主机登录的QQ号码代表蒋老师的QQ号码，在虚拟机主机上登录的QQ号码代表黄老师的QQ号码。模拟好实训环境后完成背景资料所描述的远程协助实战任务，同时填写"实训报告单"。

2. 邮件备份与恢复

（1）背景资料

家住南屏市的汪盟跃先生已习惯于用电子邮件和客户交流，他每天要处理并回复上百封电子邮件，为了日常管理及阅读，他安装了Foxmail。它可按照邮件的收件人、发件人、主题、邮件正文等条件对邮件进行过滤，并可对符合相应条件的邮件进行转移、拷贝、回复、运行应用程序等多种不同的处理方式，从而使得邮件能够按照用户的要求顺序排放，极大地方便用户对邮件的管理。现在汪先生比较担心邮件损坏或被删除，他准备备份自己的邮件，但不知怎么操作。

（2）项目实战

请在你的电脑上安装Foxmail，申请一个QQ邮箱或网易邮箱，并按照腾讯或网易提供的邮件收发地址配置Foxmail，配置完成后先进行邮件收发实验，再进行邮件备份与恢复实验，在断网的情况下查看已接收的邮件。然后重新安装系统和Foxmail，导入备份的邮件账号和邮件，查看已接收的邮件是否存在。在项目实战的同时填写"实训报告单"。

7.6 课后练习

1. 课后实践

（1）安装腾讯QQ并申请QQ号，将同学加为好友，并用QQ和同学聊天，同时尝试语音和视频聊天。

（2）用Foxmail和同学进行邮件收发实验。

（3）尝试用UUCall拨打同学手机号，对比普通电话和网络电话的通话质量。

2. 选择题

（1）某同学以 myname 为用户名在新浪网(http://www.sina.com.cn)注册的电子邮箱地址应该是:（   ）。

    A. myname@sina.com   B. myname.sina.com

    C. myname.sina@com   D. sina.com@myname

（2）要将一封电子邮件同时发送给几个人，可以在收件人栏中输入他们的地址，并用（   ）分隔。

    A. ;   B. 。   C. ,   D. /

（3）在发送电子邮件时，在邮件中（   ）。

    A. 只能插入一个图形附件   B. 只能插入一个声音附件

    C. 只能插入一个文本附件   D. 可以根据需要插入多个附件

（4）接收电子邮件的协议是（   ）。

    A. SMTP   B. HTTP   C. POP3   D. TCP/IP

（5）在电子邮件中所包含的信息（   ）。

    A. 只能是文字信息   B. 只能是文字和图形图像信息

    C. 只能是文字与声音信息   D. 可以是文字、声音和图形图像信息

（6）把电子邮件发送到收件人的电子信箱中，所采用的邮件传输协议是（   ）。

    A. POP3   B. MAILTO   C. SMTP   D. TCP/IP

3. 判断题

（1）在撰写邮件时，在"收件人"栏中只能输入收件人地址。（   ）

（2）使用 WEB 方式收发电子邮件时不用设置 SMTP 服务域名。（   ）

（3）发送邮件和接收邮件通常都使用 SMTP 协议。（   ）

（4）电子邮件能实现多人同时进行信息交流。（   ）

（5）UUCall 电话宝可以免费拨打手机。（   ）

第8章　图形图像工具

带着问题学

☑ JPG 图片、PNG 图片……还有其他图片类型吗？这些图片有啥区别呢？

☑ 图像质量好坏有衡量指标吗？

☑ 哪个截图软件比较好？怎么截取屏幕图像？

☑ 那些只能在线播放的网络视频能用录屏软件录制下来吗？

☑ 能捕获软件操作界面中的文本吗？用什么软件捕获？

☑ 制作证件照和小二寸照片有什么要求？怎么制作？

☑ 能将屏幕操作过程录制下来吗？

☑ 能不能用录屏软件制作交互性更强演练系统？

☑ 模拟操作演练教程是怎么做的？需要编程吗？

☑ 有考核学生计算机操作技能的智能化考试系统吗？不编程能实现吗？

☑ 用 Flash 可以实现单选题、连线题等试题类型，据说用截屏工具也能实现，真的吗？

在计算机科学中，图形和图像这两个概念是有区别的：图形是利用计算机对图像进行运算后形成的抽象化结果，或者说是指一种抽象化的图像。它是依据一种标准对图像进行分析而产生的结果，图形通常是用各种绘图工具绘制的，由直线、圆、弧线、矩形等图元构成。图像是指人类视觉系统所感知的信息形式，或者是人们心目中的有形想象。在计算机中图像是指由输入设备捕捉的实际场景画面或以数字化形式存储的任意画面，如由扫描仪、摄像机等输入设备捕捉实际的画面产生的数字图像。

8.1　知识储备

8.1.1　常见图像文件

图像文件格式是记录和存储影像信息的格式。对数字图像进行存储、处理、传播时，必须采用一定的图像格式，也就是把图像的像素按照一定的方式进行组织和存储。把图像数据存储成文件就得到图像文件，图像文件格式决定了应该在文件中存放何种类型的信息，文件如何与各种应用软件兼容，文件如何与其他文件交换数据。

1. BMP 文件

BMP 是英文 Bitmap（位图）的简写，它是 Windows 操作系统中的标准图像文件格式，它以独立于设备的方法描述位图，用非压缩格式存储图像数据，解码速度快，支持多种图像的存储，常见的各种 PC 图形图像软件都能对其进行处理。这种格式的特点是包含的图像信息较丰富，几乎不进行压缩，但由此导致了它与生俱来的缺点——占用磁盘空间较大。

2. GIF 文件

GIF 是英文 Graphics Interchange Format（图形交换格式）的缩写，GIF 格式的特点是压缩比高，磁盘空间占用较少，所以这种图像格式迅速得到了广泛的应用。最初的 GIF 只是简单地用来存储单幅静止图像，后来随着技术发展，可以用若干幅同样大小的图像文件形成连续的动画，使这种格式在网络上大行其道。考虑到网络传输中的实际情况，GIF 图像格式还增加了渐显方式，也就是说，在图像传输过程中，用户可以先看到图像的大致轮廓，然后随着传输过程的继续而逐步看清图像中的细节部分，从而适应了用户的"从朦胧到清楚"的观赏心理，目前 Internet 上大量采用的彩色动画多为这种格式的文件。但 GIF 有个缺点，即不能存储超过 256 色的图像。

3. JPEG 文件

JPEG（Joint Photographic Experts Group，联合图片专家组）是目前所有格式中压缩率最高的格式，它用有损压缩方式去除冗余的图像和彩色数据，在获取极高的压缩率的同时能展现丰富生动的图像，用最少的磁盘空间得到较好的图像质量。目前大多数彩色和灰度图像都使用 JPEG 格式压缩图像，支持多种压缩级别，当对图像的精度要求不高而存储空间又有限时，JPEG 是一种理想的压缩方式。目前各类浏览器均支持 JPEG 这种图像格式，因为 JPEG 格式的文件尺寸较小，下载速度快，使得 Web 页有可能以较短的下载时间提供大量美观的图像，所以 JPEG 已成为网络上最受欢迎的图像格式。

4. TIFF 文件

TIFF（Tag Image File Format）是由 Aldus 为 Macintosh 机开发的一种图形文件格式，最早流行于 Macintosh，现在 Windows 上主流的图像应用程序都支持该格式。目前，在 Macintosh 和 PC 机两种硬件平台上移植*.tiff 文件十分便捷，大多数扫描仪也都可以输出*.tiff 格式的图像文件。它的特点是图像格式复杂、存储信息多。正因为它存储的图像细微层次的信息非常多，图像的质量也得以提高，故而非常有利于原稿的复制。

5. PNG 文件

PNG（Portable Network Graphics）是一种能存储 32 位信息的位图文件格式，它汲取了 GIF 和 JPG 二者的优点，存储形式丰富，兼有 GIF 和 JPG 的色彩模式；它的另一个特点是能把图像文件压缩到极限以利于网络传输，同时还能保留所有与图像品质有关的信息，因为 PNG 是采用无损压缩方式来减少文件的大小，这一点与牺牲图像品质以换取高压缩率的 JPG 有所不同；它的第三个特点是显示速度很快，只需下载 1/64 的图像信息就可以显示出低分辨率的预览图像；第四个特点是 PNG 支持透明图像的制作，透明图像在制作网页图像的时候很有用，我们可以把图像背景设为透明，用网页本身的颜色信息来代替设为透明的色彩，这样可让图像和网页背景很和谐地融合在一起。PNG 的缺点是不支持动画应用效果，如果在这方面能有所加强，简直就可以完全替代 GIF 和 JPEG。Macromedia 公司的 Fireworks 软件的默认格式就是 PNG。现在，越来越多的软件开始支持这一格式，而且在网络上也越来越流行。

6. PSD 文件

这是著名的 Adobe 公司的图像处理软件 Photoshop 的专用格式。PSD 其实是 Photoshop 进行平面设计的草稿，它里面包含有图层、通道、遮罩等多种设计信息。

8.1.2 影响图像质量的主要参数

1. 分辨率

分辨率是影响图像质量最基本的参数之一。可以把整个图像想象成是一个大型的棋盘，分辨率的表示方式就是所有经线和纬线交叉点的数目。通常情况下，图像的分辨率越高，所包含的像素就越多，图像就越清晰，印刷的质量也就越好。当然这也会增加文件占用的存储空间。

（1）显示分辨率

显示分辨率是显示器在显示图像时的分辨率，分辨率是用点来衡量的，显示器上的这个"点"就是指像素(pixel)。显示分辨率的数值是指整个显示器所有可视面积上水平像素和垂直像素的数量。例如 800×600 的分辨率，是指在整个屏幕上水平显示 800 个像素，垂直显示 600 个像素。

显示分辨率的水平像素和垂直像素的总数是成一定比例的，一般为 4:3、5:4 或 8:5。每个显示器都有自己的最高分辨率，并且可以兼容其他较低的显示分辨率，显示分辨率越高越好。

（2）图像分辨率

图像分辨率指图像中存储的信息量，一般是以水平像素点×垂直像素点来表示，即每英寸图像内像素数目（Pixel per Inch，PPI），图像分辨率的另一种度量方法是用每英寸多少点（Dot per Inch，DPI）来表示的，即通过一幅图像的像素密度来度量图像的分辨率，图像越清晰，当然图像分辨率越高，所包含的像素点越多，也就是图像的信息量越大，因而文件就越大。

（3）打印分辨率

打印分辨率直接关系到打印机输出图像或文字的质量好坏，打印分辨率用 dpi（dot per inch）来表示，即指每英寸打印多少个点。喷墨和激光打印的水平分辨率和垂直分辨率通常是相同的。例如，打印分辨率为 600dpi 是指打印机在一平方英寸的区域内垂直打印 600 个点，水平打印 600 个点，总共可打 360 000 个点。

2. 图像深度

图像深度是指存储每个像素所用的位数，它也是用来度量图像的分辨率。图像深度决定彩色图像的每个像素的颜色数，或者确定灰度图像的每个像素可能有的灰度级数。例如，一幅彩色图像的每个像素用 R、G、B 三个分量表示，若每个分量用 8 位，那么一个像素共用 24 位表示，图像的深度就是 24，每个像素可以是 16 777 216(2 的 24 次方)种颜色中的一种。图像深度越深表示一个像素的位数越多，它能表达的颜色数目就越多。

3. 颜色类型

在图像素材中，颜色是其中非常重要的一个属性。图像颜色的表示是唯一的，而且往往用三维空间来表示，如 RGB 颜色空间等。在颜色类型中，一般主要有三种类型：

（1）真彩色：指图像中每个像素值都是由 R（红）、G（绿）、B（蓝）三个基色分量组成的，真彩色的图像深度为 24，可表示 16 777 216 种颜色。

（2）伪彩色：指通过查找映射的方法产生的色彩。在伪彩色中，每个像素的值实际是一个索引值或代码值，这个值是颜色查找表（Color Look—Up Table，CLUT）中的入口地址，然后根据这个地址在表中找到其对应的 R、G、B 的分量值，最后再形成颜色。

（3）调配色：它是通过每个像素点的 R、G、R 分量分别作为单独的索引值，进入相应的颜色查找表中找到各自的基色强度，然后再用变换后的 R、G、B 强度值产生色彩。

4. 图像的数据量

图像的数据量，也称图像的容量，即图像在存储器中所占的空间，单位是字节。图像的数据量与很多因素有关，如色彩的数量、画面的大小、图像的格式等。图像的画面越大、色彩数量越多，图像的质量就越好，文件的容量也就越大，反之则越小。一幅图像数据量的大小与图像的分辨率和图像的深度成正比。一幅未经压缩的图像，其数据量大小的计算公式为：图像数据量大小=垂直像素总数×水平像素总数×颜色深度/8。

8.1.3 图像获取途径

图像素材的收集方法有很多种，通常可以下面几种途径收集图像素材：截取屏幕画面、扫描图像、使用数字相机拍摄、视频采集。其中截取屏幕画面是常用的方法，它方便、快捷，能更准确地表达要传递的信息。

在 Windows 操作系统中，提供了两个用来抓取屏幕的快捷键："Print Screen"和"Alt+Print Screen"。"Print Screen"用来抓取整个屏幕图像，在任何时候只要按这个键，Windows 就会把当前的屏幕复制到剪贴板中，可以根据需要将其粘贴到画图、Word 等软件中。"Alt+Print Screen"用来抓取当前窗口中的内容，按下此组合键后，系统也会把当前窗口中的内容复制到剪贴板中。

Windows 操作系统中附带的图像抓取虽然方便，不过，其功能并不完善，如不能捕获弹出级联菜单、不能进行区域捕获等。正是如此，市面上出现了大量截图工具，常见的有 Hyper-Snap、Snagit、屏幕录像专家、红蜻蜓抓图精灵等，它们不仅可以截取窗口、屏幕，还可以对 Windows 窗口的各个组成部分进行截取，如按钮、工具条、输入栏等。这些工具自身具备保存截取画面的功能，而不用再粘贴到其他软件中。此外有的软件还可以截取动态的画面，并将其保存为 AVI 文件。

8.2 TechSmith Snagit

Snagit 是一款屏幕、文本和视频捕获、编辑与转换的工具。可以捕获 Windows 屏幕、DOS 屏幕；RM 电影、游戏画面；菜单、窗口、客户区窗口、最后一个激活的窗口或用鼠标定义的区域。捕获的图像可保存为 BMP、PCX、TIF、GIF、PNG 或 JPEG 格式，使用 JPEG 时可以指定所需的压缩级（从 1%～99%）。捕获时可以根据需要选择是否包括光标或是添加水印，另外还具有自动缩放、颜色减少、单色转换、抖动，以及转换为灰度级等编辑功能。Snagit 的视频捕获功能也很强大，但捕获的视频只能保存为 AVI 格式。Snagit 在捕获屏幕文本时可将文本块直接转换为机器可读文本，甚至无须剪切和粘贴，此功能有些类似某些 OCR 软件。Snagit 支持 DDE，可供其他程序调用，实现控制和自动捕获屏幕功能，新版 Snagit 还能嵌入 Word、PowerPoint 和 IE 浏览器中。

8.2.1 屏幕截取

✎ 任务描述

张可经常写一些软件应用的经验性文章，在写作过程中他需要截取大量的操作界面，如何才能快速、简捷地完成操作界面截取呢？

解决方案

Snagit 具有屏幕截取功能，截取范围包括可自定义区域、窗口、滚动窗口、菜单、全屏、对象、固定区域等 10 多种屏幕截取类型，可选择截取的屏幕是否包含鼠标，指定哪种输出类型，Snagit 支持文件、剪贴板、打印机等 10 多种输出类型，张可在撰写稿件时，用 Snagit 即可截取操作界面。本例以初学者身份使用 TechSmith Snagit 完成以下截取操作：①使用百度搜索 Snagit 软件，并截取 IE 浏览器活动窗口界面。②截取的图像中包含光标。③截取的图像文件保存在 D:\我的图片文件夹中，文件名为 1.png。

具体操作

1 双击桌面上的 Snagit 快捷图标启动 Snagit，如图 8-1 所示。

Snagit 启动后默认为捕获屏幕图像，在窗口右下方可以看到程序默认的图像捕获设置："捕获类型"为自由模式，即用户通过鼠标拖拽的方法指示捕获区域；"共享"为未选择，即图像捕获后只显示捕获图像而不进行保存；"效果"为无效果，即对捕获图像不

图 8-1　Snagit 快捷图标

进行任何图像效果处理；"选项"默认选取在 Snagit 编辑器中预览捕获结果，如图 8-2 所示。

2 单击"配置设置"栏中"捕获类型"图标右侧的黑色三角块，在弹出的快捷菜单中选择"窗口"菜单项，即捕获屏幕指定的窗口图像，如图 8-3 所示。

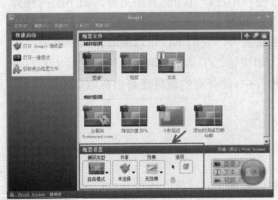

图 8-2　Snagit 默认捕获设置

图 8-3　捕获类型设置

3 单击"配置设置"栏中"共享"图标右侧的黑色三角块，在弹出的快捷菜单中选择"文件"菜单项，即捕获的图像输出为文件，如图 8-4 所示。

4 单击"配置设置"栏中"选项"中的箭头图标，即捕获的图像包含光标，如图 8-5 所示。设置完成后最小化 Snagit 窗口。

5 进入要捕获的屏幕状态：如本例中启动 IE 浏览器进入百度并在搜索文本框中输入关键字"Snagit 中文版"，然后将鼠标移到"百度一下"按钮。进入捕获状态后单击 Snagit

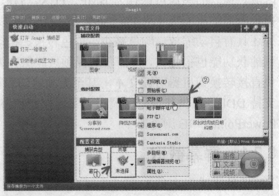

图 8-4　捕获输入设置

默认的热键（又称快捷键）Print Screen，屏幕进入反色显示状态（选定的捕获窗口为亮色其余

都为灰黑色），用鼠标点击选定要捕获窗口完成捕获操作，如图 8-6 所示。

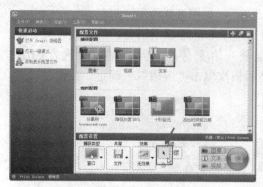

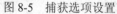

图 8-5 捕获选项设置

图 8-6 选择捕获窗口

★**注 意** 如果用户对捕捉的图像不满意可按 ESC 键或工具栏上的"取消捕获"按钮放弃刚捕捉的图像。

6 捕获操作完成后，捕获的图像显示在 Snagit 编辑器窗口中，预览捕获效果，如无需更改则单击窗口中的"完成配置文件"图标保存捕获图像，如图 8-7 所示。

7 弹出"另存为"对话框，指定图像文件的保存位置和文件名，然后单击"保存"按钮完成捕获操作，如图 8-8 所示。

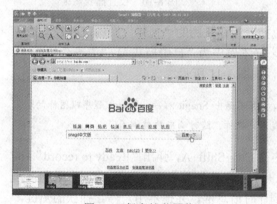

图 8-7 保存捕获图像

图 8-8 保存设置

8 图像文件保存完成后退出 Snagit 程序即可。

8.2.2 屏幕录制

📝 任务描述

使用 Snagit 的视频捕获功能可以录制用户在 Windows 系统中进行的任何活动，是制作计算机操作视频教程的绝佳工具。例如：常用工具软件就是一门实践性很强的课程，学习时最好边看操作演示边动手实践，计算机教师李明辉就需要将各种软件的应用技巧制成视频教程，方便学生学习。

🔧 解决方案

Snagit 具有屏幕录制功能，录制对象包括录制区域、窗口，录制的内容还可包含声音，用户可决定录制的屏幕是否包含鼠标，下面使用 Snagit 帮助李明辉录制一段屏幕操作视频。

🖱 **具体操作**

1 启动 Snagit，单击"工具"菜单→"程序首选项"，如图 8-9 所示。

2 弹出"程序首选项"对话框后，单击"热键"选项卡，可以根据自己的习惯设置各种捕获模式的热键（即快捷键），如本例中将"视频捕获开始/暂停/恢复"的热键设置为 Ctrl+Shift+A，"停止视频捕获"的热键保持默认不变，然后依次单击"应用"、"确定"按钮使设置生效并关闭对话框，如图 8-10 所示。

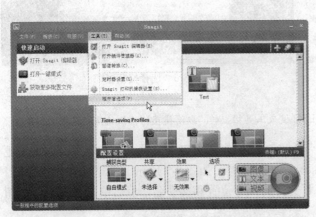

图 8-9 程序首选项设置

图 8-10 设置捕获热键

3 返回 Snagit 窗口后，单击窗口右下角红色捕获按钮左侧的"视频"图标进入视频捕获模式，然后在"配置设置"栏中选设置"捕获类型"（本例中为"自由模式"）、"共享"和选项，设置完成后单击窗口右上角的关闭按钮将其隐藏，如图 8-11 所示。

⭐ **注意** Snagit 窗口标题栏中的关闭按钮只是关闭窗口，并不退出 Snagit 程序，Snagit 程序以图标的形式隐藏在任务栏右下角的通知区域中并时刻监视用户操作，随时响应热键调用。

4 当需要进行屏幕视频捕捉时按下设置的热键 Ctrl+Shift+A，弹出"Ready to record"（准备录制）对话框，提示用户麦克风、系统声音已开启，单击屏幕右下方红色"rec"录制按钮开始进入屏幕捕获状态，如图 8-12 所示。弹出倒计时信息框，并提示用户停止捕获的热键，如图 8-13 所示。

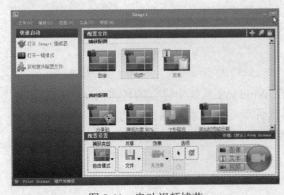

图 8-11 启动视频捕获

图 8-12 单击"rec"按钮开始捕获视频

5 进入捕获状态后，所有屏幕操作都会被录制到视频中。当用户需要结束视频捕获时，按下停止捕获热键（本例中的 Shift+F10），或是单击任务栏右下角不断闪烁的录制图标结束捕获操作，如图 8-14 所示。

6 弹出视频捕获工具栏，单击其中的黑色停止按钮结束捕捉操作，如图 8-15 所示。

7 结束捕获后弹出"Snagit 编辑器"窗口，可以预览捕获的效果，单击工具栏中的"完成配置文件"图标按钮保存捕捉的视频文件，如图 8-16 所示。

图 8-13　停止捕获热键提示信息

图 8-14　任务栏中的视频捕获图标

图 8-15　视频捕获工具栏中的停止按钮

8 弹出"另存为"对话框指定视频文件的保存位置和文件名，然后单击"保存"按钮，如图 8-17 所示。

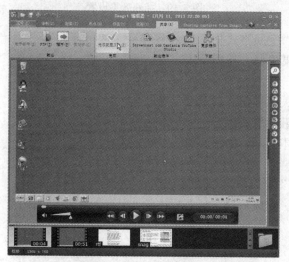

图 8-16　完成捕捉

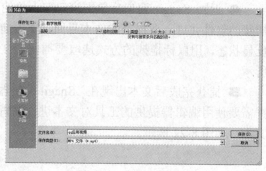

图 8-17　保存视频文件

9 保存完成后退出 Snagit 即可。

8.2.3　捕获文本

📝 任务描述

为了辅导孩子，李勇超购买了 E 百易学习卡，该软件提供了丰富的英语教程，李勇超想将软件中的部分英语短文提取并打印出来，但是软件与网站不同，其中的文本不能通过复制来提取，怎样解决这个问题呢？

✘ 解决方案

使用 Snagit 的文本捕获功能可以将屏幕文本块直接转换为机器可读文本。下面使用 Snagit 捕获 E 百易软件中的文本信息。

具体操作

1 启动 Snagit，单击窗口右下角红色捕获按钮左侧的"文本"图标进入文本捕获模式，然后在"配置设置"栏中设置"捕获类型"（本例中为"区域"）、"共享"和"选项"，如图 8-18 所示。

2 单击"效果"右侧的黑色三角块，在弹出的菜单中选择"布局"菜单项，如图 8-19 所示。

图 8-18　文件捕获

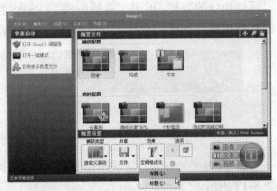

图 8-19　捕获效果设置

3 弹出"文本布局选项"对话框，选择"空间格式化"选项，并选择"删除空行"，这样捕获的文件效果更好，然后单击"确定"按钮，如图 8-20 所示。

4 返回 Snagit 窗口后单击窗口右上角的关闭按钮。启动要捕获的软件并进入要捕获的文本界面，单击捕获热键，屏幕进入反显状态，用鼠标拖拽的方式选取要捕获的文本区域，如图 8-21 所示。

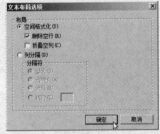

图 8-20　文本布局选项设置

5 捕获完成后文本出现在"Snagit 编辑器"窗口中，可以根据需要使用编辑器提供的工具对文本进行编辑，完成后单击标题栏中的"保存"图标按钮保存文本，如图 8-22 所示。

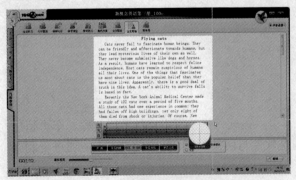

图 8-21　指定捕获的文本区域

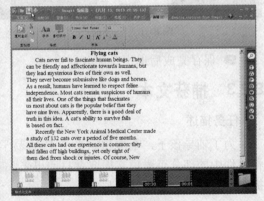

图 8-22　捕获的文本

6 弹出"另存为"对话框，指定文本的保存位置、文件名称及文件类型，本例中选择保存类型为"文本文件（*.txt）"，然后单击"保存"按钮保存捕获的文本，如图 8-23 所示。

7 保存完成后，进入指定文件夹双击保存的文本文件即可打开所捕获的文本，如图 8-24 所示。

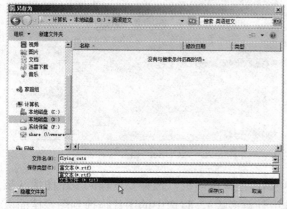

图 8-23 保存设置

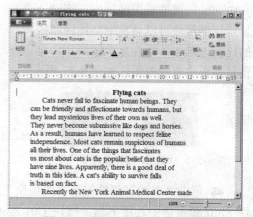

图 8-24 捕获后生成的文本文件

8.3 ACDSee

ACDSee 是一款应用广泛的图片浏览工具，使用 ACDSee 可以从数码相机和扫描仪等设备获取图片，可以查找、组织和预览图片。它支持超过 50 种常用格式的多媒体文件，作为图像浏览工具，可以快速、高质量地显示图片，此外它还具有图片编辑功能，能轻松处理数码影像，如去除红眼、剪切图像、锐化、浮雕特效、曝光调整、旋转、镜像等，并能对图片进行批量处理。

8.3.1 照片管理

✎ **任务描述**

很多人都喜欢旅游，在旅途中留下许多珍贵的照片，如何管理这些照片呢？将喜欢的照片打印出来更是个让人头痛的问题：逐张打印照片劳神费时。有些用户则将要打印的照片都插入到 WORD 中去，排版后批量打印，但 WORD 中的图片的默认插入方式都是嵌入式，要想把插入进的图片都排好，也是比较麻烦和耗时的，怎样才能更好更便捷地批量打印照片呢？

✂ **解决方案**

ACDSee 是一款专用的图片浏览工具，能快速、高质量地显示图片，此外还具有图片管理功能，其中的"图像筐"简化了用户批量管理图片的操作。图像筐有些近似于图像标签，可以将一些待处理的图片加入图像筐（即临时给图像加了个标签而不是另外存放），即方便浏览又便于操作。

🖱 **具体操作**

1 双击桌面上的"ACDSee 相片管理器"快捷图标，启动 ACDSee 相片管理器，如图 8-25 所示。

2 进入 ACDSee 主界面后，可以查看到"文件夹"、"收藏夹""预览"、"目录"等面板，可以通过"视图"菜单关闭/打开这些面板，如图 8-26 所示。

3 在左侧"文件夹"面板中找到并选中图片文件所在文件夹，其中图片就显示在中间的图像缩略图区域中，拖动下方的显示比例滑块可以调整缩略图区域中图片的比例，单击其中任意一幅图片，可以在预览面板中查看效果，如图 8-27 所示。

图 8-25　ACDSee 相片管理器快捷图标

图 8-26　ACDSee 相片管理器窗口

4 单击"视图"菜单勾选"图像筐"选项调出图像筐面板，选择要处理的多个图像（按住 Shift 键可选中连续多幅，按住 Ctrl 键可选中任意多幅），将选中的图片拖拽到图像筐面板中，如图 8-28 所示。

图 8-27　浏览图片

图 8-28　将图片拖拽到图像筐

5 双击图像筐面板中的图片，进入图像查看状态，单击"文件"菜单选择"打印所有图像"选项打印图像筐中的图片，如图 8-29 所示。

6 弹出"ACDSee-打印"对话框，根据需要设置打印参数，如本例中在"打印布局"中选择"布局"并设置为"12×17cm 打印"模式，在"打印选项"中选择打印机和纸张大小，设置完成后单击"打印"按钮开始打印，如图 8-30 所示。

图 8-29　打印图像筐中的图片

图 8-30　打印参数设置

7 打印完成后退出 ACDSee 即可。

8.3.2 ACDSee 使用技巧

任务描述

最新的 ACDSee 15 可快速开启和浏览各类图片，甚至包括 QuickTime 及 Adobe 格式影像档案的浏览，可以将图片放大缩小，调整视窗大小与图片大小，全屏浏览影像，支持 GIF 动态影像，支持图片相互转换，支持以幻灯片方式播放图片……ACDSee 的功能越来越复杂，就连在陇南职业教育中心学习计算机的赵文芳也只是用 ACDSee 浏览照片，她还真没有用过转换图片格式等实用功能，每次处理照片她还得安装 Photoshop 等专业图形软件，结果占用了大量电脑资源，赵文芳决心认真研究 ACDSee 的使用技巧。

解决方案

ACDSee 是一款功能比较复杂的图像工具，最初是以浏览照片为主，发展到 ACDSee 15 以后，ACDSee 的功能就不再局限于图片浏览了，赵文芳确实有探究 ACDSee 的必要，探究工作可以从互联网开始，看看网友提出了哪些问题，有哪些应用经验，再结合自己的需要，这样才能做到有的放矢。经过总结，她发现以下技巧对自己很有用。

（1）批量修改文件名

1 双击桌面上的"ACDSee 相片管理器"快捷图标，启动 ACDSee 相片管理器，找到图片所在文件夹，同时选中所有要批量更改文件名的图片，依次单击"编辑"菜单→"重命名"，如图 8-31 所示。

2 出现"批量重命名"对话框后，按实际需要修改"模板"文本框中的文件名前缀，并在"开始于"栏设置文件名序号。在本例中，需要将文件名修改为"答案01.png"……"答案07.png"，因此模板是"答案##"，其中##代表数字或字母，序号从 1 开始，设置完成后单击"开始重命名"按钮，如图 8-32 所示。

3 完成批量重命名任务后，单击"完成"按钮结束，如图 8-33 所示。

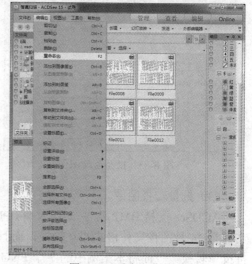

图 8-31 重命名菜单项

图 8-32 批量重命名

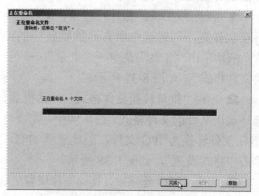

图 8-33 完成批量重命名

（2）批量翻转图像

在用扫描仪扫描图像的时候，可能受扫描仪和纸张局限，只能横向或竖向放置纸张，结果扫描出来的图像颠倒了，需要调正过来，如果逐副翻转图像，工作量实在太大了，此时可用 ACDSee 来批量翻转图像。

1 启动 ACDSee 相片管理器，找到图片所在文件夹，同时选中所有要批量翻转的图片，依次单击"工具"菜单→"批量"→"旋转/翻转"如图 8-34 所示。

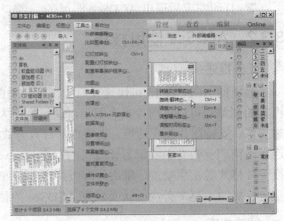

图 8-34　翻转菜单项

2 出现"批量旋转/翻转图像"对话框后，在窗口中部选择旋转设置，直至将图像调正为止，单击"开始旋转"按钮，开始批量旋转图像，如图 8-35 所示。

3 旋转结束后，单击"完成"按钮结束旋转任务，如图 8-36 所示。

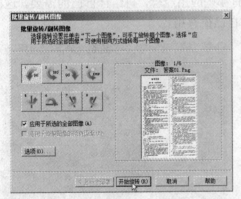

图 8-35　批量旋转图像

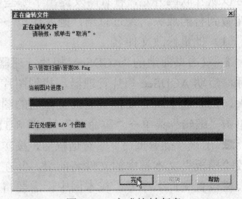

图 8-36　完成旋转任务

（3）批量转换图像

ACDSee 支持 BMP 文件、GIF 文件、PNG 文件等 14 种图像文件格式相互转换，而且支持批量转换。下面将本案例中的 7 个 PNG 文件批量转换成 JPG 文件。

1 启动 ACDSee 相片管理器，找到图片所在文件夹，同时选中所有要批量转换的图片，依次单击"工具"菜单→"批量"→"转换文件格式"，如图 8-37 所示。

2 出现"批量转换文件格式"对话框后，选择输出文件的文件格式，在本例中，需要将 PNG 文件转换为 JPG 文件，因此选择 JPG，单击"格式设置"，如图 8-38 所示。

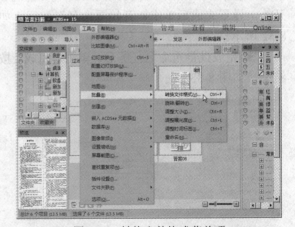

图 8-37　转换文件格式菜单项

3 出现 JPEG 选项后，拖动图像质量滚动条到最佳质量，其他参数根据实际需求设置，如图 8-39 所示。

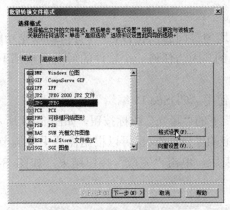

图 8-38 选择输出文件格式

图 8-39 拖动图像质量滚动条到最佳质量

4 回到"批量转换文件格式"对话框后,单击"下一步"按钮,如图 8-40 所示。

5 出现"设置输出选项"页面后,指定文件转换后的存放位置,如图 8-41 所示。

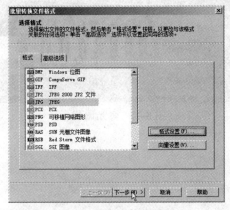

图 8-40 完成格式设置

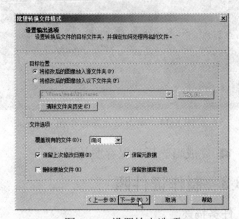

图 8-41 设置输出选项

6 出现"设置多页选项"页面后,根据实际需求设置多页面的输入和输出选项,在本例中,图像都是单页面的图像,直接单击"开始转换"按钮,开始转换图片格式,如图 8-42 所示。

7 完成批量转换后,单击"完成"按钮结束任务,如图 8-43 所示。

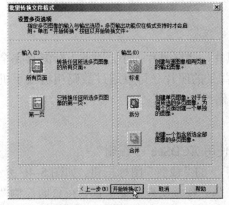

图 8-42 转换图片格式

图 8-43 完成批量转换

（4）曝光调节

外出照相难免会有曝光过度、曝光不足、曝光不均匀等问题，ACDSee 具有自动曝光功能，也支持手动调节。当然，ACDSee 的曝光调节是有限的，因为任何一个软件的后期调整都不可能完全纠正曝光的失误。

1 右击需要编辑的照片，在右键菜单中选择"使用 ACDSee 15 编辑"。

2 打开 ACDSee 窗口后，单击"编辑模式菜单"下的"曝光"图标按钮，如图 8-44 所示。

3 进入曝光页面后，单击左侧"曝光"工具栏中的"自动"，也可以根据需要手动调节曝光，包括手动调节对比度和填充光线，曝光调节结束后，单击"完成"按钮结束，如图 8-45 所示。

图 8-44　单击曝光图标按钮

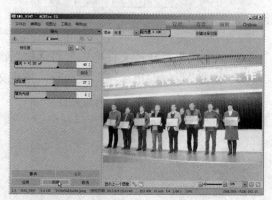

图 8-45　曝光调节

4 完成曝光后，保存照片即可。

8.3.3　制作证件照

✎ **任务描述**

河西省江宁市人力资源与社会保障局正面向 2013 年度应届毕业生公开招考部分事业单位工作人员，应聘者需登录江宁市人力资源与社会保障局的官方网站，在线填写"应届大学毕业生应聘报名表"，同时提交本人近期正面免冠二寸（35mm×45mm）证件照，其中头部宽度为 20～24 毫米，长度为 27～32 毫米，不得超出规定尺寸。在江宁市职业技术学院学习的蒋海兵是 2013 年度的应届毕业生，他准备参加此次公招，在线填完报名信息后准备提交照片，看见招聘网站的要求，是去照相馆呢还是自己制作呢？

✗ **解决方案**

ACDSee 具有强大的照片编辑功能，可以裁剪照片，调整照片大小，因此，蒋海兵完全可以自己制作证件照，首先他需要先照一张以白墙为背景的照片（可以通过数码相机或手机获得），然后按照招聘网站的要求，用 ACDSee 编辑制作。

🖱 **具体操作**

1 右击需要编辑的照片，在右键菜单中选择"使用 ACDSee 15 编辑"。

2 打开 ACDSee 窗口后，单击"编辑模式菜单"下的"裁剪"图标按钮，如图 8-46 所示。

3 出现"裁剪"页面后，调整裁剪框的大小和位置，使裁剪框紧贴头部，在页面左侧"裁剪"工具栏中的"单位"下拉菜单中选择"毫米"，读取相片中头部宽度和高度的具体信息，如图 8-47 所示：

 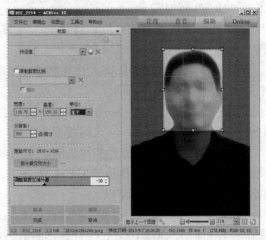

图 8-46　单击裁剪图标按钮　　　　　　图 8-47　获取人像头部信息

4 根据表 8-1 的计算方法，计算照片裁剪区域的宽度和高度。在本例中，具体计算步骤如下：

表 8-1　照片裁剪区域计算方法

制作要求	
头部宽	头部高
20-24	27-32
照片宽	照片高
35	45
头部占照片比例	22/35=0.628571428571429≈0.63，为方便计算，取 0.65
原始照片	
头部宽	头部高
118.7	155.33
裁剪区域	
裁剪区域的宽度	裁剪区域的高度
118.7/0.65=182.615384615385	182.615384615385*45/35=234.791208791209
证件照片	
头部宽	头部高
118.7/182.615384615385*35=22.75	155.33/234.791208791209=29.77049284

① 根据招聘要求，头部宽为 20～24mm，取中间值 22。

② 计算照片中头部所占比例：头部宽/照片宽=22/35，计算结果约等于 0.63，为方便计算，取 0.65。

③ 按照片中头部所占比例计算头部高，头部高=照片中头部所占比例×照片高=0.65×45=29.25，27<29.5<32，符合招聘要求，因此，可以将 0.65 确定为照片中头部所占比例。

★**注 意**　如果计算出来的头部高不符合照片要求，适当调节头部比例，再分别验证头部高和头部宽是否符合照片要求。

④ 根据头部占照片比例和原始照片中的头部宽度，裁剪区域的宽度=头部宽/头部占照片比例=118.7/0.65=182.6。

⑤ 根据裁剪区域的宽度计算裁剪区域的高度，裁剪区域的高度=裁剪区域的宽度×照片高/照片宽=182.6×45/35=234.79。

⑥ 根据裁剪区域和头部，预算制作出来的证件照片中头部的宽度和高度，以检验制作出来的照片是否符合招聘要求。

证件照片的头部宽=原始照片头部宽/裁剪区域的宽度×证件照片的宽度=118.7/182.6×35=22.75；20<22.75<24，符合招聘要求。

证件照片的头部高=原始照片头部高/裁剪区域的高度×证件照片的高度=155.33/234.79=29.77；27<29.77<32，符合招聘要求。

如果要制作更多的证件照，可以使用 Excel 来计算表 8-1 中的值，用公式代替具体的值后，只需要输入头部信息，就可以得到裁剪区域的宽度和高度。

5 根据表 8-1 计算出来的裁剪区域，将"裁剪栏"中的宽度和高度分别更改为 182.6 和 234.79，单位是毫米。移动裁剪区域，使头像处于照片的合适位置，单击"完成"按钮完成裁剪任务，如图 8-48 所示。

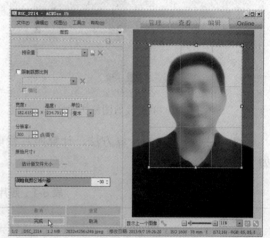

图 8-48 调整裁剪区域

6 回到编辑模式页面后，单击"编辑模式菜单"中的"调整大小"图标按钮，如图 8-49 所示。

7 出现"调整大小"页面后，在"调整大小"栏目中选择"实际/打印大小"，并将宽度和高度设置为规定的值，如果勾选了"保持纵横比"，设置宽度后，高度自动更改。在本例中，将宽度更改为 35 毫米，高度变成"44.99"毫米，而不是 45 毫米，此时可取消选择"保持纵横比"，如图 8-50 所示。

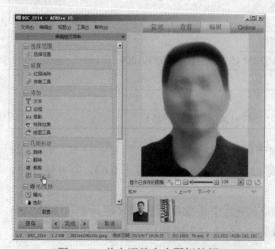

图 8-49 单击调整大小图标按钮

图 8-50 取消选择保持纵横比

8 取消选择保持纵横比后，重新设置宽度和高度，使之符合招聘要求，调整照片大小后，单击"完成"按钮结束任务，如图 8-51 所示。

9 回到编辑模式页面后，单击"完成"按钮保存并应用修改，如图 8-52 所示。

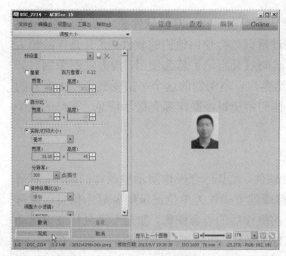 

图 8-51　按要求重新调整宽度和高度　　　　　　　图 8-52　保存并应用修改

10 回到查看页面后，可根据属性信息验证制作的照片是否符合招聘要求，如图 8-53 所示。

11 如果原始照片不是 JPG 格式，依次单击"文件"菜单→"另存为"，出现"图像另存为"对话框后，在"保存类型"下拉列表中选择"JPG"即可，如图 8-54 所示。

图 8-53　验证制作的照片是否符合招聘要求　　　　图 8-54　将证件照存为 JPG 文件

8.4　Adobe Captivate

Adobe Captivate 是一款功能强大的屏幕录制工具，它不仅可以录制用户操作的全过程，还可以创建引人入胜的仿真演示、功能强大的基于场景的培训和测验。学习软件的专业人员、教育工作者和商业与企用用户都可以轻松记录屏幕操作、添加电子学习交互、创建具有反馈选项的复杂分支场景。目前 Adobe Captivate 的最新版本是 7.0，只有英文版。

8.4.1 制作带有提示的操作演示课件

✎ 任务描述

河西计算机软件职业技术学院的赵荣钊大学毕业后在鹏程计算机软件公司做售后服务,赵荣钊做了一年售后服务发现,多数客户都需要经过培训才会使用他们的软件,尤其是年龄稍大的一些客户,需要培训好几遍才能明白,过一段时间后又忘记了怎么使用,没办法赵荣钊只好用 Snagit 等录屏软件将操作过程录制下来,发给客户,赵荣钊的这个举措受到了广大客户的一致好评。不过仍有很大一部分客户不会操作,他们希望每步操作都有提示信息,客户的这个需求,赵荣钊能办到吗?

✗ 解决方案

Adobe Captivate 是录制教学演示视频的顶级软件,尤其适合操作演示型课件的制作。和普通录屏软件不同的是,Captivate 能以每一次鼠标或键盘操作为单位记录屏幕显示信息,即每一次鼠标或键盘动作就生成一张幻灯片,记录一次操作后的屏幕图像,如果不需鼠标或键盘动作而又需要当前的屏幕图像,可按键盘上的“Ctrl+Print”组合键即可,除此之外,Captivate 具有操作提示功能,并支持中文提示,还可编辑提示信息、修改热区等。因此赵荣钊可用 Captivate 来制作带有操作提示的电脑教程。

🖱 具体操作

1 安装并运行 Adobe Captivate,出现打开/创建项目页面后,选择“Software Simulation”(软件模拟),如图 8-55 所示。

2 出现录制大小和录制类型页面,根据需要选择录制屏幕,在本例中选择“Full Screen”(全屏),在录制类型中选择“Automatic”(自动)并勾选“Demo”(演示),如果要录制声音,在“Audio”(声音)下拉菜单中选择录制设备,单击“Settings”按钮进入高级设置,如图 8-56 所示。

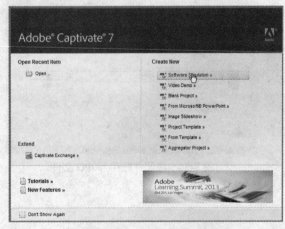

图 8-55　选择软件模拟

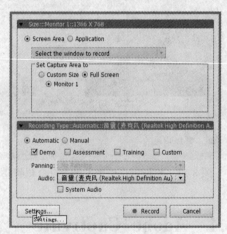

图 8-56　基本设置

3 出现偏好设置对话框后,单击对话框左侧的“General Settings”(常规设置),在对话框指定所制作课程发布的位置以及项目缓存位置,如图 8-57 所示。

4 单击对话框左侧“Defaults”(默认设置),在此可设置幻灯片持续时间(Slide Duration)等参数,如图 8-58 所示。

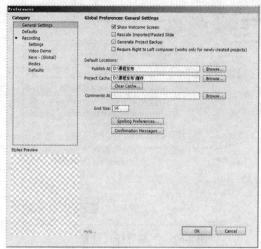
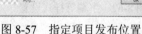

图 8-57　指定项目发布位置

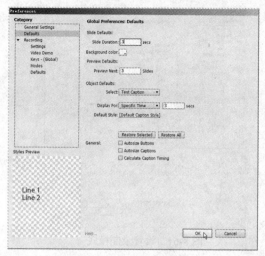

图 8-58　默认设置

5 单击对话框左侧"Recording"(录制)下的"Settings"(设置),在"Generate Captions In"(生成字母)下拉列表框中选择"Chinese"(中文),如图 8-59 所示。

6 单击对话框左侧的"Keys-(Global)"(全局热键),可在该页面设置热键,如停止(To Stop Recording)键"END",暂停/恢复录制(To Pause/Resume Recording)键"Pause"等,如图 8-60 所示。

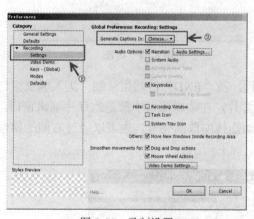

图 8-59　录制设置

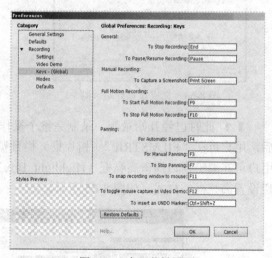

图 8-60　全局热键设置

7 单击对话框左侧"Modes"(模式),可在该页面选择录制模式,设置字幕样式等参数,如图 8-61 所示。

8 单击对话框左侧"Recording"(录制)下的"Defaults"(缺省),用户可在该页面设置文本字幕、成功字幕、失败字幕等字幕或区域的样式,在设置样式时可通过对话框左下角预览设置的样式。单击"OK"按钮结束全局设置,如图 8-62 所示。

9 回到录制大小和录制类型页面后,单击"Record"(录制)按钮开始录制(图 8-63)。

10 如果要录制声音,此时会弹出试音页面,单击"Record"按钮可试音,单击"OK"按钮结束试音,如图 8-64 所示。

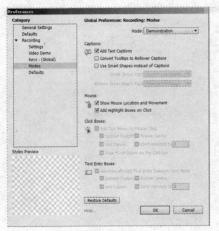

图 8-61　设置录制模式

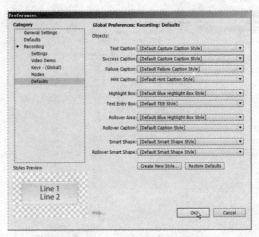

图 8-62　字幕等样式设置

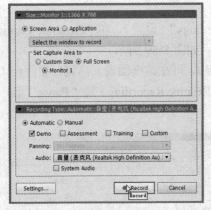

图 8-63　完成设置开始录制

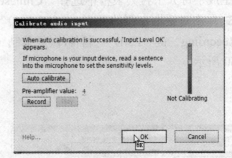

图 8-64　试音

11 此时已经开始录制，录制完整个操作过程，按"END"键结束录制。进入编辑窗口后，用户可在"FILMSTRIP"（相片集）栏预览幻灯片，在编辑窗口中部是幻灯片编辑窗口，用户可在编辑窗口编辑高亮框（Highlight Box），如拖拽缩放高亮框，也可以通过右侧的属性栏设置高亮框的样式，如图 8-65 所示。

图 8-65　修改高亮框

12 双击文本字幕即可编辑文本,也可以通过右侧的属性框修改文本样式。如图 8-66 所示。

图 8-66　修改字幕文本

13 可以通过拖拽轨迹的起点（或终点）改变鼠标移动轨迹，如图 8-67 所示。

14 检视所有幻灯片，当所有幻灯片都修改完成后，依次单击"File"（文件）菜单→"Publish"（发布），如图 8-68 所示。

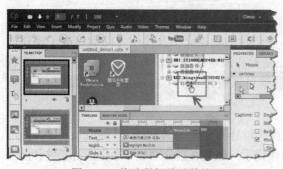

图 8-67　修改鼠标移动轨迹

图 8-68　"发布"菜单项

15 出现发布对话框后，选择发布类型，Adobe Captivate 支持 SWF、HTML、EXE 等文件类型。在本例中将演示视频发布为可执行文件（EXE 文件），选择窗口左侧的"Media"（媒体）图标按钮，然后指定发布位置，单击"Publish"（发布）按钮发布作品，如图 8-69 所示。

16 完成作品发布后，出现是否需要查看发布的作品对话框，单击"Yes"按钮查看作品，如图 8-70 所示。

图 8-69　发布作品

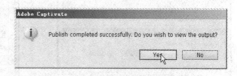

图 8-70　发布完成

17 运行新制作的电脑教程，在该教程中，可以清楚地看见鼠标移动轨迹和操作提示信息，如图 8-71 所示。

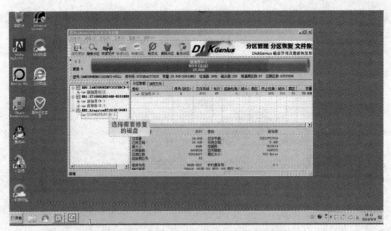

图 8-71　带有操作提示的电脑教程

8.4.2　制作电脑操作演练课件

📝 任务描述

赵荣钊借助屏幕录像工具 Adobe Captivate，将软件的功能介绍及使用方法制作成了操作演示课件发放给客户，获得了客户的高度赞誉，还是操作演示课件比较方便，一目了然，不少客户询问能不能制作成可以模拟操作的课件，这样就可以避开工作平台熟悉软件的使用。

✖ 解决方案

在 Adobe Captivate 录制操作视频时，可将操作过程直接录制为演练（Training）视频，用 Adobe Captivate 录制的操作演练课件不仅可带操作提示，还具有判分功能。操作演练课件和演示课件的制作方法大致相同，下面在制作操作演示课件的基础上介绍操作演练课件的制作方法。

🖱 具体操作

1 在用 Adobe Captivate 录制操作视频过程中，出现录制大小和录制类型页面时，选择"Training"（演练），其他操作过程和"8.4.1　制作带有提示的操作演示课件"类似，如图 8-72 所示。

2 录制完成进入编辑状态后，仿照制作演示课件的方法编辑幻灯片，在编辑演练课件时，多出了一个错误标签，在如图 8-73 所示编辑窗口中，黄色框的标签是操作提示标签，红色框的标签是操作演练过程中因操作错误而给出的提示标签。

图 8-72　选择训练录制类型

图 8-73　编辑窗口多出一个操作错误提示标签

3 在发布作品时，单击"Preferences"（偏好设置）按钮，如图 8-74 所示。

4 出现偏好设置对话框后，单击对话框左侧"Quiz"（小型考试），在右侧勾选"Enable reporting for this project"（允许形成该项目报告），勾选"success/Completion Criteria"（成功/完成测试）栏目下的"Quiz"，并在下拉菜单中选择"Quiz is passed or the quiz attempt limit is reached"（测试通过或超出尝试次数范围），其他参数根据实际需要进行设置，如图 8-75 所示。

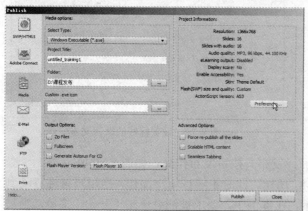

图 8-74　单击偏好设置按钮　　　　　　　　图 8-75　设置测试参数

5 单击对话框左侧"Settings"（设置），在右侧勾选"Show Score at the End of the Quiz"（测试结束后显示测试成绩），单击"Quiz Result Messages"（测试结果信息）按钮，如图 8-76 所示。

6 出现"Quiz Result Messages"对话框后，可在此定义测试结果信息，并选择成绩显示信息，包括"Score"（得分），"Max Score"（总分），"Correct Questions"（答对题数量），"Total Questions"（总题量），"Accuracy"（正确率），"Quiz Attempts"（尝试次数）等信息，如图 8-77 所示。

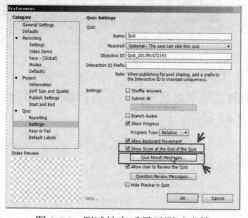
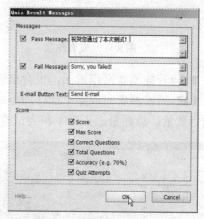

图 8-76　测试结束后显示测试成绩　　　　　图 8-77　设置成绩显示信息

7 单击对话框左侧"Pass or Fail"，可在该页面设置通过标准，尝试次数等参数，在本例中，设置的通过标准是 80%，如图 8-78 所示。

8 单击对话框左侧"Default Labels"（默认标签），可在此页面设置标签的默认文本信息，如用户操作正确后显示的信息，操作错误显示的信息等，如图 8-79 所示。

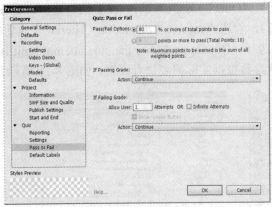

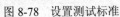

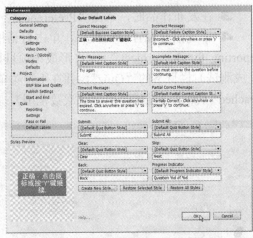

图 8-78 设置测试标准　　　　　　　　图 8-79 设置标签的默认文本信息

9 回到发布对话框后，单击"Publish"（发布）按钮发布作品，如图 8-80 所示。

10 运行制作好的演练课件，如图 8-81 所示，此时正等待用户操作，当用户鼠标移动到热区（正确点击位置）时，会出现操作提示，在本例中，要求被测者单击"开始"菜单，当被测者将鼠标移动到"开始"菜单将会出现操作提示。

图 8-80 发布作品　　　　　　　　　　图 8-81 操作提示

11 若被测者操作错误，也会出现操作提示，如图 8-82 所示。

12 当被测者完成整个操作演练后，会出现测试结果对话框，分别包括得分、总分、做对题目数量、总题量、正确率和尝试次数，如图 8-83 所示。

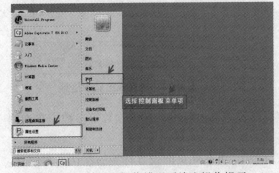

图 8-82 被测者操作错误后给出操作提示　　　　图 8-83 演练结果

8.4.3 开发实践技能考试系统

任务描述

赵荣钊接受了客户建议，制作完了操作演示课件后，又制作了一份操作演练课件，有兴趣的客户可以用操作演练课件练练手，出乎赵荣钊意料的是，把操作演练课件分发给客户后，向他求助的客户越来越少，工作量减轻了一大半，Adobe Captivate 还真是一款不可多得的好工具。一次他利用回母校和学弟学妹交流的机会，向自己的老师汇报，教研室的罗燕老师听了赵荣钊的汇报后，觉得 Adobe Captivate 不错，并从教学的角度思考：能不能用 Adobe Captivate 来开发实践技能考试系统？

解决方案

Adobe Captivate 不仅可以录制演示视频和演练视频，还可以用它来开发实践技能考试系统，在录制过程中，选择 "Assessment"（评估）后录制的视频就可用作实践技能考试系统。下面在制作操作演练课件的基础上介绍开发实践技能考试系统的技巧。

具体操作

1 在用 Adobe Captivate 录制操作视频过程中，出现录制大小和录制类型页面时，选择 "Assessment"（评估），其他操作过程和制作演练型课件类似，如图 8-84 所示。

2 整个录制过程、偏好设置方法和制作操作演练型课件类似，录制结束后，仿照制作操作演练课件的方法编辑幻灯片，此时窗口中只有红色矩形框的标签，这是备考者操作错误而给出的提示标签，如图 8-85 所示。

图 8-84 选择评估录制类型

图 8-85 编辑幻灯片

3 操作技能考试一般没有提示，即使操作错误也不给提示，此时，右击该错误提示标签，在右键菜单中选择 "Delete"（删除），或选中错误提示标签后，按 "Delete" 键直接删除，如图 8-86 所示。

4 在发布作品前，按照操作演练型课件的制作方法完成偏好设置，如在测试结束后显示测试成绩，如图 8-87 所示。

5 完成偏好设置后，单击 "Publish"（发布）按钮发布作品，如图 8-88 所示；

6 所发布的作品就可以用作实践技能考试系统，运行发布作品后，等待用户操作，用户完成操作后，会给出相应的成绩，如图 8-89 所示。

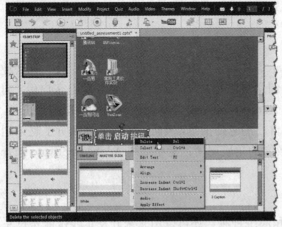

图 8-86　删除错误提示

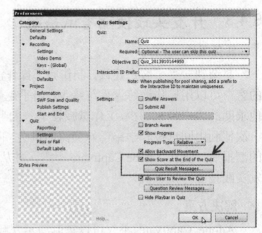

图 8-87　进行偏好设置

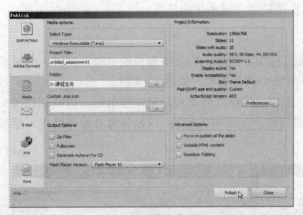

图 8-88　发布作品

图 8-89　成绩单

8.4.4　开发题库系统

任务描述

　　河西计算机软件职业技术学院的罗燕老师利用 Adobe Captivate 开发了实践技能考试系统，在教学中取得了很好的教学效果。如果能在用 Adobe Captivate 开发实践技能考核系统的基础上，继续开发选择题、判断题、填空题等题型的试题，那么，这套系统不仅可以包括操作题，还包括理论题，一套完整的题库系统不就出来了吗？现在问题的关键是，实践技能考核是依靠录制操作过程实现的，能用 Adobe Captivate 开发选择题等题型吗？

解决方案

　　Quiz（评估）是 Adobe Captivate 专为开发评估或考核系统提供的菜单项，可以通过 Quiz（评估）菜单创建试题幻灯片，创建的试题类型包括选择题、判断题、填空题、简答题、匹配题/连线题、排序题等多种题型，如图 8-90 所示，因此，罗燕老师的愿望是可以实现的。下面分别就每种题型介绍题库系统的开发技巧。

图 8-90　Adobe Captivate 支持的题型

👆 **具体操作**

（1）建立空项目

运行 Adobe Captivate，出现打开/创建项目页面后，选择"Blank Project"（空项目），如图 8-91 所示。

⭐ **说明** 在其他现有项目的基础上也可以插入选择题等各类题型。

出现"New Blank Project"（新空项目）后，在"Select"（选择）下拉列表框中选择题库系统的显示分辨率，如图 8-92 所示。

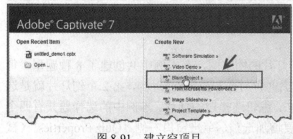

图 8-91　建立空项目

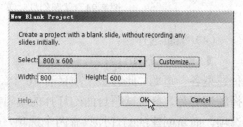

图 8-92　设置显示分辨率

（2）编辑试题封面

打开 Adobe Captivate 窗口后，Adobe Captivate 会自动创建一个试题封面幻灯片，幻灯片含有两个标签，上面的是标题标签，下面的是副标题标签，双击标签文本，根据实际需要编辑标签文本，如图 8-93 所示。

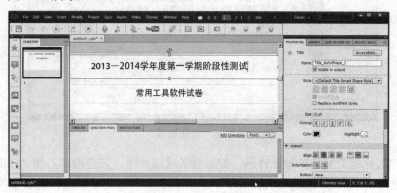

图 8-93　编辑试题封面

（3）创建试题

1 依次单击"Quiz"菜单→"Question Slide"（试题幻灯片），创建试题幻灯片，如图 8-94 所示。

2 出现"Insert Questions"（插入试题）对话框后，根据实际需要勾选要创建的题型以及每种题型的题量。本例演示各种题型的创建技巧，因此勾选了"Multiple Choice"8 种试题类型，每种题型出 1 道题，如图 8-95 所示；

3 Adobe Captivate 7 支持的题型包括"Multiple Choice"（选择题，包括单选题和多选题），"True/False"（判断题），"Fill-In-The-Blank"（填空题），"Short Answer"（简答题），"Matching"（匹配题或连线题），"Hot Spot"（热点题，用于含有图形的试题，如地图），"Sequence"（排序题），"Rating Scale（等级量表）"，"Random Question"（随机试题）。

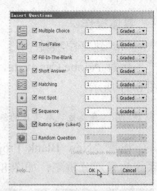

图 8-94　试题幻灯片菜单项　　　　　　图 8-95　创建试题幻灯片

（4）编辑选择题

1 创建试题幻灯片后，在窗口左侧有幻灯片的缩略图，在本例中共创建了 8 种题型，每种题型各一道题，此时整个项目有 10 个幻灯片（含封面和成绩幻灯片），第 2 个幻灯片就是选择题幻灯片，参照试题封面幻灯片的编辑方法，编辑选择题幻灯片。本例中的选择题共有四个选项，而新创建的幻灯片只有两个选项，需要增加选项，单击窗口右侧"Quiz Properties"（试题属性）选项卡，在"Answers"（回答）文本框中输入数字 4，即可将选项由两个增加到四个，如图 8-96 所示。

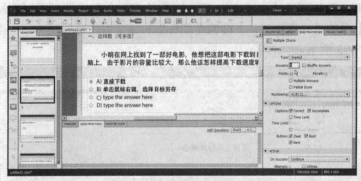

图 8-96　增加选项

2 默认的选择题类型是单项选择题，如果是多项选择题，勾选窗口右侧"Quiz Properties"（试题属性）选项卡下的"Multiple Answers"（多项回答）即可将单项选择变成多项选择，如图 8-97 所示。

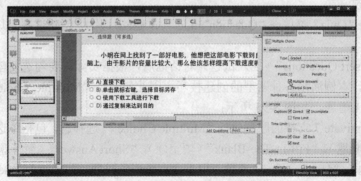

图 8-97

160

3 确定答案：勾选在正确选项左侧的复选框，取消勾选错误选项的复选框，如图 8-98 所示。

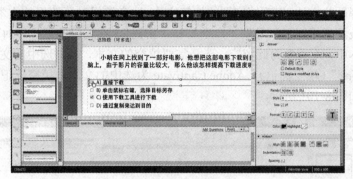

图 8-98　确定答案

4 在试题下方是试题导航按钮，"Clear"（清除）表示清除做题内容，"Back"（退回）表示上一题，"Next"（下一题）表示跳转到下一题，"Submit"（提交）表示提交当前试题。在导航按钮左侧有三个重叠在一起的标签文本，分别是 "You must answer the question before continuing."（你必须答题方可继续），"Incorrect - Click anywhere or press 'y' to continue."（不正确-任意点击或按 Y 键继续），"Correct - Click anywhere or press 'y' to continue."（正确-任意点击或按 Y 键继续），用户可根据实际情况修改标签文本和图标按钮文本，在本例中为节省篇幅，只修改了其中的一个按钮，如图 8-99 所示。

图 8-99　修改试题导航按钮

（5）编辑判断题

判断题的编辑方法和选择题相似，判断题实际上就是只有对和错两个选项的单选题，如图 8-100 所示。

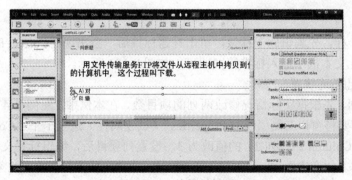

图 8-100　编辑判断题

（6）编辑填空题

参照编辑选择题的方法，修改填空题的标签文本。注意编辑时所编辑的文本必须含有答案。如在本例中，让被测者填写"账号"、"口令"和"密码"，在编辑答题标签时，这些答题内容同样也在标签文本中，不需要为此留空。选择需要填空的文本，右击选中的文本，在右键菜单中选择"Mark Blank"（填空标记），Adobe Captivate 为选中的文本做填空标记，所标记的内容就是标准答案，如图 8-101 所示。

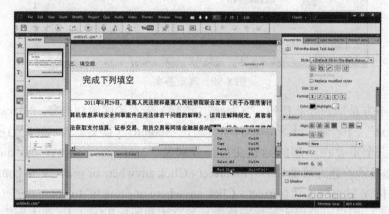

图 8-101　将答题内容标记为填空

以此类推，将答题标签中的"帐号"、"口令"和"密码"都做上填空标记，这样就编辑好了一道填空题，如图 8-102 所示。

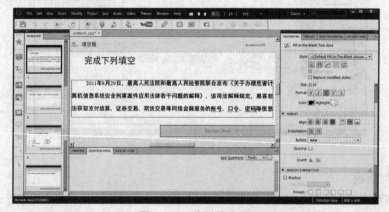

图 8-102　编辑填空题

（7）编辑简答题

和其他题型一样，先编辑题干标签，单击答题标签后，会出现"Correct Entries"（正确输入）文本框，在此文本框中输入标准答案即可，如图 8-103 所示。

（8）编辑匹配题/连线题

连线题分两列，先根据实际情况修改两列的项目数，在本例中，左侧有 4 个选项，右侧有 3 个选项，因此需要将窗口右侧"Quiz Properties"（试题属性）选项卡下"Column 1"（列 1）的值改为 4，将"Column 2"（列 2）的值改为 3。设置列项目后，编辑标签文本，最后确定两列各项的对应关系。如在本题中，迅雷属于下载工具，在"迅雷"左侧的下拉菜单中选择"C"，此时的迅雷和下载工具相匹配，如图 8-104 所示。

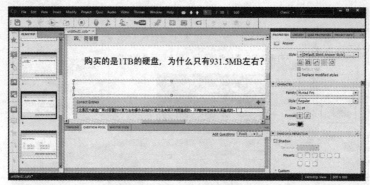

图 8-103　编辑简答题

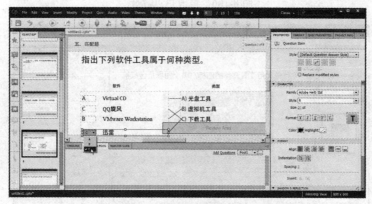

图 8-104　编辑匹配题/连线题

（9）编辑热点题

1 如果要指出图片中的内容，如在地理课上，要学生指出某国家在世界地图上的位置。再如在历史课上，要学生在中国地图上指出红军长征路线图，这类题型就可用热点题来表示。依次选择"Insert"（插入）菜单→"Image"（图片），先插入试题图片，如图 8-105 所示。

图 8-105　插入试题图片

2 根据需要增加热点数量，如在本题中，共有 10 个工具软件，因此要将热点数值改为 10，如图 8-106 所示。

3 缩放并移动热点，使之放置在试题图片的合适位置。如在本题中，分别将 10 个热点放置在 10 个工具软件的图标位置，如图 8-107 所示。

图 8-106　修改热点数量

图 8-107　放置热点

4 放置好热点后，确定标准答案：如在本题中，只有"VMware Workstation"图标上的热点才是正确答案，单击窗口右侧"Properties"（参数）选项卡，勾选"Correct Answer"（正确答案），以此类推，取消勾选其他热点的"Correct Answer"参数，如图 8-108 所示。

图 8-108　确定标准答案

（10）编辑排序题

排序题和其他类型的试题编辑方法相似，需要注意，编辑时的答题选项顺序就是标准答案，默认的序号是 A，B，C，……，可通过窗口右侧"Quiz Properties"（试题属性）选项卡下的"Numbering"（序号）下拉菜单重新定义序号，如图 8-109 所示。

图 8-109　编辑排序题

（11）编辑等级量表

等级量表是等级测量产生的量表，又称顺序量表。它根据事物某一特点，将事物属性分成等级，用数字表示。等级量表是一种统计方法，如本例用等级量表制作了一个网络安全套装工具满意度调查表。等级量表的编辑方法和其他试题类型相似，只是等级量表不是试题，没有标准答案，无需记分，如图 8-110 所示。

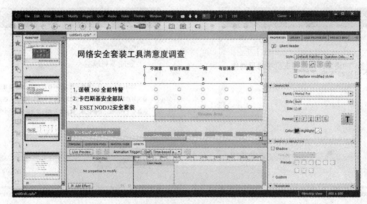

图 8-110　编辑等级量表

（12）发布试题

参考操作演示课件、操作演练课件以及开发实践技能考试系统的方法，进行发布前的偏好设置，如图 8-111 所示。当所有试题都编辑完成后，发布作品，如图 8-112 所示。

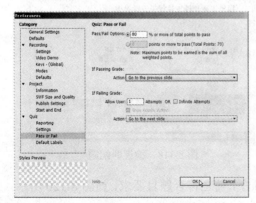

图 8-111　进行发布前的偏好设置

图 8-112　发布作品

（13）检视题库系统运行效果

检视试题封面，如图 8-113 所示；检视选择题，如图 8-114 所示；检视判断题，如图 8-115 所示；检视填空题，如图 8-116 所示；检视简答题，如图 8-117 所示；检视匹配题，如图 8-118 所示；检视热点题，如图 8-119 所示。

图 8-113　检视试题封面

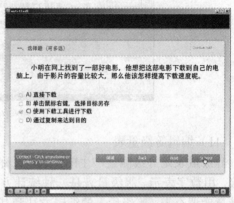

图 8-114　检视选择题

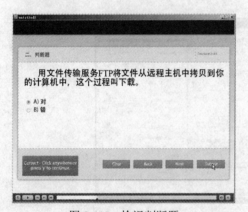

图 8-115　检视判断题

图 8-116　检视填空题

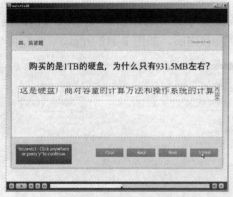

图 8-117　检视简答题

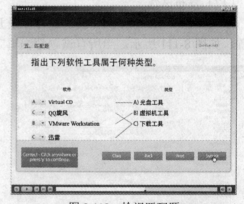

图 8-118　检视匹配题

被测人员在做排序题时，以拖拽方式调整项目顺序，使之符合题目要求，如图 8-120 所示。检视评定等级，如图 8-121 所示。检视成绩单，如图 8-122 所示。

图 8-119 检视热点题

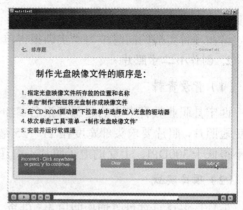

图 8-120 检视排序题

图 8-121 检视评定等级

图 8-122 检视成绩单

8.5 项目实战

1. 制作软件展示视频

（1）背景资料

鲁东省岳阳市工程技术学校的张铭朔毕业后在鲁东捷成世纪信息技术有限公司做渠道销售，该公司即将参加在南屏市组织的"第十二届鲁东省国际软件和信息服务交易会"并展示该公司的主打产品"捷成网络脆弱性扫描与管理系统"，公司经理安排张铭朔制作一个该系统的功能展示课件，张铭朔该选哪款工具呢？

（2）项目实战

本章介绍的两款工具 TechSmith Snagit 和 Adobe Captivate 都有视频录制功能，都是软件功能展示的优秀工具，以下是模拟背景资料的两个方案，请你选择一种方案进行项目实战：

方案 1：用 Adobe Captivate 来代替背景资料的"捷成网络脆弱性扫描与管理系统"，列出 Adobe Captivate 的特色功能，编写 Adobe Captivate 的功能展示方案，并用 TechSmith Snagit 来制作展示课件。

方案 2：用 TechSmith Snagit 来代替背景资料的"捷成网络脆弱性扫描与管理系统"，列出 TechSmith Snagit 的特色功能，编写 TechSmith Snagit 的功能展示方案，并用 Adobe Captivate

来制作展示课件。

请在项目实战的同时填写"实训报告单"。

2. 制作小二寸照片

（1）背景资料

西宁县职业教育中心的赵慧芳报名参加了教师资格证考试,赵慧芳需要提交 3 张小二寸近期免冠照片,照片要求头部宽度在 21～25 毫米之间,头部长度在 26～32 毫米之间,打印分辨率不得低于 300DPI,上交的电子照片不得超过 300KB。

（2）项目实战

请你模拟背景资料所描述的情景,准备一张白色背景的肖像照（免冠照片）,并用 ACDSee 将照片制作成符合报名要求的小二寸照片,同时填写"实训报告单"。

8.6 课后练习

1. 课后实践

（1）用 VMware Workstation 创建一台虚拟机,并用 TechSmith Snagit 将操作过程保存为 PNG 图片。

（2）使用 TechSmith Snagit 录制安装腾讯 QQ 的屏幕操作视频。

（3）使用 ACDSee 浏览某文件夹中的图片,并将其中你认为最漂亮的一个设置为墙纸。

（4）利用 ACDSee 将自己喜欢的图片制作为屏幕保护程序。

（5）用 VMware Workstation 创建一台虚拟机,并用 Adobe Captivate 将操作过程制作成演示型课件。

（6）用 VMware Workstation 创建一台虚拟机,并用 Adobe Captivate 将操作过程制作成操作演练型课件。

（7）用 VMware Workstation 创建一台虚拟机,并用 Adobe Captivate 将操作过程制作成实践技能考核系统。

（8）用 Adobe Captivate 开发题库系统,要求题库系统中至少包括一道选择题、一道填空题、一道连线题。

2. 选择题

（1）下列文件类型中,哪个不是图片文件? （   ）

    A. BMP   B. JPG   C. PNG   D. TXT

（2）以下参数指标中,哪项指标与图像质量无关? （   ）

    A. 分辨率   B. 图像深度   C. 颜色类型   D. 存放位置

（3）以下工具软件中,哪款工具不具备截图功能? （   ）

    A. Snagit   B. Hyper-Snap   C. Word   D. Captivate

（4）在下列工具软件中,哪款工具不能将操作过程录制成视频文件? （   ）

    A. Snagit   B. Hyper-Snap

    C. QQ 的屏幕截图功能   D. Captivate

3. 简答题

（1）常见图像文件有哪些？各有什么特点？

（2）影响图像质量的参数有哪些？

（3）有哪些图像获取途径？请举例说明。

（4）常用截图工具有哪些？你对哪款截图工具感兴趣？说明理由。

（5）常用录屏工具有哪些？你对哪款录屏工具感兴趣？说明理由。

（6）想对一张照片进行特效处理，可以使用什么软件？

（7）常见的看图软件有哪些？你喜欢哪款看图软件？说明理由。

（8）能将图片转换为屏保的工具有哪些？举例说明。

（9）制作小二寸照片的工具有哪些？举例说明。

第 9 章　多媒体工具

带着问题学

☑ 影响视频或者音频质量的因素大致有哪些？

☑ 流媒体有什么特点？

☑ 如何使用暴风影音的 3D 播放功能看立体电影？

☑ 怎样在线观看电影？

☑ 如何对音、视频文件进行格式转换？

9.1　知识储备

多媒体技术是集声音、视频、图像、动画等各种信息媒体于一体的信息处理技术，它可以接收外部图像、声音、录像及各种其他媒体信息，经过计算机加工处理后，以图片、文字、声音、动画等多种方式输出，实现输入输出方式的多元化。

9.1.1　音质与画质

1. 音质

所谓音质，即声音的质量，是指经传输、处理后音频信号的保真度。目前，业界公认的声音质量标准分为 4 级：即数字激光唱盘 CD-DA 质量，其信号带宽为 10Hz~20kHz；调频广播 FM 质量，其信号带宽为 20Hz~15kHz；调幅广播 AM 质量，其信号带宽为 50Hz~7kHz；电话的话音质量，其信号带宽为 200Hz~3400Hz。

在音响技术中音质包含音高、音调、音色三方面内容：音高指的是音频的强度和幅度；音调指的是音频的频率或每秒变化的次数；音色指的是音频泛音或谐波成分。

谈论某音响的音质好坏，主要是衡量声音的上述三方面是否达到一定的水准，即相对于某一频率或频段的音高是否具有一定的强度，并且在要求的频率范围内、同一音量下，各频点的幅度是否均匀、均衡、饱满，频率响应曲线是否平直，声音的音准是否准确，既忠实地呈现了音源频率或成分的原来面目，频率的畸变和相移符合要求。声音的泛音适中，谐波比较丰富，听起来音色就优美动听。

2. 画质

画质就是画面质量，包括清晰度、锐度、镜头畸变、解析度、色域范围、色彩纯度、色彩平衡等几方面指标。清晰度指影像上各细部影纹及其边界的清晰程度；锐度有时也叫"清晰度"，是反映图像平面清晰度和图像边缘锐利程度的一个指标；镜头畸变实际上是光学透镜固有的透视失真的总称，也就是因为透视原因造成的失真色散度；解析度又叫做分辨频率，解析度越高投射出来的影像也就越清晰；色彩纯度是指色彩的鲜艳程度，视觉能辨认出的有色相感的色，都具有一定程度的鲜艳度；色彩平衡用来控制图像的颜色分布，使图像整体达到色彩平衡，该命令在调整图像的颜色时，根据颜色的补色原理，要减少某个颜色，就增加这种颜色的补色。

9.1.2　常见音视频格式

1. 常见的音频格式

（1）MP3

MP3 可以说是目前最为流行的多媒体格式之一。它是将 WAV 文件以 MPEG2 的多媒体标准进行压缩，压缩后的体积只有原来的 1/10 至 1/12，而音质基本不变。这项技术使得一张碟片上就能容纳十多个小时的音乐节目，相当于原来的十多张 CD 唱片。

（2）音乐 CD

即一般说的 CD 唱片，它在体积上并未压缩，一张 CD 片最多只能播放 74 分钟（约十多首歌曲），与转换为"CD 音质"后的 WAV 文件体积相当。做成音乐 CD，最主要的作用是便于 CD 唱机播放。

（3）WAV 格式

WAV 是微软公司开发的一种声音文件格式，它符合 RIFF Resource Interchange File Format 文件规范，用于保存 Windows 平台的音频信息资源，被 Windows 平台及其应用程序所支持。"*.WAV"格式支持 MSADPCM、CCITT A LAW 等多种压缩算法，支持多种音频位数、采样频率和声道。标准格式的 WAV 文件和 CD 格式一样，也是 44.1K 的采样频率，速率 88K/秒，16 位量化位数。

（4）WMA 格式

WMA 就是 Windows Media Audio 编码后的文件格式，由微软开发。微软声称，在只有 64kbps 的码率情况下，WMA 可以达到接近 CD 的音质。和以往的编码不同，WMA 支持防复制功能，支持通过 Windows Media Rights Manager 加入保护，可以限制播放时间和播放次数甚至于播放的机器等。WMA 支持流技术，即一边读一边播放，因此 WMA 可以很轻松地实现在线广播。由于是微软的杰作，因此，微软在 Windows 中加入了对 WMA 的支持，WMA 有着优秀的技术特征，在微软的大力推广下，这种格式被越来越多的人接受。

（5）OGG 格式

随着 MP3 播放器的流行，MP3 播放器的品牌和厂家越来越多，竞争也越来越激烈，再加上 MP3 手机的压挤，许多上游 MP3 随身听厂商纷纷寻找出路，有的在外观上创新，有的在做工上求精，有的推出众多大容量机型，有的则在解码芯片上做文章，还有的改进解码功能，支持新的文件格式。在众多的新格式当中，OGG 以其免费、开源的特点，赢得了 MP3 播放器厂商的青睐。

2. 常见的视频格式

（1）AVI 格式

它的英文全称为 Audio Video Interleaved，即音频视频交错格式。它于 1992 年被 Microsoft 公司推出，随 Windows3.1 一起被人们所认识和熟知。所谓"音频视频交错"，就是可以将视频和音频交织在一起进行同步播放。这种视频格式的优点是兼容性好、调用方便、图像质量好，可以跨多个平台使用，其缺点是体积过于庞大。

（2）WMV 格式

它的英文全称为 Windows Media Video，是微软推出的一种采用独立编码方式并且可以直接在网上实时观看视频节目的文件压缩格式。WMV 格式的主要优点包括：本地或网络回放、可扩充的媒体类型、部件下载、可伸缩的媒体类型、流的优先级化、多语言支持、环境独立性、丰富的流间关系以及扩展性等。

（3）DAT 格式

当我们打开 VCD 光盘时，会发现在 MPEGAV 目录中存放着类似 MUSIC0l.DAT 或 AVSEQ0l.DAT 的文件。这种文件格式只能在 VCD 机或者是用于播放 VCD 的软件上才能识别，当用户需要对其进行视频编辑时，应先将其转换为 MPG 格式的文件。

（4）SWF/FLV

SWF 是 FLASH 直接生成的动画，而 FLV 是由视频转换而成的 Flash 优化视频。

（5）3GP

3GP 是一种 3G 流媒体的视频编码格式，主要是为了配合 3G 网络的高传输速度而开发的，也是目前手机中最为常见的一种视频格式。

（6）RM 格式

Real Networks 公司制定的音频视频压缩规范称为 Real Media，用户可以使用 Real Player 或 RealOne Player 对符合 RealMedia 技术规范的网络音频/视频资源进行实况转播，并且 Real Media 可以根据不同的网络传输速率制定出不同的压缩比率，从而实现在低速率的网络上进行影像数据实时传送和播放。这种格式的另一个特点是用户使用 Real Player 或 RealOne Player 播放器可以在不下载音频/视频内容的条件下实现在线播放。另外，RM 作为目前主流网络视频格式，它还可以通过其 Real Server 服务器将其他格式的视频转换成 RM 视频并由 Real Server 服务器负责对外发布和播放。

（7）RMVB 格式

这是一种由 RM 视频格式升级延伸出的新视频格式，它的先进之处在于 RMVB 视频格式打破了原先 RM 格式那种平均压缩采样的方式，在保证平均压缩比的基础上合理利用比特率资源，就是说静止和动作场面少的画面场景采用较低的编码速率，这样可以留出更多的带宽空间，而这些带宽会在出现快速运动的画面场景时被利用。这样在保证了静止画面质量的前提下，大幅地提高了运动图像的画面质量，使图像质量和文件大小之间达到了微妙的平衡。

9.1.3　流媒体

流媒体，又叫流式媒体，是指采用流式传输的方式在因特网上播放的媒体格式。流式传输方式是将视频和音频等多媒体文件经过特殊的压缩方式分成一个个压缩包，由服务器向用户计算机连续、实时传送。在采用流式传输方式的系统中，用户不必等到整个文件全部下载完毕后才能看到当中的内容，而是只需要经过几秒钟或几十秒的启动延时即可在用户计算机上利用相应的播放器对压缩的视频或音频等流式媒体文件进行播放，剩余的部分将继续进行下载，直至播放完毕。

流媒体包括声音流、视频流、文本流、图像流、动画流，常见流媒体格式有 RA（实时声音）、RM（实时视频或音频的实时媒体）、RT（实时文本）、RP（实时图像）、SMIL（同步的多重数据类型综合设计文件）、SWF（Flash 动画文件）、RPM（HTML 文件的插件）、RAM（流媒体的元文件，是包含 RA、RM、SMIL 文件地址的文本文件）和 CSF（一种类似媒体容器的文件格式，可以将非常多的媒体格式包含在其中，而不仅仅限于音、视频）。

9.2 暴风影音

暴风影音是北京暴风科技股份有限公司推出的一款视频播放器,该播放器兼容大多数的视频和音频格式。作为领先的在线播放器,拥有强大的技术实力,凭借万能播放、在线高清等优势成为在线视频领域的黑马。暴风影音 5 采用全新架构进行设计研发,在继承此前版本暴风影音强大功能的基础上,提升了启动和使用速度,与以前相比,平均提速 3 倍以上。

9.2.1 在线观看视频

🖋 任务描述

纪录片《舌尖上的中国 2012》在全国各大新闻媒体热播,不仅吸引了无数观众深夜守候,垂涎不止,更让许多人流下感动的泪水。本来,无论从选题还是从播出时间来看,《舌尖上的中国 2012》都只能算是荧屏上的"弱者"。但它却出乎意料地走红荧屏,带给我们超越美食的思考。

网友这样评价《舌尖上的中国 2012》:"不是空洞地宣扬饮食文化的博大精深,而是从美食背后的制作工艺和生产过程入手,配合平常百姓的生活,在情感上引起共鸣。"

王兰兰也想领略这部充满温情的纪录片,她平常是通过 Web 页面来观看在线电影的,看电影的时候有点"顿",视频播放还屡次出现"暂停"。王兰兰希望欣赏《舌尖上的中国 2012》时能流畅无停止播放。王兰兰的愿望能实现吗?

🔧 解决方案

暴风影音独有的 SHD 视频专利技术满足了 1M 带宽用户流畅观看 720P、1080P 高清在线影片的需求,王兰兰可下载并安装暴风影音,用暴风影音搜索并播放《舌尖上的中国 2012》。

🐭 具体操作

1 安装并启动暴风影音,打开"暴风影音"窗口,如图 9-1 所示。

图 9-1 暴风影音窗口

2 单击"在线影视"列表上方的搜索文本框,输入"舌尖上的中国",单击"查询"按钮,如图 9-2 所示。

3 在搜索栏的下方出现查询结果,选择"舌尖上的中国 2012",单击"播放"按钮开始播放影片,如图 9-3 所示。

常用工具软件实训教程

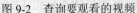

图 9-2　查询要观看的视频　　　　　　　图 9-3　开始播放

4 视频开始从第一集开始连续播放，在播放过程中可以单击窗口下方的"全屏"图标按钮全屏播放，如图 9-4 所示。

图 9-4　正在观看

9.2.2　播放本地视频

任务描述

张萌喜欢看电影，从同学那里拷贝了很多好看的电影，在打开电影时，发现有的电影不能用系统自带的媒体播放器播放。这么多电影，有 DAT 文件、有 RM 文件、有 3GP 文件，还有 MP4 文件，有各种音、视频格式都能播放的播放工具吗？

解决方案

暴风影音是一款"万能"播放工具，内嵌了常见视频格式的解码器，能播放主流音视频文件。

暴风影音还引入左眼技术，该技术对每幅画面每个元素详细分析，准确找到图像中的物体边缘，进行轮廓锐化和纹理重写，提升画面清晰度。使用"左眼"后，画面清晰度提升最高可达 50%。因此，张萌可用暴风影音播放拷贝过来的全部视频，还能提升画面清晰度。

具体操作

1 启动暴风影音，分别单击窗口下方的"播放列表"和"暴风盒子"按钮关闭"播放列表"和"暴风盒子"，如图 9-5 所示。

2 单击视频播放窗口中的"打开文件"按钮，如图 9-6 所示。

3 弹出"打开"对话框，选择想观看的视频文件，然后单击"打开"按钮，如图 9-7 所示。

4 开始播放视频，单击"开启'左眼键'"按钮，如图 9-8 所示。

5 播放窗口出现两个一样的画面，左侧为开启"左眼键"后的画面效果，右侧窗口为开启"左眼键"前的画面效果，如图 9-9 所示。

174

图 9-5　关闭"播放列表"和"暴风盒子"

图 9-6　单击"打开文件"按钮

图 9-7　选择要播放的视频文件

图 9-8　播放视频文件

6 稍等片刻，系统会自动显示左侧画面，单击"全屏"按钮，可全屏观看视频，如图 9-10 所示。

图 9-9　启用"左眼键"功能前后的画面对比

图 9-10　全屏观看视频

9.2.3　看 3D 电影

🖋 任务描述

　　李海江是个电影迷，喜欢到电影院看 3D 电影，但他觉得电影票比较贵，经常去看开销比较大，电影院播放的电影有限，每部电影也有固定的放映日期，错过放映日期后就不能看了。李海江想，要是能在电脑上看 3D 电影就方便多了。李海江的想法能实现吗？

✖ 解决方案

3D 是通过人的左眼和右眼的成像原理来设置的，人眼能够观察到物体是立体的，是因为左右两眼观察到的不同光线反射到眼睛里。暴风影音 5 新增了智能 3D 技术，支持 3D 播放。李海江可借助暴风影音来观看 3D 电影。

🖱 具体操作

（1）开启 3D 效果

1 在播放影片过程中，单击窗口左下角的"工具箱"按钮，如图 9-11 所示。

2 在播放窗口左下角弹出"音视频优化技术"小窗口后，单击"3D"图标按钮，如图 9-12所示。

图 9-11　单击"工具箱"按钮

图 9-12　选择"3D"按钮

3 出现"3D 开关"滑动开关后，拖动滑块，使滑块的状态由"未添加"变成"已开启"，如图 9-13 所示。

（2）开启环绕声效果

1 单击"环绕声"按钮可开启环绕立体声，以期达到影院效果，如图 9-14 所示。

图 9-13　开启 3D 开关

图 9-14　单击"环绕声"按钮

2 出现"环绕声开关"滑动开关后，拖动滑块，使滑块状态由"未添加"变成"已开启"，如图 9-15 所示。

3 设置完成后，带上红蓝眼镜，打开音箱，就可以欣赏到和影院差不多的 3D 电影，如图 9-16 所示。

图 9-15　开启环绕声开关

图 9-16　观看 3D 电影

9.3　PPS 网络电视

PPS 网络电视是全球第一家集 P2P 直播点播于一身的网络电视播放工具。完全免费，无需注册，下载即可使用；能够在线收看电影、电视剧、体育直播、游戏竞技、动漫、综艺、新闻、财经资讯等；播放流畅，由于使用 P2P 传输，越多人看越流畅。

9.3.1　通过网络看电视

📑 任务描述

赵悦是华宁市职业技术学院经济管理系的学生，为了拓宽知识面，提升专业素养，她需要观看财经类的电视节目，学校又没有电视，怎么办呢？

🔧 解决方案

随着互联网和网络电视技术的普及，从中央电视台到地方电视台，都提供了网络电视服务，很多网络媒体也开辟了网络电视栏目，PPS 网络电视正是这样一款网络电视播放工具。赵悦可下载并安装 PPS 网络电视，用 PPS 网络电视来收看财经类的电视节目。

🖱 具体操作

1 安装并启动 PPS 网络电视，单击左侧列表中"正在直播"前的"+"号，如图 9-17 所示。

2 选择"电视直播"，单击"最热"选项卡，选择 "第一财经"频道，单击"播放"按钮，如图 9-18 所示。

图 9-17　打开"正在直播"选项

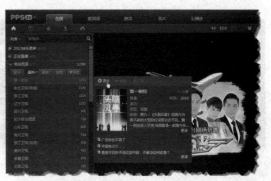
图 9-18　找到"第一财经"频道

3 进入直播画面后，若单击"全屏"按钮可全屏观看节目，如图 9-19 所示。

图 9-19　开始直播

9.3.2　搜索并播放影片

任务描述

朱丹听同事说：电影"十二生肖"讲述的是当年英法联军火烧圆明园，致使很多珍贵文物流落海外，一群爱国人士想法找回十二生肖兽首的故事。无论是科技含量还是成龙的功夫，都是影片的亮点，值得一看。现在已过"十二生肖"的放映期，朱丹还能看"十二生肖"吗？

解决方案

PPS 不仅发布了网络播放工具，也提供电影电视播放服务，包括热播电影和经典老电影。因此，朱丹可通过 PPS 搜索并播放"十二生肖"。

具体操作

1 启动 PPS 网络电视，在左侧搜索栏中输入搜索关键字"十二生肖 成龙"，如图 9-20 所示。

2 搜索结果列出了满足条件的所有频道，双击频道列表中的影片名称，如图 9-21 所示。

图 9-20　搜索电影

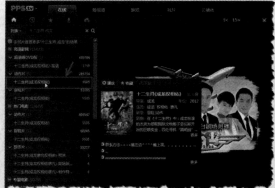

图 9-21　双击电影名称开始播放

3 影片开始播放，单击播放窗口下方的"全屏"按钮可全屏观看，如图 9-22 所示。

图 9-22　影片播放中

9.4　格式工厂

格式工厂（Format Factory）是一款多媒体格式转换工具，可以实现大多数视频、音频以及图像不同格式之间的相互转换。在转换过程中可修复某些损坏的视频，可压缩媒体文件，还具备视频裁剪的功能。

9.4.1　转换视频的格式

任务描述

宋喆就读于新阳职业技术学院信息工程系，是计算机应用专业的班长。辅导员肖老师准备召开一次"集体因我而精彩"的主题班会，他找了一段班级参加运动会时录制的视频资料，但是格式不对，不能嵌入到 PPT 中，让宋喆帮他转换视频格式。肖老师的要求能实现吗？

解决方案

格式工厂支持 MP4、3GP、AVI、MKV、WMV、MPG、VOB、FLV、SWF、MOV、RMVB（RMVB 需要安装 Realplayer 或相关的译码器）、XV（迅雷独有的文件格式）等常见视频格式的相互转换。

具体操作

1 启动格式工厂，单击"视频"列表中的"->AVI"图标按钮，如图 9-23 所示。

2 打开"->AVI"对话框，单击"添加文件"按钮，如图 9-24 所示。

3 弹出"打开"对话框，选择要转换格式的视频文件，单击"打开"按钮，如图 9-25 所示。

4 返回"->AVI"对话框后，单击"改变"按钮，如图 9-26 所示。

5 弹出"浏览"对话框，选择转换完成后文件的存储位置，单击"确定"按钮，如图 9-27 所示。

6 返回"->AVI"对话框，单击"确定"按钮，如图 9-28 所示。

7 返回"格式工厂"窗口，单击窗口下方的"点击开始"按钮，如图 9-29 所示。

8 转换过程需要一段时间，请耐心等待，如图 9-30 所示。

常用工具软件实训教程

图 9-23　选择转换的文件格式

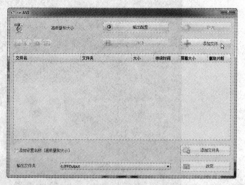

图 9-24　单击"添加文件"按钮

图 9-25　选择要转换的视频文件

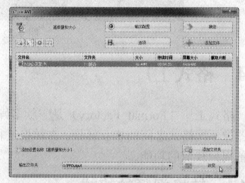

图 9-26　改变输出文件夹

图 9-27　选择输出文件夹

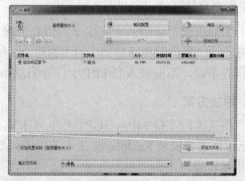

图 9-28　完成参数设置

图 9-29　开始格式转换

图 9-30　格式转换中

180

9 转换完成后，单击"输出文件夹"按钮，如图 9-31 所示。

10 打开输出文件夹，即可看到已经转换好格式的视频文件，如图 9-32 所示。

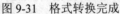

图 9-31　格式转换完成

图 9-32　转换好的视频文件

9.4.2　音频合并

任务描述

王彤是学院学生会文艺部成员，学院要开新年联欢会，她负责准备所有节目的伴奏带。有两个同学报名的节目是歌曲联唱，为了有一个更好的演出效果，需要事先将两首歌曲的伴奏曲目合并为一个音频文件。

解决方案

格式工厂支持音频合并和视频合并，王彤用格式工厂就可以将两首歌曲的伴奏曲目合并为一个音频文件。

具体操作

1 启动格式工厂，单击"高级"列表中的"音频合并"图标按钮，如图 9-33 所示。

2 弹出"音频合并"对话框后，单击"添加文件"按钮，如图 9-34 所示。

图 9-33　单击"音频合并"图标按钮

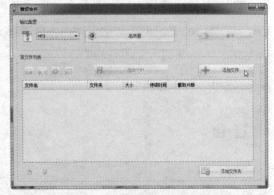

图 9-34　单击"添加文件"按钮

3 弹出"打开"对话框后，选择要合并的音频文件，单击"打开"按钮，如图 9-35 所示。

4 返回"音频合并"对话框后，单击"确定"按钮，如图 9-36 所示。

图 9-35　选择要合并的音频文件

图 9-36　添加文件完毕

5 返回"格式工厂"窗口后，单击工具栏中的"开始"按钮开始音频文件的合并，如图 9-37 所示。

音频文件开始合并，请耐心等待，如图 9-38 所示。

图 9-37　音频文件开始合并

图 9-38　音频文件正在合并

6 合并完成后，单击"输出文件夹"按钮，如图 9-39 所示。

7 打开输出文件夹后，查看合并后的音频文件，如图 9-40 所示。

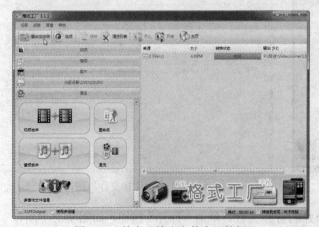

图 9-39　单击"输出文件夹"按钮

图 9-40　合并后的音频文件

9.5 项目实战

1. 播放工具横向测评

（1）背景资料

暴风影音、快播、百度影音等都是比较流行的播放工具，被称为万能播放器播放工具的KMPlayer 也颇受用户喜欢。在辽东铁路运输学校计算机网络专业学习的萧梦雪希望能搞清这些播放工具有哪些功能，各有什么特点，支持哪些媒体文件，占用多少资源，为此萧梦雪决定对暴风影音、快播、百度影音和 KMPlayer 四款工具进行横向评测。

（2）项目实战

请结合背景资料对暴风影音、快播、百度影音和 KMPlayer4 款工具做一个横向评测，同时填写"实训报告单"，并填写"表 9-1 播放工具横向测评结果一览表"。

表 9-1　播放工具横向测评结果一览表

功能列表	暴风影音	快 播	百度影音	KMPlayer
支持 AVI				
支持 RMVB				
支持 MPG				
支持 MPEG				
支持 M2TS				
支持 MkV				
支持 VOB				
支持 ASF				
支持 3D 电影				
系统资源占用				
用户资源占用				
GDI 资源占用				
CPU 占用				
内存占用				

2. 手机视频格式转换

（1）背景资料

在南屏职业技术学校上学的李小璐比较喜欢看电视，最近她迷上了热播剧《赵氏孤儿案》，但是，在校期间她没有看电视的条件，只能等到周六日回家看。后来李小璐从网上下载了整部电视连续剧，将电视连续剧复制到手机上，准备用手机看电视，结果无法观看。

（2）项目实战

请从互联网下载你所喜欢的电视连续剧，用格式工厂将下载的视频文件转换为手机能用的视频格式，然后将转换后的视频文件复制到手机上，用手机测试所转换的视频能否观看，在进行项目实战的同时填写"实训报告单"。

9.6　课后练习

1. 选择题

(1) 使得多媒体信息可以一边接收、一边处理，很好地解决了多媒体信息在网络上的传输问题的是下列哪项技术（　　）。

　　A. 多媒体技术　　　　B. 流媒体技术　　　　C. ADSL 技术　　　　D. 智能化技术

(2) 以下哪项不是常见的声音格式（　　）。

　　A. JPEG 文件　　　　B. WAV 文件　　　　C. MIDI 文件　　　　D. MP3 文件

(3) 关于流媒体的说法正确的是（　　）。

　　A. 流媒体是指在因特网或者局域网中使用流式传输技术，由媒体服务器向用户实施传
　　　　送音频、视频或多媒体文件

　　B. 只有视频才有流媒体

　　C. 多媒体与流媒体是同时发展的

　　D. 多媒体就是流媒体

(4) 以下哪项是常见的多媒体元素（　　）。

① 文本　② 音频　③ 图形图像　④ 视频与动画

　　A. ①②③④　　　　　B. ③　　　　　　　C. ①②　　　　　　　D. ④

(5) 多媒体信息不包括（　　）。

　　A. 音频、视频　　　B. 动画、影像　　　C. 声卡、光盘　　　D. 文字、图像

(6) 在下列软件中，能够实现音频格式转换的工具是（　　）。

　　A. Windows 录音机　　　　　　　　　B. 格式工厂

　　C. RealOne Player　　　　　　　　　　D. Windows Media Player

(7) 以下关于视频文件格式说法错误的是（　　）。

　　A. MOV 文件不是视频文件

　　B. MPEG 文件格式是运动图像压缩算法的国际标准格式

　　C. AVI 文件是 Microsoft 公司开发的一种数字音频与视频文件格式

　　D. RM 文件是 Real Networks 公司开发的流式视频文件

2. 判断题

(1) 音质的三要素是音高、音调和音色（　　）。

(2) 暴风影音支持边下载边播放（　　）。

(3) 暴风影音的左眼功能可以实现播放 3D 电影（　　）。

(4) 格式工厂只能对音频文件进行合并，不能对视频文件进行合并（　　）。

(5) 百度影音即可以播放本地文件也可以在线播放视频（　　）。

3. 简答题

(1) 常见的音频格式有哪些？

(2) 常见的视频格式有哪些？

(3) 流媒体的特点是什么？

(4) 什么是网络电视？

(5) 网络电视依托的主要技术有哪些？

(6) 谈一谈你所知道的网络电视网站和软件。

第 10 章　PDF 工具

带着问题学

☑ PDF 为什么能成为当前流行的电子书?

☑ 为什么在 Windows 系统下创建的 PDF 能在 IPAD 上阅读?

☑ 可以在 PDF 文档上做批注、修改或笔记吗?

☑ 可以在 PDF 文档上签名吗? 如果可以,具体操作步骤是什么呢?

☑ 可以限制别人复制 PDF 文档中的文字吗? 如果可以,具体操作步骤是什么呢?

☑ 可以限制别人打印 PDF 文档吗? 如果可以,具体操作步骤是什么呢?

☑ 能将 PDF 转换为文本吗?

☑ 有朗读文本的工具吗?

10.1　知识储备

电子书是指将文字、图片、声音、影像等数字化的出版物,以及植入或下载数字化的文字、图片、声音、影像等集存储介质和显示终端于一体的手持阅读器。与纸质阅读相比,电子书阅读更方便,也不占空间,随着移动智能终端的普及,电子阅读的兴起导致纸质阅读大量减少。

10.1.1　主流电子书格式

(1) EXE 电子书

EXE 文件是一种可执行文件,EXE 文件之所以流行是因为阅读方便,不需要安装阅读工具,缺点是容易感染病毒,多数 EXE 电子书不支持 Flash 和 Java 及常见的音频视频文件。

(2) TXT 电子书

TXT 是文本文件格式,现在的网络小说多数都是 TXT 电子书,它是被普遍应用到电子产品中的文件格式,无论是手机还是平板电脑,无论采用哪种操作系统,无需另装软件就可以阅读,缺点是格式单一,不支持图像、视频、音频等数字媒体。

(3) CHM 电子书

CHM 实际上是微软 1998 年推出的基于 HTML 文件特性的帮助文件系统,称作"已编译的 HTML 帮助文件"。支持被 IE 浏览器所支持的 JavaScript、VBScript、ActiveX、Java Applet、Flash、常见图形文件 (GIF、JPEG、PNG)、音频视频文件 (MID、WAV、AVI) 等格式。

(4) HLP 电子书

HLP 文件格式是早期的操作系统所使用的帮助文件系统,随着微软 CHM 帮助文件系统的推出和操作系统的发展,HLP 已逐渐淡出市场。

(5) PDF 电子书

PDF 文件格式是美国 Adobe 公司开发的电子读物文件格式,是一种比较正规的电子书格式，PDF 的优点在于这种格式的电子读物美观、便于浏览、安全性很高。

（6）WDL 电子书

WDL 是北京华康公司开发的一种电子读物文件格式，需要使用该公司专门的阅读器 DynaDoc Free Reader 来阅读。

（7）CAJ 电子书

CAJ 由清华大学光盘国家工程研究中心学术电子出版物编辑部和北京清华信息系统工程公司编辑制作。对于读者来说，访问"中国期刊网"的"全文数据库"，在查找到特定的文章后可以下载相应的 CAJ 文件。该电子书需要使用 CAJ 文件阅读器 CAJViewer 在本机阅读。

（8）PDG 电子书

PDG 是北京世纪超星公司拥有的自主知识产权的图文资料数字化技术（PDG），需要专用阅读软件——超星图书阅览器（SSReader）。

（9）HTML 电子书

HTML 是静态网页格式的电子书，可用浏览器打开。

（10）UMD 电子书

UMD 格式原先为诺基亚手机操作系统支持的一种电子书的格式，阅读该格式的电子书需要在手机上安装相关的软件。不过现在的很多 JAVA 手机下载阅读软件后也可以看。

（11）JAR 电子书

JAR 是一种与平台无关的文件格式，以流行的 ZIP 文件格式为基础，安装 JAVA 之后可以打开阅读。

10.1.2 PDF 文档

PDF 是 Portable Document Format（便携文件格式）的缩写，是一种电子文件格式，由 Adobe 发明，现在已成为国际标准。如今，从国际学术会议要求提交的论文格式到网络上的电子出版物，PDF 格式已成为网络时代文件格式的主流，PDF 到底具有什么样的优势呢？一是因为 PDF 文件小，可压缩比率大，具有高度的便携性。二是因为 PDF 支持跨平台上的，多媒体集成的信息出版和发布，尤其是提供对网络信息发布的支持。也就是说，PDF 文件不管是在 Windows，Unix 还是在苹果公司的 Mac OS 操作系统中，以及手机上的 Android 系统，都是通用的，兼容性极强。三是 PDF 安全性极高，既可以口令（密码）加密，也可以证书加密，还可以对 PDF 进行权限控制，企业甚至可以结合服务器做企业级的安全控制。PDF 文档具有如下特点：

（1）PDF 文件支持 7 位 ASCⅡ码和二进制码两种编码方式，可以正确地在各种网络环境下进行传输。

（2）支持交互操作。PDF 包含了交互表单和超链接等交互对象。

（3）支持声音、动画。

（4）支持对页面内容的随机存取，提高了页面的各种操作速度。

（5）支持不断追加的修改方式，以便于少量修改和提高效率。

（6）支持多种压缩编码方式，文件结构更加紧凑。

（7）字体无关性。PDF 文件中可以自带字库描述信息，以便于在用户系统缺乏所需字体的情况下，仍然能够保证文档的正确显示。

（8）平台无关性。PDF 文件具有软、硬件的平台独立性。这个特点非常适合于网络传递中的信息交换，以免除乱码的苦恼。

（9）安全性控制。PDF 文件支持各种不同级别的安全性控制，这种安全性控制对于保护电子出版物的版权是非常重要的，我们可根据各种不同电子出版物的安全性要求来进行不同级别的安全设置。

10.2　阅读与管理

10.2.1　PDF 阅读工具——Adobe Acrobat Reader

Adobe Reader（也被称为 Acrobat Reader）是美国 Adobe 公司开发的一款 PDF 阅读工具。虽然用户不能用 Adobe Reader 创建 PDF，但是可以使用 Adobe Reader 查看、打印和管理 PDF。

📝 任务描述

平原市职业教育中心方天成老师正在编写名为"常用工具软件实训教程"的教材，方老师把初稿存为 PDF 格式，并找来 10 多名学习比较认真的学生校对书稿，一方面可以锻炼学生的编辑能力，从中获得新知识；另一方面，学生可以帮他找出其中的错别字和病句，并以学生的角度对书稿的难度提出建议，采取何种方式校对文稿呢？直接在 Word 原稿中修改，一是怕学生忘记采用修订模式，修改位置标注不清，二是怕改动地方较多，尤其是结构性调整，即使采用修订模式，也会非常凌乱。方老师也尝试过将文稿打印出来让学生校对，又担心手写字迹不易辨认且不低碳环保。请你帮助方老师解决眼前的问题。

🔧 解决方案

用 Adobe Reader 阅读 PDF 文档，不仅具有纸版书的质感和阅读效果，还可直接添加各种形式的批注，如文本涂成高亮状态、附加文件、录音等批注功能，堪称最佳校对方式。Adobe Reader 还具有朗读功能，用户可先"听"文稿再批阅，如图 10-1 所示。方老师可以将书稿存为 PDF 文档，分发给学生，学生可借助电脑、手机或平板电脑等智能设备校对文稿，将修改意见以批注的形式添加到 PDF 文档，既清晰又方便。

图 10-1　用 Adobe Reader 朗读文本

🖱 具体操作

（1）阅读 PDF 文档

Adobe Reader 安装完成后，双击 PDF 文件即可启动 Adobe Reader 并打开 PDF 文档（本例为方老师的书稿），可以在工具栏输入页码跳转到指定页面，通过缩放图标，调整视图大小，如图 10-2 所示。

（2）页面缩略图

单击 Adobe Reader 窗口左侧的"页面缩略图"图标，用户可通过页面缩略图定位页面，如图 10-3 所示。

图 10-2　阅读 PDF 文稿　　　　　　　　图 10-3　用页面缩略图定位页面

（3）文档注释

单击工具栏图标右侧"注释"文字按钮，可为 PDF 文档添加各种形式的批注，"批注"栏的图标依次为"添加附注"、"高亮文本"、"添加文本注释"、"附加文件"、"录音"、"添加图章"、"在指针位置插入文本"、"添加附注至替换文本"、"删除线"、"下划线"、"添加附注到文本"、"文本更正标记"，通过这些批注工具，用户可以在 PDF 文稿上做笔记、做批注、批阅文章、校对文稿。

单击"批注"栏里的"添加附注"图标，可以将添加附注图标放置到文中需要批注的位置后出现附注框，在附注框中输入附注内容即可，如图 10-4 所示。

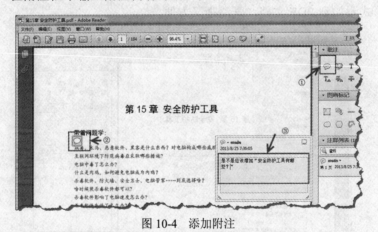

图 10-4　添加附注

（4）注释回复

Adobe Reader 具有批注回复功能，在"批注"栏里面的 12 种批注和 11 种"图画标记"，多数注释都可以回复，Adobe Reader 还支持嵌套回复，也就是说，人们可借助进行在线或离线集体研讨。

右击需要回复的注释，在右键菜单中选择"回复"，如图 10-5 所示。出现回复框，输入回复内容，如图 10-6 所示。

图 10-5　回复注释

图 10-6　输入回复内容

（5）校对书稿

书稿校对其实是批注的一种，在 PDF 文档中，可用"高亮文本"、"在指针位置插入文本"、"添加附注至替换文本"、"删除线"、"下划线"、"文本更正标记"等工具校对 PDF 文档，如图 10-7 所示。

图 10-7　校对文档

（6）保存注释

尽管 Adobe Reader 没有编辑功能，但可以保存为 PDF 所做的注释，直接保存 PDF 或改名保存，注释会随文档保存，供此后查阅，如图 10-8 所示。

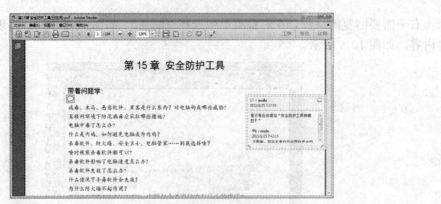

图 10-8　注释随文档一起保存

（7）电子签名

Adobe Reader 支持电子签名，单击工具栏中的"签名"文字按钮，出现"放置签名"对话框后，在"绘制您的签名"图形框中可以绘制自己的签名，单击"接受"按钮完成绘制，如图 10-9 所示。将绘制签名放置到文档中的合适位置，如图 10-10 所示。

图 10-9　绘制签名

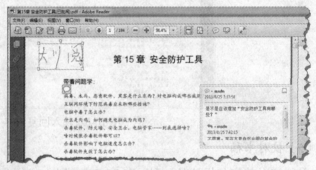

图 10-10　放置签名

退出 Adobe Reader 时会提示已添加签名，是否需要完成更改的对话框，单击"确认"按钮确认更改，如图 10-11 所示。此后每次打开该 PDF 文档时，签名都会出现在指定位置，如图 10-12 所示。

★注意　如果文档有注释信息，放置签名后注释列表将被清空，不但添加的注释文本，高亮文本等备注信息也会被清除。

图 10-11　确认签名

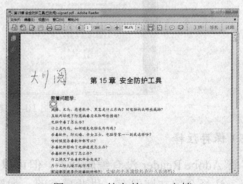

图 10-12　签名的 PDF 文档

10.2.2 PDF 文档书签管理（Adobe Acrobat Pro）

Acrobat 家族的最新产品包括：Acrobat XI Pro、Acrobat XI Standard 及 Adobe Reader XI，分别是专业版、标准版和免费版 PDF 工具。提供了与 Microsoft Office 格式相互转换的功能，用户可以轻易地在 PDF、DOC、XLS 或 PPT 等格式间进行转换。同时支持云端功能，可以将文档储存在 Microsoft SharePoint 服务器、Office 365 服务器和 Acrobat.com 云端服务器。此外整合了专为平板电脑和移动装置设计的多项功能，用户可以轻松地在智能型手机和平板电脑上进行触控操作。

任务描述

"常用工具软件实训教程"是平原市职业教育中心方天成老师花费一年多心血编写的教材，该教材采用"知识性与技能性相结合"的模式，体现理论的适度性，实践的指导性，应用的完整性；方天成老师计划将自己编写的《常用工具软件实训教程》初稿存为 PDF 格式分发给自己学生，让学生校对其中的错别字及病句，并站在应用的立场评价该教材，以便在出版之前及时改进。方老师发现自己的 PDF 文档没有目录树导航，靠缩略图或网页定位文档很不方便，请你按章、节、小节形成具有导航功能的目录树。

解决方案

方法 1：将 Office 文档另存为 PDF 文档过程中，出现"另存为"对话框后，选择"PDF"为"保存类型"，此时单击"选项"按钮，出现"选项"对话框后勾选"创建书签时使用"并选择"标题"，如图 10-13 所示。

按照此种方法保存的 PDF 文档和其他正规电子读物一样，展开书签后即可看见目录树，如图 10-14 所示。

图 10-13 勾选创建书签时使用标题

图 10-14 带有书签的 PDF

方法 2：使用 Adobe Acrobat Pro 为 PDF 文档创建书签，Adobe Acrobat Pro 支持书签管理功能，包括添加/剪切/删除书签，利用 Adobe Acrobat Pro 的书签管理功能也可以满足方老师的要求。

具体操作

1 选中用做书签的标题，右击该标题，在右键菜单中选择"添加书签"，如图 10-15 所示。

2 窗口左侧出现"书签"折叠窗口后，在书签窗口修正书签名，如图 10-16 所示。

3 依此类推添加所有书签后，此时书稿中的章、节和小节都为同级书签，需要将其整理为按章、节和小节分级的树状书签。先剪切用来做第 3 级（本例中的最后一级）的书签，如图 10-17 所示。

4 选定并右击上一级书签（本例中第 2 级），在右键菜单中选择"粘贴在选定的书签下"，如图 10-18 所示。

5 依此类推，将书签按章、节、小节整理成树状书签，如图 10-19 所示。

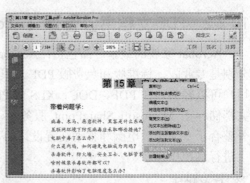

图 10-15　添加书签菜单项

图 10-16　修正书签名

图 10-17　剪切书签

图 10-18　将剪切的书签粘贴在选定的书签下

图 10-19　将书签整理成树状书签

10.2.3　PDF 文档访问权限设置（Adobe Acrobat Pro）

📝 任务描述

"常用工具软件实训教程"凝聚了方天成老师许多心血，他担心核对过程中被人复制或打印，请你帮助方老师控制 PDF 权限，让学生只能用电脑看，不能复制或打印，以保护他的知识产权。

🔧 解决方案

PDF 文档突出特点之一就是安全性高，通过 PDF 的安全性选项，可以控制客户在阅读 PDF 文档时是否允许访问、编辑和复制 PDF 文档中的内容，或限制用户打印文档。方老师可分别用"权限"口令和"打开"口令来管理用户访问权限。其中"权限"口令是主口令，可以控制用户能否打印、编辑或复制文档。"打开"口令决定用户能否访问 PDF 文档。

具体操作

1 用 Adobe Acrobat Pro 打开 PDF 文档，然后依次单击"文件"菜单→"属性"，如图 10-20 所示。

图 10-20 属性菜单项

2 出现"文档属性"对话框后，在"安全性方法"下拉菜单中选择"口令安全性"，如图 10-21 所示。

3 出现"口令安全性-设置"页面后，勾选"要求打开文档的口令"，并在"文档打开口令"文本框中设置打开该 PDF 文档所需要的口令。勾选"限制文档编辑和打印，改变这些许可设置需要口令"，将"允许打印"设置为"无"，将"允许更改"设置为"无"，取消"启用复制文本、图像和其他内容"选择，在"更改许可口令"文本框中设置"权限"口令，如图 10-22 所示。

图 10-21 选择口令安全性

图 10-22 PDF 访问权限设置

4 出现"确认文档打开口令"对话框后，再次输入打开口令，如图 10-23 所示。

5 出现提示对话框，Adobe 所有产品都会强制执行"许可口令"所设置的各种操作限制，但并非

图 10-23 确认文档打开口令

所有第三方产品都支持和遵守这些设置，其含义就是，即便使用口令限制了 PDF 文档的访问权限，仍有第三方产品可不受限制地打开该 PDF 文档，单击"确定"继续，如图 10-24 所示。

6 出现"确认文档许可口令"对话框后，再次输入"许可口令"，单击"确定"按钮继续，如图 10-25 所示。

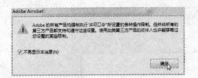

图 10-24 权限设置对第三方 PDF 工具而言可能无效

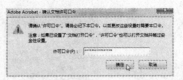

图 10-25 确认许可口令

7 回到"文档属性"对话框后，单击"确定"按钮完成访问权限设置，如图 10-26 所示。

8 关闭该 PDF 文档后，再次打开该 PDF 文档，弹出"口令"对话框，提示该文档被保护，输入口令后，才能打开文档，如图 10-27 所示。

图 10-26 完成访问权限设置

图 10-27 必须输入文档打开口令才能打开文档

9 选中文档内容，单击"编辑"菜单，此时"剪切"、"复制"、"粘贴"、"删除"等菜单项均为灰色，说明文档内容不能修改，不能复制，如图 10-28 所示。

10 单击"文件"菜单，此时"打印"菜单项也是灰色状态，表示没有文档打印权限，如图 10-29 所示。

图 10-28 检验文档内容能否被复制

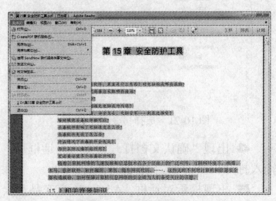

图 10-29 检验文档能否被打印

10.2.4　PDF 文档数字证书加密（Adobe Acrobat Pro）

📎 任务描述

经过反复修改的《常用工具软件实训教程》一书终于定稿并准备发给出版社，方天成老师担心书稿在传输过程中被截取，因为网上出现了不少破解 PDF 口令的工具，使 PDF 文档安全性大大降低。你能让方老师的文稿更安全吗？

🛠 解决方案

互联网上出现了不少 PDF 密码破解工具，如图 10-30 所示，使一些人可以不受"许可口令"的限制，如图 10-30 所示，而数字证书加密的安全性要比口令加密高很多，很难破解。方老师可使用证书加密文档并验证数字签名，只有使用方老师提供的证书和密码才能打开文档。也就是说，即使有人截取到方老师的 PDF 文档，没有证书和密码，也无法打开文档。

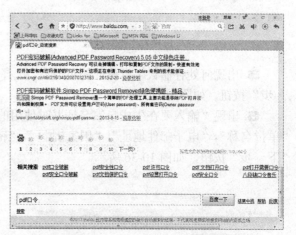

图 10-30

🖱 具体操作

1 用 Adobe Acrobat Pro 打开 PDF 文档，然后依次单击"文件"菜单→"属性"，出现
"文档属性"对话框后，在"安全性方法"下拉菜单中选择"证书安全性"，如图 10-31 所示。

2 出现"证书安全性设置"对话框后，在"加密算法"下拉菜单中选择"256-bit AES"
（256 位 AES 加密算法），如图 10-32 所示。

图 10-31　选择证书安全性

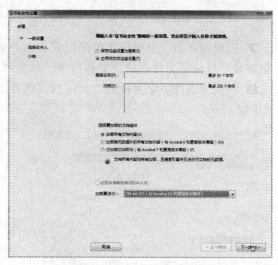

图 10-32　证书安全性设置

3 出现选择数字身份证页面后，单击"添加数字身份证"按钮，如图 10-33 所示。

4 出现"添加数字身份证"对话框后，选择"我要立即创建的新数字身份证"，单击"下一步"按钮继续，如图 10-34 所示。

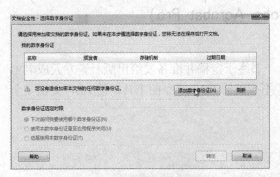

图 10-33　选择数字身份认证　　　　　　图 10-34　选择我要立即创建的新数字身份证

5 出现何处存储数字身份证的页面后，选择"新建 PKCS#12 数字身份证文件"，单击"下一步"按钮，如图 10-35 所示。

6 出现"输入要在生成自签名证书时使用的身份信息"页面后，输入"名称"、"部门"、"单位名称"、"电子邮件地址"、"国家/地区"、"密钥算法"、"数字身份证用于"等信息，单击"下一步"按钮，如图 10-36 所示。

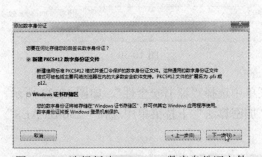

图 10-35　选择新建 PKCS#12 数字身份证文件　　图 10-36　输入要在生成自签名证书时使用的身份信息

7 出现输入数字身份证文件的位置和口令页面后，分别在"文件名"和"口令"文本框中指定数字身份证文件存放位置和口令，单击"完成"按钮，如图 10-37 所示。

8 回到"选择数字身份证"页面后，选择刚创建的数字身份证，单击"确定"按钮，如图 10-38 所示。

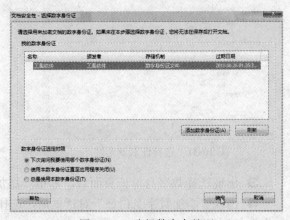

图 10-37　指定数字身份证文件存放位置和口令　　　图 10-38　选择数字身份证

9 回到"证书安全性设置"页面,单击"下一步"按钮,如图 10-39 所示。

10 出现"小结"页面,单击"完成"按钮结束 PDF 文档数字证书加密,如图 10-40 所示。

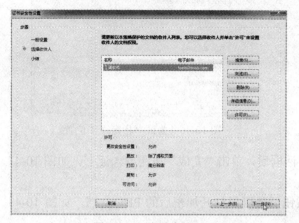

图 10-39　选择收件人

图 10-40　完成 PDF 文档数字证书加密

11 完成 PDF 文档数字证书加密后,弹出"Acrobat 安全性"提示框,表示安全性设置只有保存文档之后才生效,单击"确定"按钮,如图 10-41 所示。

12 接收到用数字身份证加密的 PDF 文档后,如果没有导入数字身份证书,出现提示信息,无法打开文档,如图 10-42 所示。

图 10-41　安全性设置只有保存文档之后才生效

图 10-42　没有数字身份证书无法打开加密的 PDF 文档

13 双击数字证书文件,出现"证书导入向导"对话框后,单击"下一步"按钮,如图 10-43 所示。

14 出现"要导入的文件"页面后,指定要导入的文件,单击"下一步"按钮,如图 10-44 所示。

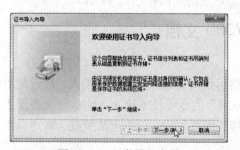

图 10-43　证书导入向导

图 10-44　指定要导入的文件

15 出现"密码"页面后,输入发件人提供的数字证书密码(数字证书的口令),单击"下一步"按钮,如图 10-45 所示。

16 出现"证书存储"页面后,为证书指定存储位置,单击"下一步"按钮,如图 10-46 所示。

图 10-45　输入数字证书的密码　　　　　　　　图 10-46　为证书指定存储位置

17 出现"正在完成证书导入向导"对话框后，单击"完成"按钮导入证书，如图 10-47 所示。

18 证书导入成功后，单击"确定"按钮后就可以打开加密后的 PDF 文档，如图 10-48 所示。

图 10-47　完成证书导入向导　　　　　　　　图 10-48　成功导入数字证书

10.3　OCR 识别

Readiris 是一款光学识别（OCR）工具，也就是将 PDF 文件和图片文件中的字符识别成可以编辑的文字，Readiris 还具有扫描功能，可以把纸张扫描成图片再识别。Readiris 拥有丰富的字库，可以识别中文、英文在内的多种文字，文字识别的正确率达到 98%以上。

10.3.1　将 PDF 文档转换为可编辑的 WORD 文档

任务描述

惠宁市职业教育中心的胡志军老师是杂志《网络运维与管理》的特约撰稿人，最近胡老师正准备撰写一篇题为"Ghost 技术在机房管理中的应用"的专业技术论文，他从网上找了不少关于 Ghost 克隆的文档，这些文档多数是由网友扫描的图片生成，根本无法复制，难道只能手动录入文档中的内容吗？

解决方案

在日常工作中经常需要图片版 PDF 文档转换为 Word 格式或文本格式，便于编辑。需要使用文字识别（OCR）工具进行识别处理，一般扫描仪自带 OCR 软件，也有独立的 OCR 工具，例如，Readiris Corporate 就是一款优秀的 OCR 工具。借助 Readiris Corporate，胡老师可将网友扫描的图片版 PDF 文档转换为可编辑的 Word 文档或文本文件。

🖱 **具体操作**

1 安装并运行 Readiris Corporate，出现"Readiris"窗口后，单击 "从文件"图标按钮，如图 10-49 所示。

2 出现"输入"对话框后，选择要转换的 PDF 文档，单击"打开"按钮，如图 10-50 所示。

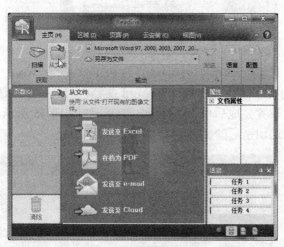

图 10-49　从文件图标按钮

图 10-50　选择 PDF 文档

3 Readiris Corporate 在载入页面过程中，会自动分析 PDF 文档中的所有页面。在本例中，胡老师需要转换的是一篇名为《RAID 服务器 Ghost 探讨》的 PDF 文档，这篇文档来自于杂志的扫描文稿，杂志分三栏排版，Readiris Corporate 的对该文档的分析结果却是一栏，因此胡老师需要手动设置区域，不能按照自动分析的结果转换。单击"区域"菜单，再单击"选择区域"按钮，如图 10-51 所示。

4 此时可选择区域逐个删除，也可以选择"删除所有区域"，单击图标按钮"删除所有区域"，清除当前分析结果，如图 10-52 所示。

图 10-51　选择区域图标按钮

图 10-52

5 单击 "文本"图标按钮，然后根据需要选择需要识别的文本。在本例中，标题、摘要和关键词等没有分栏，可以选作一个区域，正文内容分三栏，分别选做三个区域，如图 10-53 所示。

6 单击"主页"菜单，然后单击文本框"选择输出格式"，如图 10-54 所示。

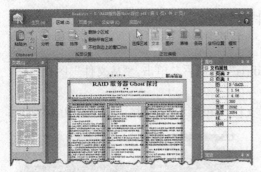

图 10-53　按区域选择需要识别的文本　　　　　　　图 10-54　单击输出格式文本框

7 出现"输出"对话框后，选择输出格式。Readiris Corporate 支持 PDF、文本、Word、Excel 等多种输出格式，在本例中，将识别的文本保存为可编辑的 Word 文档，因此，本例选择的是"Microsoft Word 2007,2010(*.docx)"，设置完成后单击"确定"按钮，如图 10-55 所示。

8 单击图标按钮"发送"即可保存并发送识别后的文档，如图 10-56 所示。

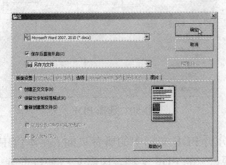

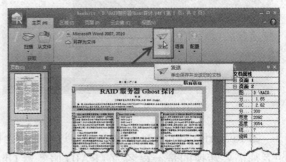

图 10-55　选择输出格式　　　　　　　　　　　　图 10-56　发送图标按钮

9 出现"输出文件"对话框后，指定文件保存位置和文件名，然后单击"保存"按钮，如图 10-57 所示。

10 用 Word 打开转换的文档，查看转换效果，可以清楚地发现该 Word 文档中不是插入的图片，而是文本，如图 10-58 所示。

图 10-57　指定文件保存位置和文件名　　　　　　图 10-58　查看识别出来的文字

虽然 Readiris Corporate 有较强的识别能力，但是它在识别中英文结合的稿件、全角半角结合的稿件、带有杂点的文字的时候，可能出现识别错误。

10.3.2 将图像文件转换为可编辑的 Word 文档

📝 任务描述

曾国藩是晚清一位极具争议的人物，既有中兴名臣的美称，又有"卖国贼"的恶名，可谓毁誉参半，褒贬不一，无论欣赏他的人还是鄙视他的人都对他的家书推崇备至。在松江市和平区机场路街道办事处工作的韩文常也喜欢看曾国藩家书，他从网上找到了绘制精细的图文版曾国藩家训，并把曾国藩家训制作成屏保。现在他想把曾国藩家训转换成文字版的 Word 文档，以便排版打印，怎样才能将图片中的文字转换成可编辑的 Word 文档呢？

🔧 解决方案

Readiris Corporate 作为一款优秀的文字识别软件，不仅可以识别 PDF 文档中的文字，也支持各类图像文件中的文字识别，如 TIF、BMP、PCX、DCX、PNG、JPG、J2C、JP2、DJV 等。因此，韩文常可用 Readiris Corporate 将图像文件转换成可编辑的 Word 文本或其他文件。

🖱 具体操作

1 用 Readiris Corporate 打开需要转换的图像文件，从网站下载下来的图像文件的分辨率一般比较低，因此，在打开图像文件过程中，Readiris 会弹出提示对话框，提示："要获得最佳的字符品质，分辨率至少达到 300dpi"。忽略此提示单击"确定"按钮，如图 10-59 所示。

2 打开图像文件后，右击需要删除的区域，在右键菜单中依次选择 "区域"→"删除"。按照此方法删除所有不需要转换的区域，如图 10-60 所示。

图10-59 分辨率至少达到300dpi才能获得最佳字符品质

图10-60 删除多余区域

3 单击"选择输出格式"文本框，如图 10-61 所示。

4 出现"输出"对话框后，选择 RTF 输出格式，并选择"重新创建源文件"，单击"确定"按钮，如图 10-62 所示。

图 10-61 选择输出格式文本框

图 10-62 选择输出格式

5 设置好输出格式后，单击图标按钮"发送"即可保存并发送转换后的文件，如图 10-63 所示。

6 用 Word 打开转换后的文档，查验识别后的文字，如图 10-64 所示。

图 10-63 保存并发送转换后的文件

图 10-64 查验识别后的文字

10.4 项目实战

1. 背景资料

杨玉琦在青龙地区职业中等专科学校学习，他明年准备参加对口升学考试，他想用电脑摄像头（高清）将《2013 年鲁东省普通高等学校对口招生考试基本要求及考试大纲》（后称《大纲》）拍成照片，制成 PDF 电子书，复制到手机上，随时阅读。

2. 项目实战

请仿照背景材料的内容，将手上的《常用工具软件实训教程》制作成 PDF 电子书，同时填写"实训报告单"。

10.5　课后练习

1. 课后实践

（1）请将你现在使用的教材做成 PDF 电子书，要求带树形的导航目录。

（2）用手机或数码相机将计算机教室内的"计算机教室管理守则"拍成图片，然后用 OCR 识别工具将图片文件转换成文本文件。

2. 简答题

（1）为什么在 Windows 系统下创建的 PDF 能在 IPAD 上阅读？

（2）可以在 PDF 文档上做批注、修改或者笔记吗？

（3）可以在 PDF 文档上签名吗？如果可以，具体操作步骤是什么？

（4）可以限制别人复制 PDF 文档中的文字吗？如果可以，具体操作步骤是什么？

（5）可以限制别人打印 PDF 文档吗？如果可以，具体操作步骤是什么？

（6）能将 PDF 转换为文本吗？

第 11 章   光盘工具

带着问题学

☑ 市场主流的移动存储介质有哪些?

☑ 什么是光盘映像文件,常见的光盘映像文件有哪些格式?

☑ 什么是虚拟光驱,虚拟光驱有哪些用途?

☑ 能将优盘制作成系统安装盘吗?

☑ 一台电脑最多可以虚拟出几台虚拟光驱?

☑ 加密光盘能复制吗? 如果能复制,用什么样的工具复制?

☑ 虚拟刻录机和虚拟光驱有什么区别?

☑ 能将光盘映像文件加载到物理光驱吗?

11.1   知识储备

11.1.1   移动存储介质

移动存储介质(包括优盘、移动硬盘、软盘、光盘、存储卡)具有体积小、容量大的特点,作为信息交换的一种便捷介质,如今已经得到广泛应用。

1. 优盘

优盘的全称是"USB 闪存盘",优盘一般由机芯和外壳组成,机芯由一块 PCB、USB 主控芯片、晶振、贴片电阻和电容、USB 接口、贴片 LED 以及 FLASH(闪存)芯片组成。优盘的存储介质是闪存(芯片),是一种非易失随机访问存储器(NVRAM)。

2. 移动硬盘

移动硬盘是以硬盘为存储介质,强调便携性的存储产品。市场上绝大多数的移动硬盘都是以标准硬盘为基础的,只有很少部分的是以微型硬盘(1.8 英寸硬盘等)为基础。

3. 软盘

软盘是个人电脑中最早使用的移动存储介质,常用的是容量为 1.44MB 的 3.5 英寸软盘。软盘的存储材料是磁性介质,需要通过软盘驱动器来完成读写。因软盘存取速度慢,容量也小,现已淡出市场。

4. 光盘

光盘是一种光记录介质,可以存放各种文字、声音、图形、图像和动画等多媒体数字信息。光盘的厚度只有 1.2mm 厚,一般分为基板、记录层、反射层、保护层、印刷层 5 层。其中记录层是烧录时刻录信号的地方,其主要的工作原理是在基板上涂抹专用的有机染料(分花菁、酞菁和偶氮三大类),以供激光记录信息。由于烧录前后的反射率不同,经由激光读取不同长度的信号时，通过反射率的变化形成 0 与 1 信号，借以读取信息。

5. 存储卡

SD 卡存储卡，是用于手机、数码相机、便携式电脑、MP3 和其他数码产品上的独立存储介质，一般是卡片的形态，故统称为"存储卡"，又称为"数码存储卡"、"数字存储卡"、"储存卡"等。

11.1.2 映像文件

映像文件是将资料和程序结合而成的文件，它将来源资料经过格式转换后在硬盘上存为与目的光盘内容完全一样的文件，以方便用户下载、复制和使用，当然也可以将这个文件以一比一对应的方式刻入光盘中。常用的映像文件有光盘映像文件、软盘映像文件和硬盘映像文件三种，其中使用最多的是光盘映像文件。

1. 光盘映像文件

光盘映像文件是将光盘中的文件和文件夹以及光盘引导信息提取出来，制作成单一的文件，这个文件里面的内容和光盘完全一样，可以用虚拟光驱或光盘工具打开光盘映像文件。常见的光盘映像文件格式有：

（1）ISO 映像：是遵循国际标准 ISO 9660 创建的光盘映像文件，ISO-9660 目前有 Level 1 和 Level 2 两个标准，Level 1 与 DOS 兼容，文件名采用传统的 8.3 格式，而且所有字符只能是 26 个大写英文字母、10 个阿拉伯数字及下划线。Level 2 则在 Level 的基础上加以改进，允许使用长文件名，但不支持 DOS。ISO 映像是目前唯一通用的光盘文件系统，任何类型的计算机和所有的刻录软件都支持它。

（2）IMG 映像：是由光盘刻录工具 CloneCD 创建的光盘映像文件。

（3）BIN 映像：是由光盘刻录工具 CDRWin 创建的光盘映像文件。

（4）VCD 映像：是由光盘刻录工具 Farstone VirtualDrive 创建的光盘映像文件。

（5）NRG 映像：是由最流行的光盘刻录工具 Nero Burning Rom 创建的光盘映像文件。

（6）CDI 映像：是由虚拟光驱工具 Paragon CD Emulator 创建的光盘映像文件。

（7）MCD 映像：是支持加密的虚拟光盘工具碟中碟专用的光盘映像文件。

2. 软盘映像文件

软盘映像文件就是按照软盘结构保存整个软盘信息的文件，即便是电脑基本不配软驱，软盘已淡出市场的今天，软盘映像文件仍然发挥着重要作用，例如，在制作启动盘的时候，尤其是制作启动菜单，经常会用到软盘映像文件。

3. 硬盘映像文件

硬盘映像文件和软盘映像文件差不多，自 BinaryResearch 于 1996 年开发出硬盘克隆工具（Ghost）后，Ghost 映像文件成为最流行的硬盘映像文件，现在人们已经普遍使用 Ghost 系统。

11.1.3 虚拟光驱

虚拟光驱是一种模拟光驱工作的工具软件，它先在操作系统中虚拟出一部或多部虚拟光驱，再通过虚拟光驱软件将光盘做成映像文件并保存到硬盘，此后就可以完全抛开物理光驱及光盘来运行原光盘的内容。有了虚拟光驱，不仅大大减少物理光驱的工作量，大幅度地提高光盘的读取速度（因为变光盘读取为硬盘读取了），还省去频繁开关物理光驱、更换光盘的辛劳。

虚拟光驱具有很多物理光驱无法实现的功能，例如运行时不用光盘（即使没用光驱也可以）、同时执行多张光盘软件、快速的处理能力、容易携带等。

虚拟光驱具有以下特点及用途：

1. 高速 CD-ROM

一般硬盘的传输速度为 10～15MB/S 左右，换算成光驱传输速度（150K/S）等于 100X。如今主板大都集成 Ultra DMA 硬盘控制器，其传输速度更可高达 33M/S（220X）。虚拟光驱直接在硬盘上运行，反应快，数据读取速度高，一般可达 200X，播放影像文件流畅不停顿。

2. 笔记本最佳伴侣

虚拟光驱与光盘映像文件相结合可解决笔记本电脑没有光驱、光驱速度太慢、光盘携带不易、光驱耗电等问题；光盘映像可从其他电脑或网络上复制过来。

3. MO 最佳选择

虚拟光驱所生成的光盘（虚拟光盘）可存入 MO 盘，随身携带则 MO 盘就成为"光盘 MO"，MO 光驱合一，一举两得。

4. 复制光盘

通过制作光盘映像文件，加载光盘映像文件到虚拟光驱，从而实现光盘复制功能，一张光盘对应一个光盘映像文件，管理简便。

5. 运行多个光盘

在同一台电脑上可以创建多个虚拟光驱，加载多个光盘映像文件，因此，我们可以在一台虚拟光驱上玩光盘版游戏，同时用另一台虚拟光驱听 CD 唱片。

6. 压缩

在将硬盘文件制作成光盘映像文件过程中，一般使用专业的压缩和即时解压算法，对于一些没有压缩过的文件，压缩率可达 50%以上；运行时自动即时解压缩，影像播放效果不会失真。

7. 光盘塔

虚拟光驱可以完全取代昂贵的光盘塔，可同时直接存取无限量光盘，换盘不必等待，速度快，使用方便，不占空间又没有硬件维护困扰。

11.2 优盘光盘工具——UltraISO

UltraISO 的中文名是软碟通，是由美国 EZB Systems 公司推出的磁盘映像文件制作、编辑及转换工具，除 UltraISO 外，该公司还推出了启动光盘制作工具 EasyBoot（启动易）和 SoftDisc（自由碟）两款流行工具。

UltraISO 还具有光盘刻录和虚拟光驱功能，如果在安装过程中，出现"选择附加任务"页面后，勾选"安装虚拟 ISO 驱动器"，此时会在系统中增加一个虚拟光驱，如图 11-1 所示。

下载的 UltraISO 一般是共享软件，未注册的 UltraISO 有启动对话框，如图 11-2 所示和 300M 文件编辑限制，用户只花 30 元就可订购 UltraISO。

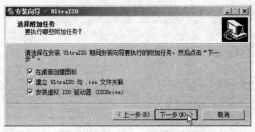
图 11-1　安装 UltraISO 时可附加虚拟光驱功能

图 11-2　未注册的 UltraISO 所出现的启动对话框

11.2.1　制作光盘映像文件

✎ 任务描述

董帅在东宁市工程技术学校学习计算机应用技术，他经常帮助别人维修电脑。最近董帅得到一张非常实用的系统维护光盘，他担心反复使用会导致光盘损坏，怎样才能将光盘完整地保存到硬盘？

✘ 解决方案

董帅可以用 UltraISO 将系统维护光盘制作成光盘映像文件，保存在自己的电脑或优盘中，既可以随时将光盘映像文件刻成光盘，也可以制作成可启动的优盘。

🖱 具体操作

1 安装并启动 UltraISO 后，将需要制作成光盘映像文件的光盘放入光驱，打开"UltraISO"窗口后，依次单击"工具"菜单→"制作光盘映像文件"，如图 11-3 所示。

2 出现"制作光盘映像文件"对话框后，在"CD-ROM 驱动器"下拉菜单中选择放有光盘的物理光驱，在"输出映像文件名"文本框中指定光盘映像文件所存放的位置和名称，保存默认的输出格式是标准 ISO，单击"制作"按钮将光盘制作成映像文件，如图 11-4 所示。

图 11-3　制作光盘映像文件菜单项

图 11-4　制作光盘映像文件

制作光盘映像文件的速度比从光盘复制文件快很多，在本例中，将一张容量为 693MB 的光盘制作成映像文件只需要 1 分多钟时间（不同光驱读写速度不同，制作映像文件的时间也不同），如图 11-5 所示。

3 光盘映像文件制作完成后，弹出提示信息，询问用户是否打开映像文件进行编辑，单击"是"按钮编辑光盘映像文件，如图 11-6 所示。

4 打开光盘映像文件后，用户可以在 UltraISO 窗口为光盘映像文件添加或删除文件，如图 11-7 所示。

图 11-5　制作进程

图 11-6　完成光盘映像文件制作

图 11-7　编辑映像文件

11.2.2　刻录光盘映像文件

任务描述

董帅将他最常用的系统维护光盘制作成光盘映像文件保存在电脑中,现在他需要将光盘映像文件刻录成光盘,以便帮助同学安装系统或维修电脑。董帅要刻录光盘映像文件,采用什么工具合适呢?

解决方案

如果光盘映像文件是标准 ISO,采用的操作系统为 Windows 7 以上时,可用系统自带的光盘映像刻录机刻录光盘,具体方法是:右击该映像文件,选择右键菜单"打开方式"→"Windows 光盘映像刻录机",用 Windows 自带的光盘映像刻录机实现光盘刻录,如图 11-8 所示。

用 UltraISO 也可以刻录光盘映像文件,而且 UltraISO 带有刻录检验功能,可以检验所刻光盘是否正确。

具体操作

1 打开"UltraISO"窗口后,依次单击"工具"菜单→"刻录光盘映像",如图 11-9 所示。

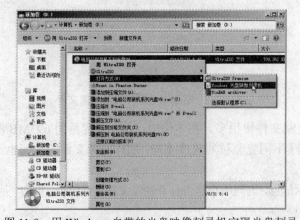

图 11-8　用 Windows 自带的光盘映像刻录机实现光盘刻录

图 11-9　刻录光盘映像文件菜单项

2 出现"刻录光盘映像"对话框,在"刻录机"右侧的列表中选择刻录机,在"映像文

件"文本框选择要刻录的光盘映像文件,勾选
"刻录校验",单击"刻录"按钮开始刻录,如
图 11-10 所示。

刻录所花费时间长短与光驱和光盘都有
关,可以通过消息栏和进度条了解刻录进程,
如图 11-11 所示。

3 刻录完成后,观察"消息"框内最后一
条消息,如果是"验证成功",说明所刻光盘没
有问题。如果想继续刻录当前这个光盘映像文
件,单击"刻录"即可,否则单击"返回"按
钮回到 UltraISO 主窗口,如图 11-12 所示。

图 11-10　指定并刻录光盘映像文件

图 11-11　刻录进程

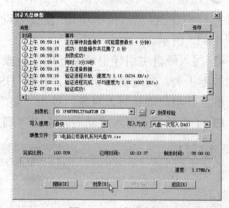

图 11-12　完成刻录

11.2.3　将优盘制作成启动维护盘

📌 任务描述

董帅经常使用系统维护光盘帮别人修电脑,美中不足的是,光盘携带不方便,容量小,只
能用它装 Windows XP 或 Windows 7,不能将操作系统、杀毒软件、常用工具都集成到一张盘
中,怎样将大容量的优盘或移动硬盘制作成可引导的维护光盘?

✂ 解决方案

多数用户都有董帅这样的想法,现在优盘容量越来越大,价格越来越便宜,而且还能反复
读写,有利于系统和软件升级,所以用优盘做系统启动维护盘比光盘更有优势。UltraISO 具有
硬盘映像写入功能,董帅可借助此功能制作启动维护优盘。

🖱 具体操作

1 若要用优盘启动电脑,必须向优盘写入硬盘主引导记录,为了安全 Windows 7 只
允许管理员可以修改硬盘主引导记录,因此,必须用管理员身份运行 UltraISO,才可以
制作优盘启动维护工具。右击 UltraISO 快捷方式图标,在右键菜单中选择"以管理员身
份运行",如图 11-13 所示。

2 打开 UltraISO 主窗口后,依次单击"文件"菜单→"打开",找到并打开启动维护光
盘的映像文件,然后依次单击"启动"→"写入硬盘映像",如图 11-14 所示。

图 11-13　以管理员身份运行 UltraISO

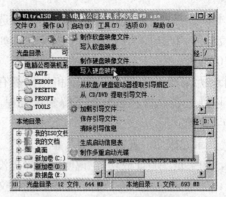

图 11-14　写入硬盘映像菜单项

3 出现"写入硬盘映像"对话框后,在"硬盘驱动器"下拉菜单中选择需要制作成启动维护盘的优盘,然后依次单击"便捷启动"→"写入新的硬盘主引导记录"→"USB-HDD+",如图 11-15 所示。

4 写入硬盘主引导记录是一项危险操作,若写错系统可能不能启动,甚至会导致整块硬盘的数据丢失。为避免操作失误,在将 USB-HDD+主引导记录写入优盘前,会出现一个提示对话框,让用户确认写入对象,单击"是"按钮继续,如图 11-16 所示。

5 主引导记录写入成功后,单击"确定"按钮继续,如图 11-17 所示。

图 11-15　写入新的硬盘主引导记录

图 11-16　确认 MBR 写入操作

6 回到"写入硬盘映像"对话框后,单击"写入"按钮,将光盘映像文件写入优盘,如图 11-18 所示。

图 11-17　主引导记录写入成功

图 11-18　将光盘映像文件写入优盘

7 为了防止优盘数据丢失,在写入操作之前,UltraISO 再次出现提示对话框,让用户确认,单击"是"按钮,如图 11-19 所示。

8 写入完成后，单击"返回"按钮即可返回 UltraISO 主窗口，任务完成，如图 11-20 所示。

图 11-19　确认写入操作

图 11-20　完成写入操作

11.2.4　创建光盘映像文件

任务描述

三江航空职业技术学院是国家百所骨干高等职业院校建设单位，吕文博负责管理骨干校建设相关文档，文档数量多而且每一篇文档都需要反复讨论修改才能定稿，怎样才能清楚地分类存好每一次修改的结果呢？吕文博将每一次讨论后收集的文档都刻录成光盘存放起来，但光盘易磨损，使用也不太方便，有更好的方法吗？

解决方案

用 UltraISO 不仅能将光盘制成映像文件，还可以将计算机中的文件或文件夹创建为光盘映像。吕文博可以将工作数据制作成光盘映像文件，既可以随时刻录成光盘又方便使用。

具体操作

1 打开 UltraISO 窗口后，依次单击"文件"菜单→"新建"→"数据光盘映像"，新建数据光盘映像，如图 11-21 所示。

2 进入新映像文件编辑状态后，依次单击"文件"菜单→"属性"，如图 11-22 所示。

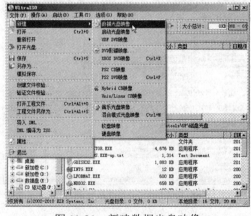

图 11-21　新建数据光盘映像

图 11-22　属性菜单项

3 弹出"属性"对话框后，在"介质"右侧下拉列表中选择介质类型并勾选"优化文件"，例如，在本例中，创建的是 DVD 光盘映像文件，因此选择"4.7(4.37)GB"，在"光盘文件系统"栏勾选"Joliet"，在"Joliet 文件名格式"选择"标准（64）"，如图 11-23 所示。

勾选"优化文件"后，如果文件夹有内容完全相同的文档，UltraISO 在刻录或制作成映像文件时，只保留一个文档，其他位置的文档则以"交叉链接"的方式呈现给用户。例如，如果存在"C:\1\a.txt"和"C:\2\a.txt"两个完全相同的文件，UltraISO 将两个文件优化成一个文件，再以"交叉链接"的方式分别在两个目录中呈现，这样就省了一半的空间。这也是许多系统安装光盘，容量只有 4.7GB，里面却存放了多个版本的 Windows 操作系统的原因。

Joliet 是微软公司自定义的光盘文件系统，是 ISO-9660 的一种扩展，支持汉字和长文件名，如果所创建的光盘映像文件或文件夹中有汉字和长文件名，建议勾选"Joliet"。

4 单击"标签"选项卡，在"标签"文本框中设置光盘标签，然后单击"确认"按钮，如图 11-24 所示。

图 11-23　设置文件系统属性

图 11-24　设置光盘标签

5 回到"UltraISO"主窗口后，在本地目录栏中选择需要创建成光盘映像文件的文件和文件夹，并将所选择的文件和文件夹拖放到光盘目录栏中，如图 11-25 所示。

6 在拖放文件和文件夹过程中，注意观察"UltraISO"主窗口右上角的状态条，它显示的是光盘容量的占用情况，如果超出光盘范围，将无法刻录成光盘。光盘映像文件内容编辑完成后，单击图标工具栏"保存"图标，保存所创建的光盘映像文件，如图 11-26 所示。

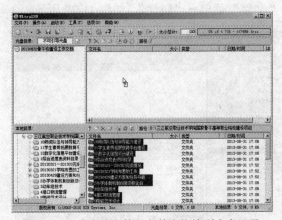

图 11-25　将本地文件和文件夹拖放到光盘目录

图 11-26　保存所创建的光盘映像文件

7 出现"ISO 文件另存"对话框后，指定光盘映像文件的保存位置，单击"保存"按钮，如图 11-27 所示。

在保存光盘映像文件过程中，可以从处理进程信息框中了解创建的进度，保存进程结束后，会自动关闭处理进程信息框，如图 11-28 所示。

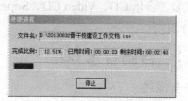

图 11-27　指定光盘映像文件的保存位置　　　图 11-28　正在保存光盘映像文件

11.2.5　用虚拟光驱加载光盘映像文件

任务描述

吕文博将文档材料按文稿的版本分类整理并创建成光盘映像文件，他怎样才能使用映像文件中的文稿呢？

解决方案

如果吕老师在安装 UltraISO 时，勾选"安装虚拟 ISO 驱动器"，就会在系统中增加一个虚拟光驱，吕老师可将光盘映像文件加载到虚拟光驱，然后就可以像访问物理光驱一样访问光盘映像文件中的文件或文件夹。

具体操作

1 安装 UltraISO 时附加虚拟光驱功能，打开我的电脑，右击虚拟光驱（在本例中，光驱"E:"是物理光驱，光驱"F:"是 UltraISO 虚拟光驱）。出现右键菜单后，依次选择"UltraISO"→"加载"，如图 11-29 所示。

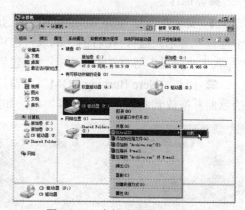

图 11-29　虚拟光驱的右键菜单

2 出现"打开 ISO 文件"对话框后，选择需要加载的光盘映像文件，然后单击"打开"按钮，如图 11-30 所示。

3 加载光盘映像文件后，双击虚拟光驱（在本例中，光驱是"F:"）即可，如图 11-31 所示。

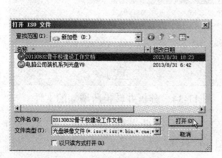

图 11-30　加载光盘映像文件　　　　图 11-31　通过虚拟光驱访问光盘映像中的文件

11.3　多媒体光盘工具——Nero Burning ROM

Nero Burning ROM 是一款多媒体套装工具，也是最著名的光盘刻录工具，可以用它定制资料 CD、音乐 CD、Video CD、Super Video CD、DDCD 或 DVD，支持很多种刻录格式，甚至支持超刻。

11.3.1　自制音乐 CD

📝 任务描述

在浙东省西山市宏业数码城做会计工作的萧梦洁喜欢听经典老歌，尤其喜欢八十年代的老歌，她想把下载的歌曲刻录成音乐光盘，萧梦洁的愿望能实现吗？

🔧 解决方案

Nero Burning ROM 是一款多媒体套装工具，集成了常用音频插件，支持常用音频格式，如MP3、WMA 等格式。现在互联网提供的歌曲多数是 MP3 格式，因此萧梦洁可以将下载的经典歌曲直接刻录成音乐 CD，Nero Burning ROM 会将 MP3 格式的文件自动转化为音乐光盘。

🖱 具体操作

1 安装并运行 Nero Burning ROM，出现"新编辑"对话框后，在对话框左侧光盘类型栏中选择"音乐光盘"，在右侧"刻录"选项卡→"操作"栏中勾选"确定最大速度"、"模拟"、"写入"、"封盘"等复选框，单击"新建"按钮新建音乐光盘，如图 11-32 所示。

2 回到"Nero Burning ROM"主窗口，在主窗口右侧"文件浏览器"栏中选择需要刻录的歌曲并拖放到左侧"光盘内容"栏，如图 11-33 所示。

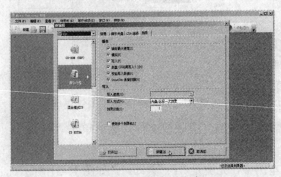

图 11-32　制作音乐光盘

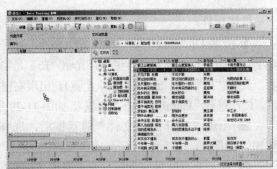

图 11-33　选择需要刻录的歌曲

此时弹出"新增文件"对话框，显示"Nero Burning ROM"分析并转换所增加文件的进程，如图 11-34 所示。

可同时将多个文件拖放到左侧"光盘内容"栏，在拖放过程中，要注意观察窗口底部的容量进度条，红色区域表示数据已经超出光盘的容量范围，Nero

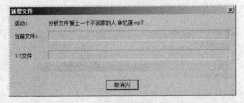

图 11-34　分析并转换所增加的文件

将取消刻录进程；黄色区域表示超出光盘安全刻录范围，Nero 支持此范围的刻录，但不一定刻录成功，只有绿色区域内才是可刻录的安全范围，如图 11-35 所示。

3 当所有歌曲文件都添加完毕后，依次单击"刻录机"菜单→"选择刻录器"，出现"选择刻录器"对话框后，选择刻录机，然后单击"确定"按钮，如图 11-36 所示。

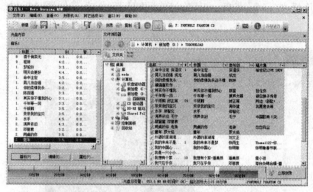

图 11-35 Nero 底部的容量进度条表示当前的数据总量

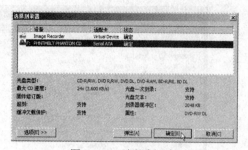

图 11-36 选择刻录机

在"选择刻录器"对话框中，有一个名为"Image Recorder"的刻录机，这是 Nero Burning ROM 虚拟的刻录机，若选择此刻录机，刻录编译的结果是一个扩展名为"NRG"的映像文件。

4 依次选择"刻录机"菜单→"刻录编译"，将创建的光盘内容刻录到 CD 盘中，如图 11-37 所示。

5 出现"刻录编译"对话框后，勾选"确定最大速度"、"模拟"、"写入"、"刻盘"、"校验写入数据"等复选框，单击"刻录"按钮开始刻录，如图 11-38 所示。

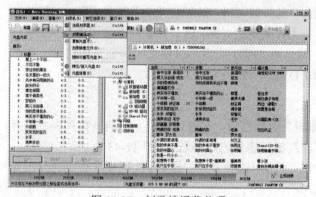

图 11-37 刻录编译菜单项

图 11-38 设置刻录选项

整个刻录进程分多步完成，分别是模拟刻录、写入光盘、写入校验，如图 11-39 所示。

6 完成数据验证后，单击"确定"按钮结束，如图 11-40 所示。

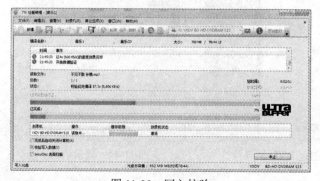

图 11-39 写入校验

图 11-40 完成光盘刻录

7 将刻录好的光盘放入光驱，右击该驱动器，在右键菜单中选择"播放"，如图 11-41 所示。

8 用"Windows Media Player"打开并播放音乐光盘，以验证刻录是否成功，如图 11-42 所示。

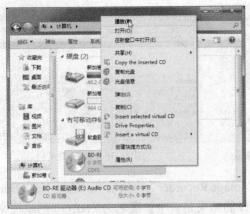

图 11-41　音乐光盘的右键菜单

图 11-42　播放音乐光盘

11.3.2　自制 DVD 影碟

📠 任务描述

　　张弘毅是鲁东省青阳市宏业数码公司的一名货运司机，张师傅喜欢看欧美大片，在等待装货的时候他总是打开车载 DVD，通过看欧美大片来消磨时间，他从互联网下载了美国大片《疯狂原始人》，张师傅准备将《疯狂原始人》刻录成 DVD 光盘，以便在等待装车的时候，在车上欣赏。请你为张师傅将下载的影片制作成 DVD 影碟。

🔧 解决方案

　　启动 Nero Burning ROM，弹出 "新编辑"对话框后，在对话框左上角的下拉列表中选择 "DVD"，然后在其下方选择"DVD 视频"，直接创建 DVD 影碟，如图 11-43 所示。

　　不过，只有符合 DVD 视频格式的文件，才能用这种方式创建 DVD 影碟，否则会弹出如图 11-44 所示对话框。

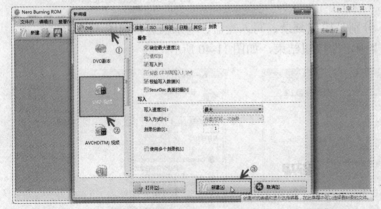

图 11-43　用 Nero Burning ROM 可直接创建 DVD 影碟

图 11-44　提示信息

　　张师傅是从互联网下载的大片，常见视频格式有 MP4、RM、RMVB、FLV 等，Nero Burning

ROM 并不支持这类格式视频的直接刻录，张师傅可以在安装 Nero Burning ROM 时，下载并安装 Nero Video，如图 11-45 所示。

用 Nero Video 就可以将从互联网下载的音视频文件制作成 DVD 影碟或 CD 音乐。

具体操作

1 安装并运行 Nero Video，出现"欢迎使用"页面后，依次单击"创建和导出"栏中的"DVD"→"DVD 视频"，如图 11-46 所示。

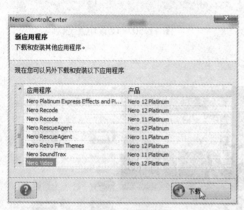

图 11-45　下载并安装 Nero Video

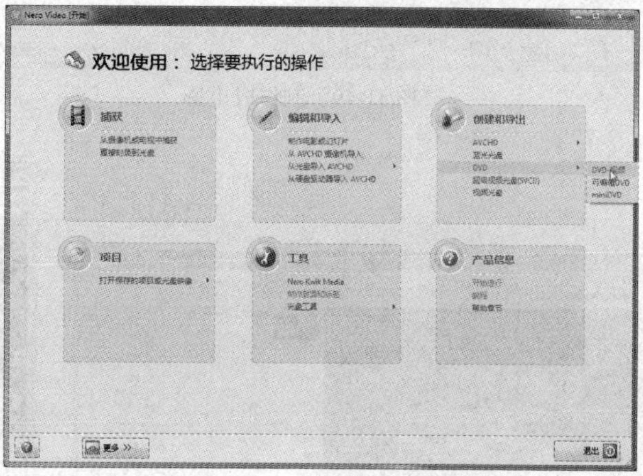

图 11-46　创建 DVD 视频

2 出现"目录"页面后，依次单击"导入"→"导入文件"，如图 11-47 所示。

3 出现"打开"对话框后，选择需要制作成 DVD 影碟的视频文件。在本例中，选择从网上下载的"疯狂原始人[国语版] 超清(1080P) .mp4"，然后单击"打开"按钮，如图 11-48 所示。

图 11-47　导入文件

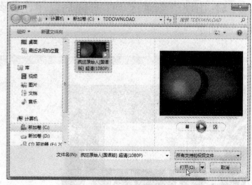

图 11-48　导入视频文件

4 回到"目录"页面后，依次单击"制作"→"电影"，如图 11-49 所示。

5 出现"电影选项"页面后，在"电影名称"文本框中指定要制作的 DVD 电影的名称，然后选择分辨率和音频，单击"确定"按钮，如图 11-50 所示。

6 回到"目录"页面后，单击"下一步"按钮，如图 11-51 所示。

7 出现"编辑菜单"后，可以自定义 DVD 影碟播放菜单，然后单击"下一步"按钮，如图 11-52 所示。

图 11-49　制作成电影

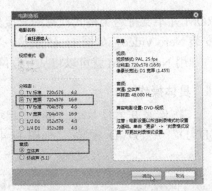

图 11-50　设置电影选项

图 11-51　完成目录设置

图 11-52　自定义 DVD 影碟播放菜单

8 出现"预览"页面后，可以通过预览查看项目结果，如无需修改单击"下一步"按钮，如图 11-53 所示。

9 出现"刻录选项"页面后，单击"刻录"按钮创建 DVD 影碟，单击"下一步"，如图 11-54 所示。

图 11-53　预览影片

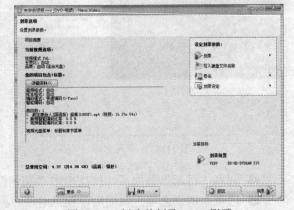

图 11-54　创建并刻录 DVD 影碟

整个执行过程分两步进行，第一步是创建菜单并转换数据流，如图 11-55 所示。第二步是刻录 DVD 影碟，如图 11-56 所示。

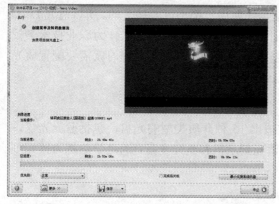 

图 11-55 创建菜单和转换数据流进程　　　　　　　图 11-56 刻录 DVD 影碟

刻录完成后，弹出提示信息对话框，单击"否"不保存日志文件并退出 Nero，如图 11-57 所示。

10 将刻录好的 DVD 影碟放入光驱，右击光驱，在右键菜单中选择"播放"，在 DVD 影碟播放过程中，出现播放菜单选择要播放的电影。通过播放电影，查验所制作的 DVD 影碟。

图 11-57 完成刻录

11.4 虚拟刻录机工具——Virtual CD

Virtual CD 是一款优秀的虚拟光驱软件，功能强大，对各类型光盘都能够很好得进行识别、提取、镜像管理、刻录、制作音频 CD 及打印和预览功能。Virtual CD 还具有可以创建出用密码保护的光盘，复制加密光盘等功能。此外 Virtual CD 更像一款虚拟刻录机，它不仅具有刻录机的功能，还可以虚拟出"DVD-R""Blu-ray-R"等 15 种介质类型的光盘，如图 11-58 所示。

11.4.1 虚拟蓝光光碟

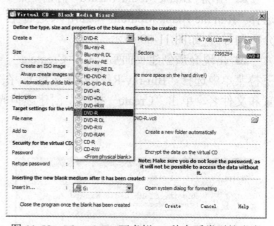

图 11-58 Virtual CD 可虚拟 15 种介质类型的光盘

📝 **任务描述**

人们对多媒体的品质要求越来越高，储存高清画质的影音文件需要高容量的介质储存，于是 SONY 及松下电器等企业组成的"蓝光光盘联盟"策划了新一代光盘规格——蓝光光盘。蓝光（Blu-ray）的命名是由于其采用的镭射波长 405 纳米（nm），刚好是光谱之中的蓝光，因此得名。（DVD 采用 650nm 波长的红光读写器，CD 则是采用 780nm 波长）。一张单层蓝光光碟的容量为 25GB 或 27GB，双层蓝光光碟容量可达到 46GB 或 54GB，4 层及 8 层蓝光光盘容量可达 100GB 或 200GB。现在蓝光光盘已逐渐走入普通家庭，有取代 DVD 的趋势。截止到 2013 年 9 月，最便宜的蓝光光驱售价为 269 元，最便宜的蓝光刻录机售价为 549 元，最便宜的蓝光光盘容量为 25G，售价为 9 元。

目前国内家庭用户的网络下载速率普遍为 200Kb/s 左右（快的能达到 1000kb/s），通过网络下载一部 8G 的高清电影需要十个小时左右，这是任何用户都不可能接受的，所以蓝光 DVD 将是高清影视最好的载体。青阳市职业技术学院计算机专业有 300 名学生，作为职业技术学校计算机专业的学生，掌握蓝光 DVD 的刻录方法是很有必要的，可要实战练习就需要配置蓝光刻录机、买光盘，如何才能既不增加学校投入又为学生创建实训环境呢？

解决方案

Virtual CD 不仅可以虚拟刻录机，还可以虚拟出 15 种介质类型的光盘，包括蓝光光盘，因此，青阳市职业技术学院可用 Virtual CD 虚拟蓝光刻录机和蓝光光盘，满足学生练习蓝光刻录的需求。

具体操作

1 Virtual CD 安装完成后，在"计算机"窗口下会多出"BD-ROM 驱动器(F:) Virtual BD drive"和"BD-RE 驱动器 (G:) Virtual BD-RE drive"，其中 BD-ROM 驱动器是蓝光光驱，BD-RE 驱动器是蓝光刻录机。右击"BD-RE 驱动器(G:) Virtual BD-RE drive"，在右键菜单中选择"Create a blank virtual medium"（创建内容为空的虚拟介质），如图 11-59 所示。

2 出现"Blank Media Wizard"对话框后，选择"Run the Blank Medium Wizard"（运行空介质向导），如图 11-60 所示。

3 出现介质创建页面后，在"Create a"下拉菜单中选择"Blu-ray-R"（蓝光光盘），在"File name"文本框中指定虚拟光盘的存储位置和文件名，单击"Create"按钮，创建虚拟光盘，如图 11-61 所示。

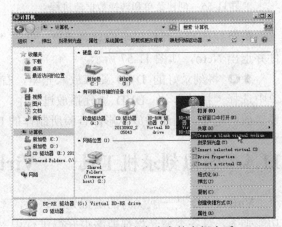

图 11-59 创建内容为空的虚拟介质

图 11-60 选择运行空介质向导

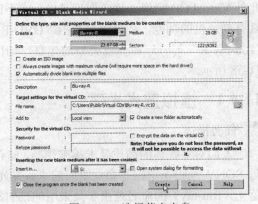

图 11-61 选择蓝光光盘

4 出现蓝光光盘介绍对话框后，单击"OK"按钮关闭对话框，如图 11-62 所示。

5 创建蓝光光盘后，就可以用刻录工具将数据刻录到蓝光光盘。本例用 Nero Burning ROM 编辑光盘内容，选择的是虚拟的蓝光刻录机"BD-RE 驱动器 (G:) Virtual BD-RE drive"，如图 11-63 所示。

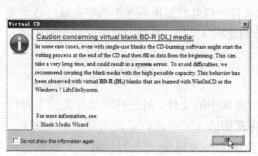

图 11-62　蓝光光盘介绍　　　　　　　　图 11-63　用虚拟刻录机刻录光盘

整个刻录进程和普通光盘完全相同，如图 11-64 所示。

6 刻录完成后，关闭并退出刻录软件，如图 11-65 所示。

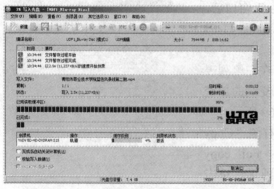

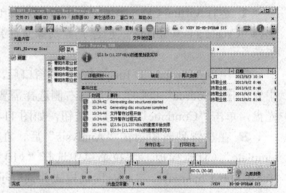

图 11-64　虚拟机刻录机的刻录进程　　　　　图 11-65　完成刻录

7 刻录结束后，"Virtual CD"将弹出"Task Assignments"（任务分配）对话框，单击"Insert the Virtual CD image"（插入虚拟光盘），插入已刻好的虚拟光盘，查验刻录结果，如图 11-66 所示。

再打开虚拟的蓝光刻录机"BD-RE 驱动器 (G:) Virtual BD-RE drive"，此时可查验刻录内容，如图 11-67 所示。

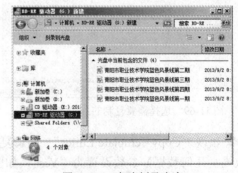

图 11-66　插入已刻好的虚拟光盘　　　　　图 11-67　查验刻录内容

11.4.2　复制加密光盘

📎 任务描述

肖劲光为在渤海省海阳市第一中学上学的女儿肖海珊购买了一套教学光盘，每次插入光盘后

常

用工具软件实训教程

要花费两三分钟才能播放光盘内容，反复插盘也比较麻烦，于是肖劲光想把光盘制作成光盘映像文件，今后就可以用虚拟光驱加载硬盘中的光盘映像文件，以此代替所购买的教学光盘。肖劲光用 UltraISO、NERO、WINISO 等多款光盘工具都无法创建映像文件，其原因就是商家为防止别人复制，他所购买的教学光盘进行了加密处理。

解决方案

光盘一般有多种加密形式，一种是利用密码加密光盘中的文件，另一种则是在光盘上做特殊标记，例如，采用 SecuROM 光盘加密技术就是将密钥放入子通道，以此来防止别人复制。再如，采用载入 SafeDisc2 的光盘加密技术则是在光盘上人为制造一些"坏扇区"，或制造一些"弱扇区"，并将数字签名放置在这些"坏扇区"或"弱扇区"中。使用 Virtual CD 可以读取子通道，也支持 RAW 读取。因此，肖劲光可尝试用 Virtual CD 读取教学光盘。

具体操作

1 运行 Virtual CD，出现"Virtual CD Starter"窗口后，选择"Create a new image"（创建光盘映像文件），如图 11-68 所示。

2 出现"Virtual CD Image Writer"窗口后，在左侧列表中先选择"Source"（源），然后在右侧选择需要复制的加密光盘，单击"Continue"（继续）按钮，如图 11-69 所示。

3 在左侧列表中单击"Analysis"后，在右侧"Copy template"（复制模板）下拉菜单中选择"v10 – Full copy (RAW,Sub Channel)"，RAW 读取模式并读取子通道，单击"Copy template"（复制模板）右侧的编辑按钮，如图 11-70 所示。

图 11-68 选择创建光盘映像文件

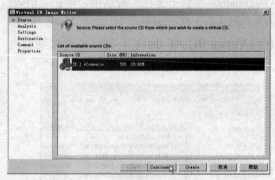

图 11-69 选择需要复制的加密光盘

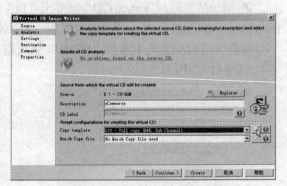

图 11-70 选择 RAW 读取模式

4 出现"Copy Template Editor"（编辑复制模板）页面后，将"Read CD geometry data"（读取光盘几何数据）参数设置为"Yes"，如图 11-71 所示。

5 拖动垂直滚动条，在"Create as"下拉菜单中选择"as ISO image"，在"Target Folder"（目标文件夹）中指定映像文件的存放位置，依次单击"Save"（保存）和"Close"（关闭）按钮结束编辑，如图 11-72 所示。

6 返回"Analysis"编辑状态后，单击"Create"（创建）按钮创建映像文件，如图 11-73 所示。

222

图 11-71 读取光盘几何数据

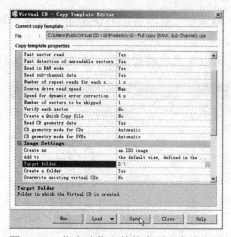

图 11-72 指定映像文件的类型和存放位置

此时会出现"Image Writer"（写映像）页面，显示映像文件创建进度，如图 11-74 所示。

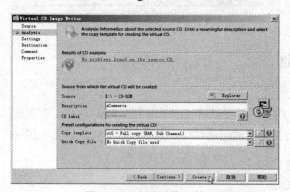

图 11-73 创建映像文件

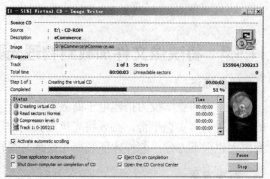

图 11-74 映像文件创建进程

7 映像文件创建完成后，Virtual CD 会自动打开"Virtual CD Control Center"（Virtual CD 控制中心）窗口，新创建的映像在此窗口中，右击光盘映像，在右键菜单中选择"Insert in"（插入），在弹出的光驱列表中选择一个光驱载入光盘映像，如图 11-75 所示。

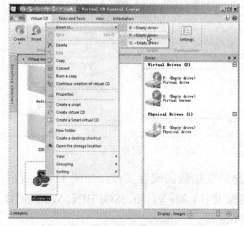

图 11-75 插入新创建的光盘映像

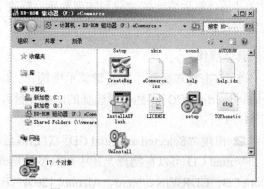

图 11-76 测试所复制的加密光盘

插入光盘映像后就可以测试所复制的加密光盘能否使用，如图 11-76 所示。

如果在光盘映像的右键菜单中选择"Burn a copy",可将光盘映像刻录到光盘,如图 11-77 所示。

可以在光盘映像烧录页面观察烧录进程,如图 11-78 所示。

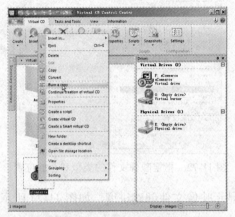

图 11-77　烧录光盘映像

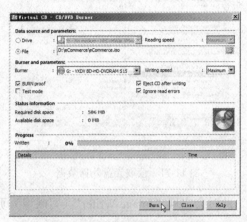

图 11-78　光盘映像烧录进程

11.4.3　将映像文件加载到物理光驱

📎 任务描述

燕京市商业学校为搭建电子商务实训平台,购买了教学软件《电子商务宝典》,这是一套加密的单机版仿真实训平台,必须将光盘放置到物理光驱才能正常运行,教学过程中光盘、光驱损耗都很大也很不方便,怎样才能脱离光盘练习呢?

🛠 解决方案

Virtual CD 不但可以刻录加密光盘,还可以将加密光盘以光盘映像文件的形式保存下来,甚至可以将映像文件加载到物理光驱。燕京市商业学校可以先将《电子商务宝典》制成光盘映像文件,在创建光盘映像文件过程中可以选择读取子通道,并以RAW 读取方式读取加密光盘,将加密光盘形成映像文件后,然后将映像加载到物理光驱,解决学生的实训难题。

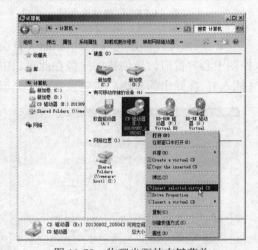

图 11-79　物理光驱的右键菜单

🖱 具体操作

1 右击物理光驱,在右键菜单中选择"Insert selected virtual CD"(插入所选择的虚拟光盘),如图 11-79 所示。

2 出现"Selected a Virtual CD"对话框后,选择需要加载的映像文件,如图 11-80 所示。

Virtual CD 可以在物理光驱中加载多种格式的映像文件,如:VC10、ISO、BIN、WinOnCD、CloneCD、CDRWIN、Nero、Alcohol 120%、BlindWrite 等。

3 打开物理光驱盘符,此时物理光驱中的光盘不是真实的光盘,而是光盘映像,如图 11-81 所示。

图 11-80　选择需要加载的映像文件

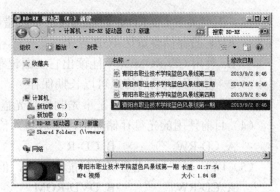

图 11-81　查看加载的光盘映像

11.5　项目实战

1. 背景资料

刘宏伟要参加职业学校数字影视后期制作技能赛，他按照评比要求反复练习、积极备战，每次都需要将作品发布到 DVD 光盘中，反复刻录既麻烦又浪费。

2. 项目实战

本章学习了几款比较经典的优盘光盘工具，用 UltraEdit 可以创建和编辑光盘映像。用 DAEMON Tools 可以虚拟光驱，加载光盘映像。Nero Burning ROM 功能更多，其自带多媒体插件，可以创建、编辑各数据光盘、视频光盘、音频等多种类型的光盘映像，Virtual CD 可以虚拟刻录机，可以虚拟 15 种介质的光盘，可以复制加密光盘，除 DAEMON Tools 外，这几款工具都有刻录功能。刘宏伟可以使用 Virtual CD 虚拟刻录机和光盘，也可以组合使用这几款工具。现在，请在你的电脑上虚拟一台刻录机和一张 DVD 光盘，并将本章用到的工具软件刻录到虚拟出来的 DVD 光盘中，同时填写"实训报告单"。

11.6　课后练习

1. 课后实践

（1）找一张系统安装光盘，利用这张盘将优盘制作成系统安装光盘。

（2）将系统安装光盘制作成光盘映像文件，并用虚拟光驱加载光盘映像文件。

（3）用 UltraISO 制作一张系统安装启动光盘。

（4）从互联网下载你喜欢的音乐，并将它刻录成音乐 CD（要求用虚拟刻录机）。

（5）从互联网下载你喜欢的电影，并将它刻录成 DVD 影碟（要求用虚拟刻录机）。

2. 选择题

（1）下面哪个类型的文件不是光盘映像文件?（　　）。

　　A. ISO 文件　　　　B. TXT 文件　　　　C. BIN 文件　　　　D. NRG 文件

（2）现在的电脑一般都配有 CD-ROM，CD-ROM 是（　　）。

　　A. 只读光盘　　　B. 只读硬盘　　　C. 只读大容量软盘　D. 只读存储器

（3）下列关于 CD-ROM 光盘的说法中，错误的是（　　）。

    A. 它的存储容量达 1GB 以上

    B. 使用 CD-ROM 光驱能读出它上面记录的信息

    C. 它上面记录的信息可以长期保存

    D. 它上面记录的信息是事先制作到光盘上的，用户不能再写入

（4）目前使用的光盘存储器中，可对写入信息进行修改的是（　　）。

    A. CD-RW   B. CD-R   C. CD-ROM   D. DVD-ROM

（5）以下（　　）光盘属于只能写一次，但能多次读出的光盘（　　）。

    A. CD-RW   B. DVD-ROM   C. CD-R   D. CD-ROM

（6）下面关于 DVD 光盘的说法中错误的是（　　）。

    A. DVD-ROM 是限写一次可读多次的 DVD 盘

    B. DVD-RAM 是可多次读写的 DVD 光盘

    C. DVD 光盘的光道间距比 CD 光盘更小

    D. 读取 DVD 光盘时，使用的激光波长比 CD 更短

3. 判断题

（1）优盘和移动硬盘一样，都是移动存储设备，都是以磁性材料为介质的存储设备。（　　）

（2）光盘正面有字和图像，反面则是光面的，反面比正面重要得多，如果反面有划痕，可能读不出数据，如果正面有划痕，不会损坏光盘。（　　）

（3）在笔记本硬盘的基础上，外装一个硬盘盒就构成了移动硬盘。（　　）

（4）COMBO 驱动器不仅可以读写 CD 光盘，而且也可以读写 DVD 光盘。（　　）

（5）大多数 CD-ROM 光盘驱动器比 DVD 驱动器读取数据的速度快。（　　）

4. 简答题

（1）市场主流的移动存储介质有哪些？请举例说明。

（2）什么是光盘映像文件，常见光盘映像文件有哪些？

（3）什么是虚拟光驱，虚拟光驱有哪些用途？

（4）能将优盘制作成系统安装光盘吗？如果能，请举例说明。

（5）一台电脑最多可以虚拟出几台虚拟光驱？

（6）加密光盘能复制吗？如果能复制，用什么样的工具复制？

（7）虚拟刻录机和虚拟光驱有什么区别，用哪些工具可以实现虚拟光驱，用哪些工具可以实现虚拟刻录机？

（8）能将光盘映像文件加载到物理光驱吗？如果能加载，请举例说明。

第 12 章　移动终端管理工具

带着问题学

☑ 什么是移动终端设备？除了手机、平板电脑外还有其他移动终端设备吗？

☑ 能将手机里面的通讯录导出到电脑吗？用电脑编辑通讯录后能再导入手机吗？

☑ 能将手机里面的短信导出到电脑吗？可以导回手机吗？

☑ 能将手机里面的通话记录导出到电脑吗？可以导回手机吗？

☑ 能用电脑管理手机上的应用程序吗？

☑ 怎样才能将手机上的照片复制到电脑上？

☑ 从网上下载的电影能放到手机上吗？能用手机观看吗？

☑ 能用 PC 管理平板电脑吗？和管理手机有什么区别呢？

☑ 能用 PC 管理电子阅读器吗？和管理手机有什么区别呢？

☑ 为什么手机越用越慢？能将手机恢复到购买时的状态吗？

12.1　知识储备

目前出现的一些移动智能终端，像个人计算机一样，具有独立的操作系统，用户可以安装软件、游戏等第三方服务商提供的程序，并可以通过移动通讯网络来实现无线网络接入等。

12.1.1　移动终端设备

移动终端设备是指可以在移动中使用的智能设备，广义地讲包括手机、笔记本、平板电脑、POS 机甚至包括车载电脑。但是大部分情况下是指手机或者具有多种应用功能的智能手机以及平板电脑。一方面，随着网络和技术朝着宽带化方向发展，移动通信产业将走向真正的移动互联时代。另一方面，随着集成电路技术的飞速发展，移动终端的处理能力越来强大，移动终端正在从简单的通话工具变为综合信息处理平台，这也给移动终端增加了更加宽广的发展空间。

现代的移动终端设备拥有处理器、内存、固化存储介质以及像电脑一样的操作系统，是一个完整的超小型计算机系统，可以完成复杂的处理任务。移动终端拥有丰富的通信方式，既可以通过 GSM、CDMA、WCDMA、EDGE、3G 等无线运营网通讯，也可以通过无线局域网、蓝牙或红外线进行通信。

移动终端设备不仅可以通话、拍照、听音乐、玩游戏，而且可以实现包括定位、信息处理、指纹扫描、身份证扫描、条码扫描、RFID 扫描、IC 卡扫描以及酒精含量检测等功能，成为移动执法、移动办公和移动商务的重要工具。

12.1.2　主流移动终端系统

目前，在移动终端领域，市场占有率较大的终端操作系统有苹果的 IOS、谷歌的 Android、惠普的 WebOS、开源的 MeeGo 及微软 Windows Phone 和黑莓的 QNX。其中 Android、iOS 和

Windows Phone 是三大主流移动终端操作系统。

1. 安卓操作系统

安卓（Android）操作系统是一个以 Linux 为基础的开源操作系统，由 Google 成立的开放手持设备联盟领导与开发，目前安卓已发布的最新版本为 Android 4.3。由于安卓操作系统的开放性和可移植性，它可以被用在大部分电子产品上，包括智能手机、平板电脑、笔记本电脑、智能电视、机顶盒、MP3 播放器、MP4 播放器、掌上游戏机、电子手表、电子收音机、导航仪以及其他设备。

2. iOS

iOS 是由苹果公司为移动设备所开发的操作系统，支持的设备包括 iPhone、iPod touch、iPad、Apple TV。与 Android 及 Windows Phone 不同，iOS 不支持非苹果硬件的设备。

3. Windows Phone

Windows Phone 是微软发布的一款手机操作系统，它将微软旗下的 Xbox Live 游戏、Xbox Music 音乐与独特的视频体验集成至手机中。

12.2 用 91 助手管理安卓终端

91 手机助手是由福州博远无线网络科技有限公司独立研发制作的一款 PC 端使用的智能手机第三方管理工具，是全球唯一一款全面支持 iPhone、IPAD、Android 等智能手机系统的 PC 端管理软件。借助 91 手机助手可以安全便捷地下载应用程序，搜索免费资源（主题、壁纸、铃声、软件、音乐、游戏等），实现手机资料管理（系统文件、短信、联系人的综合管理），还可以随时备份/还原手机里面的重要数据。

任务描述

李庚泽在长宁职业技术学院信息工程系读书，他的智能手机采用的是安卓系统，他在手机上安装了不少游戏，一旦有空他就会玩一会儿。除了游戏外，他还安装了电子词典、火车时刻表、PDF 阅读工具等实用软件，随着软件的增多，他的手机越来越慢，现在李庚泽很想初始化自己的手机，又担心通讯录、短信、照片等重要数据丢失。

解决方案

用 91 助手可管理安卓平台的终端设备，可管理手机上的应用程序、音乐、照片、视频、电子书、通讯录、短信等数据，可备份还原手机数据，可管理手机和存储卡上的文件。手机和电脑一样，运行的应用程序越多越慢，剩余内存空间越小越慢，李庚泽可卸载不需要或暂时不用的应用程序，也可以将短信、通讯录、照片等重要数据备份到电脑，再将手机恢复到出厂设置。

具体操作

（1）设备连接

1 用 USB 线连接手机和电脑后，在屏幕右下角会弹出如图 12-1 所示对话框，单击"启动 91 助手"按钮启动 91 助手。

2 手机和电脑连接在一起后，91 手机助手自动检测所连接的手机，下载并安装手机驱动，如图 12-2 所示。

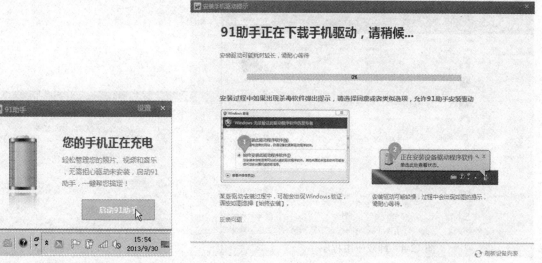

图12-1　连接手机和电脑时弹出的91　　　图12-2　91助手自动为手机下载并安装驱动程序
　　　　助手对话框

（2）软件、游戏管理

1 驱动程序安装完成后进入91助手主界面，单击右侧"应用"图标按钮，管理手机上的应用程序，如图12-3所示。

图12-3　91助手主界面

2 进入"软件游戏"页面，依次单击页面左侧"手机已安装软件"→"用户软件"，此时在页面中部列出了手机上安装的所有应用程序，勾选需要删除的应用程序，单击"卸载"按钮，卸载所选择的应用程序，如图12-4所示。

3 出现卸载提示对话框后，选择"彻底卸载"，强力卸载应用程序，以释放更多空间，如图12-5所示。

图 12-4　卸载应用程序

图 12-5　选择卸载方式

4 可以使用 91 助手为手机安装应用程序，例如，为手机安装 QQ 聊天工具，首先选择页面左侧"网络资源"栏目中"软件宝库"，进入软件宝库页面后，在"搜索"文本框中输入要安装程序的名称（本例中输入"QQ"），单击"搜索"按钮开始搜索，在搜索列表中选择要安装的应用程序并单击"一键安装"按钮完成应用程序的安装，如图 12-6 所示。

5 出现"安装路径设置"对话框后，选择软件安装路径，因手机内存有限，所以推荐选择"优先安装到 SD 卡"，如图 12-7 所示。

图 12-6　将应用程序安装到手机

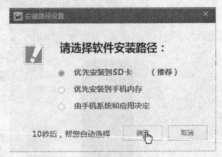

图 12-7　将程序安装到 SD 卡

（3）照片壁纸管理

单击 91 助手窗口左上角的"Hi"图标按钮，可将窗口切换到 91 助手主界面，进入 91 助手主界面后，单击右侧"照片"按钮进入照片管理页面，依次选择页面左侧"手机上的图片"→"照相机"，欣赏用手机拍摄的照片。

1 删除照片

① 选择需要删除的照片，单击"删除"按钮可删除照片，如图 12-8 所示。

② 出现"提示"对话框后，单击"删除"按钮即可删除所选择的照片，如图 12-9 所示。

2 添加照片

① 依次单击"添加"菜单→"添加文件"，可将电脑上的照片添加到手机上，如图 12-10 所示。

② 出现"打开"对话框后，指定要添加的照片，单击"打开"按钮，如图 12-11 所示。

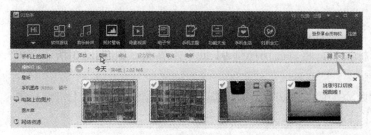

图 12-8　选择照片　　　　　　　　　　图 12-9　确定删除照片

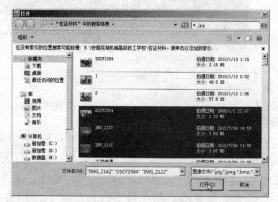

图 12-10　添加照片　　　　　　　　　图 12-11　指定要添加的照片

3 导出照片

① 进入照片管理页面后，选择需要导出的照片，单击"导出"菜单，如图 12-12 所示。

图 12-12　导出照片

② 出现"浏览文件夹"对话框窗口后，指定存放手机照片的文件夹，然后单击"确定"按钮，如图 12-13 所示。

③ 导出完成后，打开存放手机照片的文件夹，查验导出的照片，如图 12-14 所示。

图 12-13　指定存放手机照片的文件夹　　　　图 12-14　查验导出的照片

（4）制作手机铃声

音乐铃声的添加/删除/导出方法和照片管理完全相同，这里只介绍手机铃声的制作方法。

1 单击窗口左上角"Hi"图标按钮，将页面切换到 91 助手主界面，如图 12-3 所示，单击页面右侧"音乐"图标按钮。

2 进入音乐管理页面后，参照添加照片的方法，将电脑中的音乐添加到手机上，选择要制作手机铃声的音乐，单击"制作铃声"菜单，如图 12-15 所示。

图 12-15　制作铃声

3 此时会出现"铃声制作"页面，91 助手会根据所选音乐进行解析，如图 12-16 所示。

4 91 助手将所选音乐解析完成后，用户可根据需要选择制作"手机上的铃声"或"短信铃声"（本例中选"手机上的铃声"），单击"▶"按钮播放音乐，在播放音乐过程中，分别单击"设为铃声开始"和"设为铃声结束"按钮设置铃声开始和结束位置（91 助手建议铃声长度控制在 40 秒内，用户可观察页面右下角数字来控制铃声长度），铃声编辑好后，单击"设为手机铃声"按钮，即可将音乐制作成手机铃声，如图 12-17 所示。

图 12-16　91 助手正在解析音乐

图 12-17　编辑并制作手机铃声

（5）电影视频管理

91 助手支持的电影视频格式有 ndv、divx、xvid、wmv、flv、ts、rmvb、mkv、mov、m4v、avi、mp4、3gp 等，几乎囊括了当前所有主流的视频格式。用 91 助手添加/删除/导出电影视频的方法和照片管理类似，此处不再赘述。

单击窗口左上角"Hi"图标按钮，将页面切换到 91 助手主界面，如图 12-3 所示，单击页面右侧"视频"图标按钮可进入视频管理页面，如图 12-18 所示。

（6）通讯录管理

1 添加联络人

单击窗口左上角"Hi"图标按钮，进入 91 助手主界面，如图 12-3 所示，单击页面右侧"联系人"图标按钮进入联络人管理页面后，单击"添加"菜单，可添加联络人，可通过 91 助手提供的联络人编辑页面指定联络人的姓名、电话号码、电子邮件、QQ 号码、家庭住址、组织单位等信息，用电脑添加联络人比手机方便多了，如图 12-19 所示。

图 12-18　电影视频管理

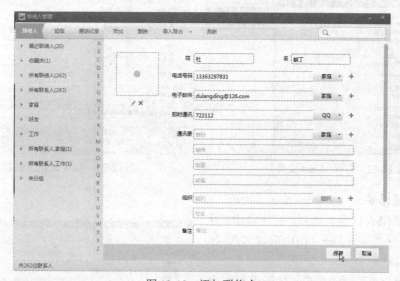

图 12-19　添加联络人

2 删除联络人

进入联络人管理页面后，在页面左侧选择需要删除的联络人，单击"删除"菜单即可删除联络人，如图 12-20 所示。

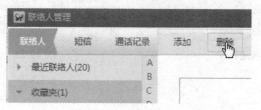

图 12-20　删除联络人

3 导出通讯录

① 进入联络人管理页面后，依次单击"导入导出"菜单→"导出所有"→"导出为 vCard 文件"，如图 12-21 所示。

★**注意**　vCard 是一种电子名片规范，该规范允许公开交换个人数据交换信息。vCard 规范可作为各种应用或系统之间的交换格式，电子邮件工具、即时通信工具和各类移动终端都可以读取 vCard 信息，Windows 自带的"Windows 联系人"和" Microsoft Outlook"都可以打开 vCard 文件，如图 12-22 所示。

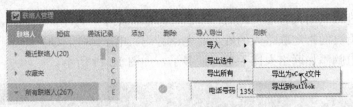

图 12-21　导出通讯录

② 出现"另存为"对话框后，指定保存通讯录的文件夹和文件名，如图 12-23 所示。

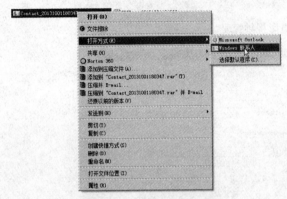

图 12-22　打开 vCard 文件

图 12-23　指定通讯录保存位置

4 导入通讯录

① 进入联络人管理页面后，依次单击"导入导出"菜单→"导入"→"由电脑导入"，如图 12-24 所示。

② 出现"打开"对话框后，找到保存在电脑上的通讯录文件（vCard 文件），单击打开按钮将通讯录从电脑导入手机，如图 12-25 所示。

图 12-24　导入通讯录

图 12-25　选择通讯录文件

（7）管理通话记录

1 查看通话记录

进入联络人管理页面后，单击"通话记录"菜单，即可查看通话记录。

2 导出通话记录

① 如果要导出通话记录，依次单击"导出"→"导出为 Excel 文件"，如图 12-26 所示。

图 12-26　导出通话记录

② 出现"另存为"对话框后，指定保存通话记录的文件夹及文件名，如图 12-27 所示。

图 12-27　指定文件夹和文件名

③ 打开导出的文件，可查验所导出的通话记录，如图 12-28 所示。

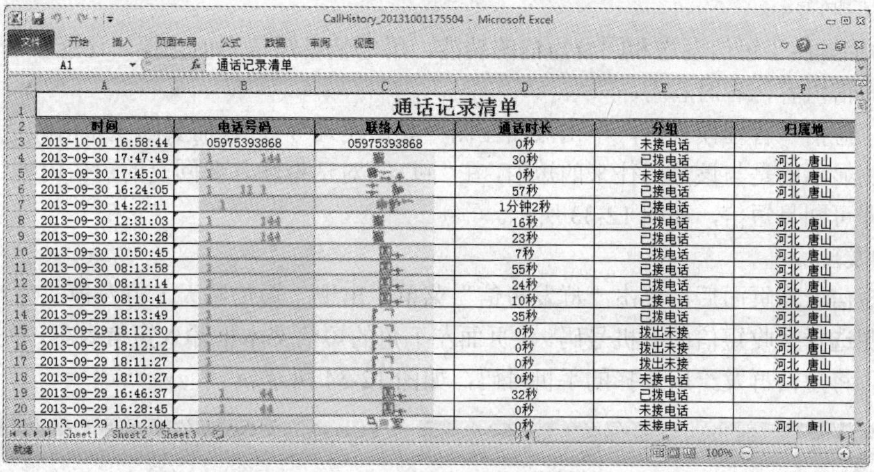

图 12-28　查验所导出的通话记录

（8）管理短信

1 删除与指定号码来往的所有短信

① 单击窗口左上角"Hi"图标按钮，进入 91 助手主界面，单击页面右侧"短信"图标按钮可进入短信管理页面。在页面右侧选择要删除短信的电话号码，此时可看到和该号码来往的短信。单击"删除"菜单可删除与该号码来往的所有短信，如图 12-29 所示。

图 12-29　删除与指定号码来往的所有短信

② 出现"提示"对话框后，单击"确定"按钮确定删除，如图 12-30 所示。

2 删除短信

① 选择所要删除的短信，单击位于短信边框右上角的"删除"按钮，如图 12-31 所示。

② 出现"提示"对话框后，单击"是"删除短信，如图 12-32 所示。

图 12-30　确定删除

图 12-32　确定删除短信

图 12-31

3 短信回复

91 助手提供了短信发送和回复短信的功能，用电脑发短信不但方便，还能以复制粘贴的方式编辑短信内容，省时省力。

进入"短信"管理模式后，单击页面左侧"对话模式"，选择需要回复短信的手机号码，在页面右侧显示的是与该号码往来的短信，在"回复"对话框输入要回复的短信内容，单击"发送"按钮即可回复短信，如图 12-33 所示。

4 群发短信

进入短信管理页面后，单击"群发短信"菜单，出现"短信聊天·群发模式"对话框后，在页面右侧选择接收短信的手机号码，在页面左下角的短信文本框输入短信内容，单击"发送"按钮，即可将短信群发给所选择的手机号码，如图 12-34 所示。

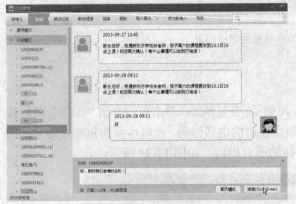

图 12-33　回复短信

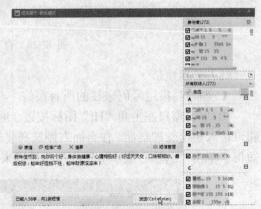

图 12-34　群发短信

5 导出短信

① 进入短信管理页面后，依次单击"导入导出"菜单→"导出所有"→"导出为 Excel"文件，可将所有短信导出到 Excel 文档中，如图 12-35 所示。

② 出现"另存为"对话框后，指定短信保存位置和文件名，如图 12-36 所示。

③ 打开所导出的短信，查验短信内容，如图 12-37 所示。

图 12-35

图 12-36　指定短信保存位置和文件名

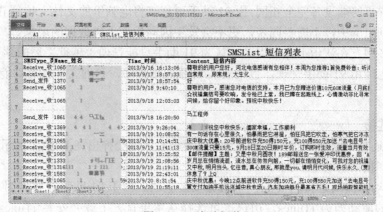

图 12-37　查验短信

（9）备份还原资料

1 本地备份

单击窗口左上角"Hi"图标按钮，进入 91 助手主界面，单击页面右侧"备份还原"图标按钮，进入"备份还原"对话框后，单击"本地备份"选项卡，选择需要备份的资料，指定备份路径，单击"开始备份"按钮完成备份，如图 12-38 所示。

2 本地还原

进入"备份还原"窗口后，单击"本地还原"选项卡，在页面左侧选择备份文件，单击"开始还原"即可还原资料，如图 12-39 所示。

图 12-38　资料备份

图 12-39　还原资料

12.3 用 91 助手管理苹果终端

任务描述

李晓微在鑫源科技股份有限公司做人力资源经理，由于携带方便，她常用 iPad 处理人事档案、收发邮件、做调查问卷、阅读电子书。李晓微一直使用的是苹果公司推出的数字媒体播放应用程序 iTunes 向 iPad 添加 PDF 电子书和招聘文档，iTunes 用起来比较麻烦，在同步数据时还可能丢失数据，这令她非常烦恼。

解决方案

91 助手是目前唯一支持 iPhone 和 iPad 的第三方终端设备管理工具，用 91 助手管理 iPad 的方法与管理安卓终端设备完全相同，用 91 助手可直接将电脑里的文件上传到 iPad，或将 iPad 里的文件下载到电脑中，不需要同步，更不会发生因同步而丢失数据的现象。

注意：很多网友在认识上存在误区，认为 91 助手只能管理"越狱"后的苹果终端。其实不需"越狱"也能用 91 助手管理，包括安装/卸载应用程序，管理文件夹等功能。

具体操作

（1）设备连接

用 USB 线连接电脑和 iPad，连接成功后在屏幕右下角会弹出如图 12-1 所示对话框，单击"启动 91 助手"按钮启动 91 助手。

91 助手自动检测所连接的 iPad，下载并安装驱动。由于 91 助手需要调用 iTunes 内核，所下载并安装的驱动即为 iTunes，用户也可选择从苹果官方下载并安装 iTunes，如图 12-40 所示。

iTunes 的安装方法和其他软件一样，弹出"iTunes"安装向导对话框后，根据向导安装 iTunes 即可，如图 12-41 所示。

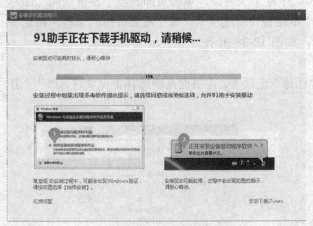

图 12-40 下载 iTunes

图 12-41 安装 iTunes

首次运行 iTunes，会弹出如图 12-42 所示对话框，如果想要使用这台电脑来管理或与之同步，需要在 iPad 上选取"信任"。此时在 iPad 上也会弹出与之对应的提示框，在 iPad 上选择"信任"后，单击"继续"按钮。

iTunes 出现升级对话框后，单击"请勿下载"按钮，如图 12-43 所示。

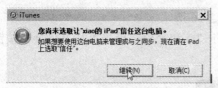

图 12-42　取得 iPad 信任　　　　　　图 12-43　暂不升级 iTunes

（2）应用程序管理

iTunes 安装完成后进入 91 助手主窗口，可以像管理安卓终端那样管理 iPad 了。此时单击 91 助手主界面左侧"应用"图标按钮，可管理应用程序，如图 12-44 所示。

图 12-44　91 助手主界面

单击页面左侧"手机已安装软件"→"用户软件"，此时在页面中部列出了 iPad 上安装的所有应用程序，勾选需要删除的应用程序，单击"卸载"按钮，可以卸载所选择的应用程序，如图 12-45 所示。

图 12-45　删除应用程序

91 助手提供了"不越狱免费装"和"苹果商店"两种网络资源，用户下载"不越狱免费装"所提供资源时不需要用户名和口令，下载"苹果商店"所提供的资源时需要 Apple ID 和密码。本例从苹果商店搜索并安装"Adobe Reader"，单击页面左侧"苹果商店（App Store）"，在搜索文本框中输入"reader"，单击搜索按钮搜索应用程序，在搜索结果列表中找到"Adobe

Reader"，单击该资源右下角的"下载"按钮，如图 12-46 所示。

出现"AppStore 账号登录"对话框后，输入 Apple ID 和密码，单击"马上登录"按钮，即可下载并安装应用程序，如图 12-47 所示。

图 12-46　搜索并下载应用程序

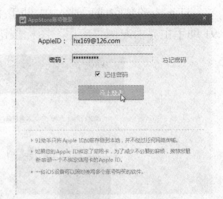

图 12-47　登录 Apple ID

（3）文件管理

用 91 助手管理苹果终端的方法和管理安卓终端完全相同，下面以上传 PDF 文件到 iPad 为例，介绍文件管理的基本方法。

1 进入 91 助手主界面后，单击右下角的"文件管理"按钮，如图 12-48 所示。

图 12-48　文件管理按钮

2 出现"文件管理"页面后，单击页面左侧"应用程序（文档）"，在应用程序列表中依次选择"Adobe Reader"→"Documents"，然后单击"上传到手机"菜单，如图 12-49 所示。

3 出现"打开"对话框后，选择需要上传的 PDF 文档，如图 12-50 所示。

4 回到"文件管理"页面，可以查看到所上传的文件，如图 12-51 所示。

图 12-49　指定文件上传位置

图 12-50　选择 PDF 文档

5 在 iPad 上打开 Adobe Reader，在 Adobe Reader 的"文档"里面出现了刚上传的 PDF 文档"人力资源检测试题及答案.pdf"，如图 12-52 所示。单击即可打开该文档，如图 12-53 所示，是在 iPad 上打开并阅读 PDF 文档的界面。

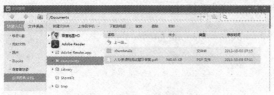

图 12-51　查看上传的文件

图 12-52　上传的 PDF 文档出现在 Adobe Reader
　　　　　的文档中

图 12-53　用 Adobe Reader 阅读 PDF 文档

12.4　项目实战

1. 背景资料

手机丢了!在一般人看来不算什么大事儿，可是，这事发生在江北省长城大酒店的孙章合身上，就成一件了不得的大事。孙章合已经习惯于把手机当电脑用，联系方式、照片、视频、文档邮件、投资理财全都通过手机完成，主要是联系方式，孙章没有备份，这次丢手机事件，他失去了好多客户的联系方式、所有通话记录和短信记录（这是孙章合用来分析和客户联系频度的主要资料）。现在，孙章合又购买一款三星智能手机，这次他吸取了上次丢手机的教训，决定定期备份通讯录、通话记录和短信，要是能够同步通讯录等重要资料就更好了。

2. 项目实战

请你结合本章所学知识，用自己的手机模拟背景资料所描述的情景，将通讯录、短信和通话记录备份到电脑，初始化手机，再将所备份的资料导回手机，探究手机同步备份问题，在进行项目实战的同时填写"实训报告单"。

12.5 课后练习

1. 课后实践

（1）使用 91 助手下载一个机动车辆违章查询的软件到手机上。

（2）使用 91 助手添加音乐到手机上。

（3）使用 91 助手卸载软件。

2. 判断题

（1）手机的三大操作系统：iOS、Android 以及 Windows。（   ）

（2）移动终端设备不仅专指手机，也包含平板电脑等设备。（   ）

（3）91 手机助手只可以管理苹果手机，不能管理 Android 手机。（   ）

3. 简答题

（1）什么是主流移动终端系统？

（2）常见的主流移动终端系统有哪几种？各有什么特点？

第 13 章　安全防护工具

带着问题学

☑ 病毒、木马、恶意软件、黑客是什么？对电脑构成哪些威胁？

☑ 互联网环境下防范病毒应采取哪些措施？

☑ 电脑中毒了怎么办？

☑ 什么是"肉鸡"，如何避免电脑成为"肉鸡"？

☑ 杀毒软件、防火墙、安全卫士、电脑管家该如何选择？

☑ 什么时候安装杀毒软件都可以吗？

☑ 杀毒软件影响了电脑速度怎么办？

☑ 杀毒软件失效了怎么办？

☑ 什么情况下杀毒软件会失效？

☑ 为什么防火墙不起作用？

☑ 有必要安装多个杀毒软件吗？

随着计算机网络的飞速发展和信息技术在各个层面上的广泛应用，互联网环境下，病毒、木马、恶意软件、软件漏洞、黑客、隐形网页代码等每时每刻都对计算机和信息安全构成威胁，如何保障计算机信息网络的安全成为备受人们关注的话题。

13.1　相关背景知识

13.1.1　关键词

1. 计算机病毒

1994 年 2 月 18 日，我国正式颁布实施了《中华人民共和国计算机信息系统安全保护条例》，在《条例》第二十八条中明确指出："计算机病毒，是指编制或者在计算机程序中插入的破坏计算机功能或者毁坏数据，影响计算机使用，并能自我复制的一组计算机指令或者程序代码。"计算机病毒具有以下特性：

（1）传染性

正常的计算机程序一般不会将自身的代码强行连接到其他程序之中，而病毒具有把自身复制到其他程序中的特性。病毒程序代码一旦进入计算机并得以执行，它会搜寻其他符合其传染条件的程序或存储介质，确定目标后再将自身代码插入其中，达到自我繁殖的目的。所以只要一台计算机染毒且没有及时处理，病毒就会在这台电脑上迅速扩散，该计算机中大量文件（一般是可执行文件）被感染，而被感染的文件又成了新的传染源，通过各种可能的渠道（如移动存储设备、网络）去传染其他的计算机。

（2）非授权性

一般正常的程序是由用户调用，再由系统分配资源，完成用户交给的任务，程序的动作、目的是经用户授权的、透明的。而病毒程序隐藏在正常程序中，当用户调用正常程序时窃取到系统的控制权，先于正常程序执行，与正常程序相比病毒的动作、目的对用户是未知的、未经用户允许的。

（3）隐蔽性

病毒程序通常附在正常程序中或磁盘较隐蔽的地方，用户很难发现它的存在，即使发现了，如果不经过代码分析，也很难将其与正常程序区别开。此外，计算机感染病毒后并不立即发作，系统通常仍能正常运行，用户不会感到任何异常，正是由于其隐蔽性，计算机病毒才得以在用户没有察觉的情况下广泛传播。

（4）潜伏性

大部分的病毒感染系统之后一般不会立即发作，它可以长期隐藏在系统中，只有满足其触发条件才会发作（如"黑色星期五"病毒发作的条件是 13 号且为星期五）。

（5）破坏性

任何病毒只要侵入系统，都会对系统及应用程序产生不同程度的影响。轻者会降低计算机工作效率，占用系统资源，重者可导致系统崩溃。根据其对系统的影响程度将病毒分为良性病毒与恶性病毒，良性病毒对系统没有任何破坏动作，但会占用系统资源，恶性病毒则以破坏为目的，破坏数据、删除文件或格式化磁盘。

2. 木马程序

（1）木马原理和特征

木马（Trojan）这个名字来源于古希腊传说，又被称为"特洛伊木马"，一个完整的木马程序包括服务端和客户端。其中黑客会想尽一切办法将服务端植入对方电脑，例如，黑客会将木马的服务端程序和病毒、网页、注册机、算号器、破解软件等绑在一起，一旦用户电脑中毒或打开带有木马的网页、注册机、算号器或破解软件，木马的服务端就被植入用户电脑，黑客就可以使用木马的客户端程序，远程控制用户电脑，用户电脑也就成为该黑客的一台"肉鸡"。

尽管木马经常和病毒或恶意代码绑在一起，被人当作病毒或恶意代码，其实，它不会像病毒那样自我繁殖，也不会像恶意代码那样目标明确，它以控制用户电脑，窃取用户信息为主要目的，木马的特点就是想尽一切办法隐藏自己。

（2）常见伪装方式

① 修改图标：将木马服务端程序的图标改成 HTML、TXT、ZIP 等各种文件的图标，只要用户打开这些文件就"中招"。

② 捆绑文件：将木马捆绑到安装程序或其他可执行文件中，只要用户运行这些文件就"中招"。

③ 出错显示：木马和远程控制类工具不同，远程控制类工具在服务端和客户端连接成功后会有提示，木马为了隐藏自己，不会有提示。如果打开一个文件，没有任何反应，这个文件有可能就是木马程序，木马设计者针对这个缺陷，增加了出错提示功能，用户打开木马程序时，会弹出一个错误提示框，如"文件已破坏，无法打开！"之类的信息。

④ 定制端口：很多老式的木马端口都是固定的，有经验的用户可以借此判断电脑是否感染了木马，木马设计者针对这个缺陷，增加了端口定制功能。

⑤ 自我销毁：有经验的用户会通过比较文件或文件夹大小来判断电脑是否"中招"，木马的自我销毁功能是指木马植入用户电脑后，自动销毁木马文件，使用户无法通过比较大小找到木马来源。

⑥ 木马更名：安装到系统文件夹中的木马文件名一般是固定的，用户可以根据经验或从互联网搜索该文件名等方法找到特定文件，为此，木马设计者针对此缺陷增加了文件名定制功能。

3. 恶意软件

（1）恶意软件的定义

恶意软件没有明确的定义，在我国，恶意软件指在未明确提示用户或未经用户许可的情况下，在用户计算机或终端上安装运行侵害用户合法权益的软件，但不包含我国法律规定的计算机病毒。一般具有下列特征之一的软件可以被认为是恶意软件：

① 强制安装：未明确提示用户或未经用户许可，在用户计算机或其他终端上安装软件的行为。

② 难以卸载：未提供通用的卸载方式，或在不受其他软件影响以及人为破坏的情况下，卸载后仍然有程序活动的行为。

③ 浏览器劫持：未经用户许可，修改用户浏览器或其他相关设置，迫使用户访问特定网站或导致用户无法正常上网的行为。

④ 广告弹出：未明确提示用户或未经用户许可，利用安装在用户计算机或其他终端上的软件弹出广告的行为。

⑤ 恶意收集用户信息：未明确提示用户或未经用户许可，恶意收集用户信息的行为。

⑥ 恶意卸载：未明确提示用户或未经用户许可，误导、欺骗用户卸载其他软件的行为。

⑦ 恶意捆绑：在可供下载的软件中捆绑已被认定为恶意软件的行为。

⑧ 其他侵害用户软件安装、使用和卸载知情权、选择权的恶意行为。

（2）恶意软件的种类

恶意软件的专业术语是 Malware，这个单词来自于 Malicious 和 Software 两个单词的合成，专指那些泛滥于网络中的恶意代码，按照这个定义，除计算机病毒、蠕虫病毒、特洛伊木马外，逻辑炸弹、间谍软件、广告软件、垃圾邮件等也是恶意软件。

① 逻辑炸弹一般隐含在具有正常功能的软件中，在特定逻辑条件满足时实施破坏的计算机程序。与病毒相比，它强调破坏作用本身，而实施破坏的程序不具有传染性。

② 间谍软件是一种在用户不知情的情况下，在其电脑上安装后门、收集用户信息的软件。

③ 广告软件是指未经用户允许，下载并安装或与其他软件捆绑通过弹出式广告或以其他形式进行商业广告宣传的程序。

④ 垃圾邮件可以分为良性和恶性。良性垃圾邮件是各种宣传广告等对收件人影响不大的信息邮件。恶性垃圾邮件是指具有破坏性的电子邮件。

⑤ 弹出窗体通常存在广告或其他商业服务。未经用户许可，出人意料地弹出窗体是这类软件的特征，部分弹出窗体没有关闭按钮或反复弹出窗体，对用户工作和生活构成影响。

（3）恶意软件与恶意插件

插件是一种遵循应用程序接口规范编写出来的程序。插件也有很多种类，上网冲浪离不开浏览器，于是针对浏览器的插件越来越多，恶意软件也以插件的形式出现，具有恶意软件特征的插件是恶意插件，如 360 安全卫士、QQ 电脑管家等电脑管理工具，都专门提供了插件清理功能，如图 13-1 所示，同时提供网友对插件的评价数据，很多用户把"差评"插件也定义为恶意插件。

4. 黑客

（1）黑客的定义

黑客最早源自英文 hacker，人们对黑客的定义并不统一，其中公认的定义为"电脑技术上的行家或热衷于解决问题、克服限制的人"。下面是一些黑客自己的定义或评价，通过这些描述可以帮助我们理解什么是黑客。

图 13-1　QQ 电脑管家提供的插件清理

"黑客的思维是敏捷的，有着丰富创造力的头脑和很强的记忆力。"

"通常黑客是刻苦专注的，有很高的工作激情，并在其中享受乐趣，通常把工作当作一种刺激性的消遣而非一份苦差事。"

"黑客们通常乐于助人，并有着团体协作和互相学习的精神。"

"黑客极富感情，往往会有传奇般的恋爱经历或者浪漫故事，他们喜欢有思想有独特见解的人，不喜欢接近虚华的人，并尊敬各种有能力的人。"

（2）黑客的不同称谓

黑客，是电脑技术方面的行家里高手的统称。

红客，维护国家利益代表中国人民意志的红客（黑客），他们热爱自己的祖国、民族、和平，极力地维护国家安全与尊严。

蓝客，信仰自由，提倡爱国主义的黑客们，用自己的力量来维护网络的和平。

白客，用黑客技术去做网络安全防护。

灰客，又称骇客或破坏者，因其经常蓄意毁坏系统或恶意攻击而被人们指责。

（3）我国对黑客的司法解释

2011 年 8 月 29 日，最高人民法院和最高人民检察院联合发布《关于办理危害计算机信息系统安全刑事案件应用法律若干问题的解释》。该司法解释规定，黑客非法获取支付结算、证券交易、期货交易等网络金融服务的账号、口令、密码等信息 10 组以上，可处 3 年以下有期徒刑等刑罚，获取上述信息 50 组以上的，处 3 年以上 7 年以下有期徒刑。

5. 肉鸡

"肉鸡"这个词被黑客专门用来描述 Internet 上那些防护性差，易于被攻破且容易被控制的计算机。在黑客眼里，"肉鸡"具有以下商业价值：

① 盗窃"肉鸡"电脑的虚拟财产，如网络游戏账号和装备，QQ 号和 Q 币等虚拟财产。

② 盗窃"肉鸡"电脑里的真实财产，如网银、支付宝、股票交易账号等。

③ 盗窃"肉鸡"电脑里的隐私数据，如私人照片、私人文档，还有攻击者热衷于远程控制别人的摄像头，偷窥个人隐私。

④ 盗窃"肉鸡"电脑里的商业信息，如财务报表、人事档案等。

⑤ 网络诈骗，例如通过盗取 QQ 好友，Email 联系人，手机通讯录等，然后伪装成"肉鸡"

电脑用户的身份，发送消息骗取非法利益。

⑥ 在"肉鸡"电脑上种植流氓软件，自动点击广告获利。

⑦ 以"肉鸡"电脑为跳板，对其他电脑发起攻击，这样可以更好地隐藏自己，"肉鸡"电脑充当了中介和替罪羊。

⑧ 发动 ddos 攻击，一些经营者为打倒对手，不惜重金雇佣黑客，利用黑客所控制的成千上万的"肉鸡"，向对手发起 ddos 攻击致其瘫痪。

⑨ 直接出售"肉鸡"，有的黑客直接在淘宝网出售"肉鸡"，如图 13-2 所示，有的则按流量、按日安装量等多种方式出售。

图 13-2 在淘宝网公开出售肉鸡

13.1.2 常见安全防护工具

电脑安全工具所包含的范围很广，有金山毒霸、瑞星杀毒、卡巴斯基、诺顿等杀毒软件产品，有天网防火墙、ARP 防火墙等防火墙产品，有 360 安全卫士、QQ 电脑管家等安全辅助产品，有木马克星、Office 病毒专杀等专杀工具。这些安全工具有的可以组合使用，构成多层次的安全防护系统，有的相互冲突，下面综合网友关注的热度、各评测机构评测结果等因素，介绍几款常见电脑安全防护工具。

1. 反病毒工具

反病毒工具就是杀毒软件，也称反病毒软件或防毒软件，是用于消除电脑病毒、特洛伊木马和恶意软件等对计算机构成威胁的软件。杀毒软件的主要任务是实时监控和扫描磁盘，部分杀毒软件要通过在系统添加驱动程序的方式进驻系统，并且随操作系统启动。

所有杀毒软件都具有病毒监控、病毒查杀、病毒隔离、自我保护技术、文件修复技术等功能，其中自我保护技术用于防止病毒终止杀毒软件进程或篡改杀毒软件文件，修复技术则是对被病毒损坏的文件进行修复的技术，如病毒破坏了系统文件，杀毒软件可以修复或下载对应文件进行修复。

从技术角度来讲，杀毒引擎是杀毒软件的核心部分，其研发难度、研发成本占据了整个杀毒软件研发的绝大部分，一款优秀的杀毒引擎可以大大提高杀毒软件的整体杀毒水平。一般来说，判断杀毒引擎好坏应从多方面综合考虑，主要包括：扫描速度、资源占用、清毒能力、对于多态病毒的检测、脱壳能力、解密能力、对抗花指令能力、对抗改入口点的变种病毒的能力，对抗变种病毒、免杀的能力，还有稳定性、兼容性等因素。用户对杀毒软件的评价主要是感性认识，偏向于扫描速度，清毒能力等，评测机构在评测杀毒软件时，评测的指标要比普通用户多一些，评测方法也比较客观公正，但因各项指标所占比例不同，评测结果也就不同，因此，用户不能迷信杀毒软件排行，可以参考这些排行数据，结合自己的喜好选择相应的杀毒软件产品。常见杀毒软件产品有：

（1）新毒霸（悟空）：是金山毒霸新发布的反病毒产品，内置 Avira 旗下的小红伞杀毒引擎。

（2）瑞星杀毒软件 V16：是瑞星正式发布的最新版本，它在反病毒引擎方面取得了重大突破，经过多年的技术积累，瑞星公司自主研发了新一代高性能的反病毒虚拟机，新的反病毒虚拟机采用分时虚拟化技术。

（3）360 杀毒：是 360 安全中心出品的一款免费的云安全杀毒软件，360 杀毒整合了来自罗马尼亚的 BitDefender 查杀引擎、Avira 旗下的小红伞杀毒引擎、360QVM 第二代人工智能引擎、360 系统修复引擎以及 360 安全中心潜心研发的云查杀引擎。

（4）Dr.Web（大蜘蛛）：全名 Dr.Web Antivirus for Windows，是俄罗斯国家科学院合作开发的杀毒防毒工具，采用新型的启发式扫描方式，提供多层次的防护方式，紧紧地与操作系统融合一起，拒绝接纳任何包含恶意的代码进入电脑，比如病毒、蠕虫、特洛伊木马以及广告软件、间谍软件等。

（5）Kaspersky（卡巴斯基）：是俄罗斯卡巴斯基实验室推出的杀毒软件，卡巴斯基实验室成立于 1997 年，是一家国际信息安全软件提供商，其反病毒引擎和病毒库，一直以其严谨的结构和快速的反应速度为业界所称道；杀毒强悍、果断、彻底是其最大特点。

（6）诺顿（Norton）：是 Symantec 公司个人信息安全产品之一，在美国，Norton（Symantec）是市场占有率第一的杀毒软件，而与之竞争的 McAfee、Trend Micro 分占第二、三名，除诺顿反病毒外，该公司的反病毒产品还包括诺顿网络安全特警（Norton Internet Security），诺顿 360（Norton ALL-IN-ONE Security），诺顿计算机大师（NortonSystemWorks）以及企业反病毒产品 Symantec Endpoint Protection 等。

（7）McAfee（迈克菲）：来自美国 McAfee 公司，是英特尔的全资子公司，McAfee 杀毒软件与该公司的 WebScanX 功能整合在一起，使杀毒软件具有 VShield 自动监视系统，会常驻在 System Tray，当用户从磁盘、网络上、E-mail 文件夹中开启文件时便会自动侦测文件的安全性。

（8）Panda（熊猫卫士）：在全球设有 56 个办事处，两个总部分别位于美国佛罗里达州和欧洲西班牙，熊猫卫士在欧洲占有很大市场份额，熊猫安全为企业客户和家庭用户提供多条产品线，包括安全软件、安全设备和安全管理服务。

（9）BitDefender（比特梵德）：是来自罗马尼亚的安全软件。BitDefender 最重要的功能就是 Active Virus Control（活动病毒控制）和 Usage Profiles（使用模式）功能。Active Virus Control 可以通过监测应用程序和类似病毒的活动，为用户提供删除病毒代码的启发式技术。

（10）ESET NOD32：是由斯洛伐克 ESET 发明设计的杀毒防毒软件，ESET 源于斯洛伐克，总部在美国，是一家面向企业与个人用户的全球性的计算机安全软件提供商，ESET 有两款软件，即 ESET NOD32（简称 NOD32）与 ESET Smart Security（简称 ESS），其中 ESS 是内置防火墙。

（11）Avira AntiVir（小红伞）：是一套由德国的 Avira 公司所开发的杀毒软件。Avira 除了商业版本外，还有免费的个人版本。国内知名品牌杀毒软件厂商金山、360 和 QQ 安全管家先后采用了小红伞作为自己的主要杀毒引擎。

2. 网络防火墙工具

防火墙一般是指安装在内部网和外部网交界点上的访问控制设备，达到保护内部网免受非法用户侵入的目的，主要由服务访问规则、验证工具、包过滤和应用网关 4 个部分组成，防火墙可以是一台专属的硬件也可以是架设在一般硬件上的一套软件，企业所购买的防火墙产品多数是网络设备，个人或小企业使用的防火墙产品多数是软件防火墙。

网络防火墙是一个位于计算机和它所连接的网络之间的软件，计算机安装网络防火墙后，该计算机流入流出的所有网络通信均要经过此防火墙。防火墙对流经它的网络通信进行扫描，依照特定的规则允许或是阻止通信。防火墙还可以关闭不使用的端口，禁止特定端口的流出通信，封锁特洛伊木马，禁止来自特殊站点或 IP 地址的访问，从而防止来自不明入侵者的所有通信。防火墙具有很好的网络安全保护作用。入侵者必须首先穿越防火墙的安全防线，才能接触目标计算机。

随着 Windows Vista 和 Windows 7 的推出，Windows 内置防火墙的性能已经有很大的提升，各大反病毒软件厂商在自己的反病毒产品中也集成了防火墙。

（1）Windows 7 防火墙：是一种有状态的防火墙，它检查并筛选 IP 版本 4 (IPv4) 和 IP 版本 6 (IPv6) 流量的所有数据包。默认情况下阻止传入流量，除非是对主机请求（请求的流量）的响应，或者得到特别允许（即创建了允许该流量的防火墙规则），可以通过指定端口号、应用程序名称、服务名称或其他标准将 Windows 防火墙配置为显式允许流量。Windows 防火墙还允许用户请求或要求计算机在通信之前互相进行身份验证，并要求在通信时使用数据完整性或数据加密。

（2）Comodo Firewall（科摩多防火墙）：是由美国科摩多公司开发的免费防火墙。默认拒绝式保护是该防火墙的一大特点，确保只有已知的 PC 安全应用程序在运行。基于预防的安全保护在病毒和恶意软件感染您的 PC 之前阻止他们。自动沙箱技术、个性化的提示、基于云计算的行为分析、基于云计算的白名单、游戏模式、应用控制、自动更新、精确和具体的警报系统、COMODO 安全列表、"训练模式"等也是该防火墙的主要特点。

（3）PC Tools Firewall：是由澳大利亚 PC Tools 公司设计的免费个人防火墙软件，Firewall Plus 监控连接到网络的应用程序，能防止木马、后门、键盘监控和其他恶意程序破坏电脑、窃取私人信息。普通用户可按默认设置启动应对攻击和已知漏洞的强有力防护措施，有经验的用户也可自行创建高级过滤规则（包括 IPv6 支持）来定制网络保护措施。

（4）ZoneAlarm Firewall Basic：是美国 Check Point 公司出品的一款免费的防火墙，ZoneAlarm 的界面相对复杂一些，该款防火墙的一大特色就是大量采用了"滑动条"设计，使防火墙的设置变得非常的简单。另外，该款防火墙软件的系统资源占用很低，仅 2M 多。

（5）Outpost Firewall：是俄罗斯 Agnitum 公司发布的网络防火墙软件，它不仅具有包过滤功能，还包括了广告和图片过滤、内容过滤、DNS 缓存等功能。可预防来自 Cookies、广告电子邮件病毒、后门、窃密软件、解密高手、广告软件和其他 Internet 危险的威胁。

（6）Ashampoo FireWall：是德国 Ashampoo 公司开发的防火墙产品，Ashampoo 成立于 1999 年，主要是开发办公和多媒体软件，近两年开始进军安全产品领域。

（7）瑞星防火墙是北京瑞星科技股份有限公司开发的防火墙产品，该防火墙具有网络攻击拦截、出站攻击防御、恶意网址拦截等功能，个人防火墙是为解决网络上黑客攻击问题而研制的个人信息安全产品，具有完备的规则设置，能有效的监控网络连接，保护网络不受黑客的攻击。

（8）风云防火墙是安徽天达网络科技有限公司开发的网络防火墙，包含程序对外连接提醒控制、IP 和端口规则、ARP 防火墙，新增加对指定网络进程数据嗅探功能。主动防御功能包含进程防火墙，文件保护，注册表保护；系统检测功能包含隐藏进程和隐藏服务启动项检测、常规启动项、插件管理等。移动设备插入拔出、操作文件日志、一键锁屏、一键抓屏等也是用户比较喜欢的功能。

3. 网络安全套装工具

杀毒软件和防火墙都是电脑安全防护产品，杀毒软件的重点是防毒清毒，防火墙的重点是防攻击防泄漏，防护要做到全方位，杀毒软件与防火墙可以互补不足。一个强大的杀毒软件和一个强大的防火墙组合在一起是不是防护效果一定好呢？答案显然不是这样的,现在的杀毒软件和防火墙在功能上多少有些重叠,甚至二者之间有冲突,所以强强组合未必强,因此用户在选择杀毒软件和防火墙时,尽可能选择网络安全套装产品,不少知名安全产品开发商都提供了既有杀毒软件,又有防火墙功能的套装产品。

（1）诺顿 360 全能特警：是赛门铁克公司开发的一款系统安全软件。它集成了多种保护功能,能够有效阻止外来病毒的入侵。该产品的主要功能特点有：诺顿全能防护系统（提供 5 个专利防护层）、网络防御层保护、SONAR 主动行为防护和全天候威胁实时监控、建立威胁删除层、诺顿云管理、Norton Safe Web for Facebook（对抗针对社交网络网站的 Koobface 和其他恶意软件的工具）、自动备份 、优化电脑、父母控制管理、反网页仿冒技术、诺顿在线身份安全、Insight （通过识别安全文件以及仅扫描未知文件来提高性能）、诺顿网页安全、浏览器防护、基于网络的备份访问、下载智能分析、漏洞防护、带宽管理、诺顿脉动更新等。

（2）卡巴斯基安全部队 2013：是俄罗斯卡巴斯基实验室推出卡巴斯基互联网安全套装,其核心功能包括前摄式保护防御各类互联网威胁、安全浏览器和卡巴斯基网址过滤功能加强在线安全、防火墙抵御黑客攻击、反钓鱼和安全键盘全面守护用户的数字身份、针对可疑程序和网站的安全堡垒、上网管理功能、智能反垃圾邮件和反广告保护、系统优化功能提高计算机的性能和安全性、应急磁盘可恢复被恶意程序感染的系统、全自动任务扫描和更新等。

（3）Symantec Endpoint Protection：由 Symantec Insight 提供支持,主要面向企业级客户。其提供了顶级的安全防护功能,集成了防病毒、反间谍软件、防火墙和入侵防御以及设备与应用程序控制功能,可以防御各种类型的网络攻击。

（4）ESET NOD32 安全套装：是由斯洛伐克 ESET 开发的一套综合性安全套件,集反病毒、反间谍、个人防火墙和反垃圾邮件于一身。同时集成一系列增强型安全功能。特色功能包括云端扫描、增强介质控制、智能防火墙、家长控制、玩家模式、反垃圾邮件和 HIPS （可为系统注册表、各种活动进程及程序指定规则,微调各种安全动作）。

4. 安全辅助工具

安全辅助软件不是杀毒软件,也不是防火墙,因此可以和杀毒软件、防火墙同时使用。安全辅助软件主要用于实时监控防范和查杀流行木马、清理系统中的恶评插件、管理应用软件、系统实时保护、修复系统漏洞功能;同时还提供系统全面诊断,弹出插件免疫,阻挡色情网站和其他不良网站以及端口的过滤,清理系统垃圾、痕迹和注册表,系统还原,系统优化等特定辅助功能;并且提供对系统的全面诊断报告。目前最受欢迎的安全辅助软件有 360 安全卫士、金山卫士、腾讯电脑管家。

（1）360 安全卫士：是由奇虎 360 公司推出的上网安全软件。360 安全卫士拥有查杀木马、清理插件、修复漏洞、电脑体检、保护隐私等多种功能,以及"木马防火墙","360 密盘"等特色功能,依靠抢先侦测和云端鉴别,可全面、智能地拦截各类木马,保护用户的账号、隐私等重要信息。

（2）金山卫士：是一款由金山网络技术有限公司出品的免费安全软件。它采用金山的云安全技术,不仅能查杀上亿种已知木马,还能在 5 分钟内发现新木马;漏洞检测针对 Windows 7 优化,速度更快;更有实时保护、插件清理、修复 IE 等其他诸多功能,全面保护电脑的系统安全。

（3）腾讯电脑管家：是腾讯公司推出的永久免费安全辅助软件,原名 QQ 医生,2012 年升级推出杀毒管理二合一的全新版本"腾讯电脑管家"。主要功能有云查杀木马、系统加速、漏洞修复、实时防护、网速保护、电脑诊所、健康小助手等。

5. 专杀工具

在电脑安全领域，除杀毒软件、防火墙和安全辅助工具外，还有一些专门针对某一病毒或木马的专杀工具，这些工具虽然小巧，但非常实用，占用资源又少，适合配置较低的电脑或总被同一个问题干扰的网络。专杀工具一般由杀毒软件公司自己完成的，也有个人完成的，目前国内有些个人或杀毒软件公司为了达到扩大影响面或提高知名度或达到非法获利的目的，自己制造病毒然后再推出专杀工具，因此，用户选择专杀工具时，须小心甄别。

（1）ARP 攻击拦截工具：ARP 攻击就是通过伪造 IP 地址和 MAC 地址实现 ARP 欺骗，能够在网络中产生大量的 ARP 通信量使网络阻塞，攻击者只要持续不断地发出伪造的 ARP 响应包就能更改目标主机 ARP 缓存中的 IP-MAC 条目，造成网络中断或中间人攻击。例如，不少网友通过用 p2p 终结者控制别人上网，达到抢占网络流量的目的，p2p 终结者实际上就是一款 ARP 欺骗软件。除了部分安全辅助工具自带 ARP 防火墙外，像彩影 ARP 防火墙这样的比较典型的专杀工具也有不少。

（2）U 盘病毒专杀工具：U 盘病毒不是具体指哪个病毒，凡是借助 autorun.inf 文件传播的木马或病毒都可以称之为 U 盘病毒或 autorun.inf 病毒。除 U 盘外，像光盘、软盘、移动硬盘或硬盘分区都可能藏有 U 盘病毒。autorun.inf 是一个文本文件，是 Windows 为实现自动播放或自动安装而设计的，用户插入或双击带有 autorun.inf 的磁盘或分区时，会自动执行 autorun.inf 文件里所指定的程序。关闭自动播放实际上就可以避免 U 盘病毒的执行，U 盘病毒专杀工具可以清除这类病毒，USBCLeaner 就是这样一款专杀工具。

13.1.3　互联网环境个人电脑安全防护策略

1. 系统安装策略

如果病毒已经抢占了电脑控制权，查毒清毒的难度就大了，因此，在安装杀毒软件之前，必须保证系统是一个纯净的系统。系统要保持纯净，需要遵守以下安装策略：

（1）确保操作系统安装无毒。无论所安装的系统是否是原版系统，在安装之前，要在没有染毒的电脑上，用杀毒软件扫描安装系统，确保安装系统没有病毒，如果安装系统为 Ghost 版或 Windows Vista/7/8/2008 系统，需要将 GHO 文件或 WIM 文件解压到本地硬盘，然后用杀毒软件对解压后的文件进行扫描，确认无毒后方可用于安装系统，如果有毒，则要放弃该安装盘。

（2）重写硬盘的引导记录。在安装系统之前如果不能确定原系统是否有毒，或不能确定原硬盘是否有毒，都需要重写硬盘引导记录，如果电脑有多块硬盘，每块硬盘都要重写引导记录。

（3）设置电脑开机启动顺序。在安装前，将开机启动顺序设置为光盘（用光盘装系统）或 U 盘（用 U 盘装系统），在系统安装过程中，如果需要重新启动电脑，在重新启动电脑过程中，要将启动顺序改为本地硬盘启动。

如果使用 U 盘安装系统，要在关机状态插入 U 盘，避免原电脑中的引导区病毒感染 U 盘。在开机过程中如果 U 盘启动失败，而是从本地硬盘启动，无论硬盘启动是否启动到桌面，都需要重新检查 U 盘，确认无毒后再使用，因为本地硬盘如果感染有引导区病毒，只要硬盘启动电脑都可能使其他可写的存储介质（如 U 盘）受到感染。

（4）非系统分区必须先杀毒后使用。系统安装完毕后，在没有安装杀毒软件之前，尽量避免访问系统盘以外的其他盘，更不能安装系统盘外的其他软件。

（5）关闭自动播放功能。系统安装完成后，用本地组策略编辑器关闭自动播放，这样避免因双击磁盘或分区而使 U 盘病毒自动运行。

（6）禁用"ShellHWDetection"（为自动播放硬件事件提供通知）服务，这样可避免因插入 U 盘或其他移动介质而使 U 盘病毒自动运行。

2. 杀毒软件安装使用策略

每款杀毒软件都有自己的特点，都有自己的优势和劣势，网上关于"最好的杀毒软件"、"杀毒软件排行榜"、"全球顶级杀毒软件"之类的言论，大多是杀毒软件厂商的一面之词，即便媒体公测也会因技术指标的选择而带有片面性，用户可以参考这些结果，但不要迷信。实际上，杀毒软件好用不好用，与用户的个人喜好、使用习惯、安装方法、系统和软件环境等有关，甚至与用户电脑硬件配置有关。

（1）根据自己的需要选择杀毒软件，如果计算机配置较低，可选用系统资源占用率（主要指动静态内存及 CPU 占用率）低的杀毒软件，如国产的金山杀毒、360 杀毒，如果看重杀毒软件的查杀能力，小红伞、卡巴斯基、诺顿就是不错的选择，如果需要经常浏览网页，防范挂马网站较好的是诺顿、卡巴斯基、G Data，如此可见，用户在选择杀毒软件时，首先要结合自己的实际来选择，不要盲目看排行榜或网友评论。

（2）在安装杀毒软件之前，要确保系统干净，尽管不少杀毒软件开发商自己可以带毒杀毒，但只能检查出或清除部分病毒，如果病毒已经控制系统权限，甚至早于系统控制硬盘读写权限，杀毒软件很难检查出病毒，因此，系统安装完成后，首要任务就是安装杀毒软件，而且要确保安装源无毒。

（3）避免同时安装两个或两个以上的杀毒软件，杀毒软件为了实现实时监控，首先要抢占系统资源，这就是杀毒软件之间容易冲突的原因，如果去掉实时监控，用一个安全辅助工具去集成多个杀毒引擎，可以减少或避免杀毒软件的冲突，例如，QQ 电脑管家集成的杀毒引擎包括 "管家云查杀引擎"、"管家第二代反病毒引擎"、"金山云查杀引擎"、"avira 本地查杀引擎" 和 "管家系统修复引擎" 5 个杀毒引擎，如图 13-3 所示。

图 13-3　集成多款杀毒引擎的安全辅助工具

（4）杀毒软件安装好以后，要立即对整台电脑做一个完整扫描，防止误操作本地硬盘中的有毒分区或打开有毒文件而感染。

（5）无论是从互联网下载的文件，还是使用 U 盘等移动存储介质复制的文件，只要是新获得的文件，都应执行先查杀后使用的原则。如果是压缩文件，将压缩包解压后，先查杀，后使用，不要直接打开压缩包里面的文件。

（6）任何情况下都不能停止杀毒软件的监控。有的用户因为重要文件带有病毒，如从网上下载的注册机、算号器或从其他位置复制来软件，只要打开带毒文件，杀毒软件就自动删除这个文件，为了打开这些带毒文件，部分用户关闭杀毒软件或暂停监控，结果病毒抢占资源杀毒软件彻底失效了。

怎样才能使用这些带毒文件呢？很多杀毒软件有沙箱功能，可以在沙箱中打开带毒文件降低中毒概率。如果要确保电脑不中毒，可以在虚拟机中打开带毒文件。

3. 防火墙安装使用策略

黑客、恶意软件和网络钓鱼是互联网环境威胁电脑安全的 3 大罪魁祸首，它们不是病毒，但它们可以利用系统或软件漏洞，窃取电脑管理权限。拥有管理权限后，它们可以关闭/暂停杀毒软件的监控，并在所入侵的电脑中种植木马或其他病毒，除此之外，它们还可以对目标电脑发动攻击，致使目标电脑瘫痪。因此，在互联网环境下，只有杀毒软件是不够的，还需要防火墙配合，才能做到全方位防护。

（1）用户要结合自身实际选择防火墙，不应只考虑价格因素，因为防火墙能否起到防护作用，除与防火墙本身的防御能力和拦截能力有关外，还与用户对网络的认知有关，也就是用户对防火墙设置或防火墙规则设置有关。多数用户安装防火墙后，不做任何设置，于是防火墙的默认参数和默认规则将影响用户的选择。

（2）防火墙之间有冲突，一般情况下，用户在安装防火墙过程中，该防火墙会自动关闭Windows 自带的防火墙，这是为了避免冲突的发生，因此，用户不能在同一台电脑中同时安装两个或两个以上的防火墙。

（3）无论是运行软件、打开网页或是其他操作，当防火墙弹出是否允许访问网络等请求的提示后，只允许自己熟悉的软件请求，其他请求应一律拒绝，如图 13-4 所示。许多防火墙失效的原因就在于用户遇到访问请求一味放行。

（4）任何情况下都不要关闭或暂停防火墙的监控，其原理和关闭杀毒软件监控一样，一旦黑客或恶意软件获得电脑管理权，也就获得了防火墙的控制权，它可以随时暂停防火墙的监控，甚至是一直关闭防火墙。不少网友为了共享文件或其他目的，发现通信受阻，就暂停或关闭防火墙，这也是防火墙失效的主因。

图 13-4　拒绝陌生程序的访问请求

13.2　反病毒工具

13.2.1　诺顿防病毒软件

诺顿防病毒软件是美国 Symantec 公司个人信息安全产品之一，软件最新的版本号是"20.3.0.36"，官方提供试用版下载，试用期限为 30 天，若激活，需要购买使用权。

1. 软件首页面

诺顿防病毒软件的软件主界面还是比较人性化的，用户常用功能图标"安全"、"立即扫描"、"LiveUpdate"、"高级"以醒目的方式显示在软件的首页。"安全"显示了当前系统的资源占用情况和信任级别，用户单击"立即扫描"按钮可人工扫描目标文件，单击"LiveUpdate"可手动更新杀毒引擎或病毒定义文件，单击"高级"按钮可以打开更详细的功能模块页面，如图 13-5 所示。

在软件首页面的上方还有"设置"等功能按钮，右侧有"诺顿云管理"等图标按钮，下方则是软件的订购状态。

2. 立即扫描

一般情况下，杀毒软件都提供自动扫描功能，当用户打开某文件夹时，杀毒软件就自动开始扫描该文件夹下的所有文件。不少杀毒软件还提供右键菜单扫描功能。"立即扫描"给用户提供手动扫描功能，包括"快速扫描"（扫描易受感染区域）、"全面系统扫描"（扫描整台电脑）、

"自定义扫描"（对驱动器文件夹或磁盘进行自定义扫描）。

除可对电脑手动扫描外，还可对电脑进行信誉扫描，即检查电脑中的所有程序、正在运行进程的信任级别、存在时间及使用范围。如图 13-6 所示。

图 13-5　诺顿防病毒软件首页面

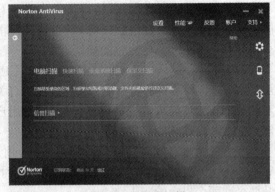

图 13-6　电脑扫描

扫描结束后，诺顿防病毒软件会显示扫描的结果摘要，包括已经扫描的项目总数、检测到的安全风险、已解决的安全风险和需要注意的安全风险，如图 13-7 所示。

如果对电脑进行信誉扫描，在扫描结果页面列出了所有程序和进程文件的信誉状态，在扫描结果页面上方还以图表的方式，分"信任级别"、"社区使用情况"、"稳定性"和"诺顿全球"4 个部分显示整台电脑的信誉状况，如图 13-8 所示。

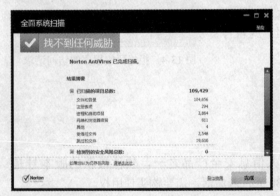

图 13-7　查看扫描结果

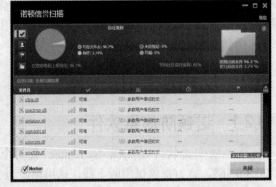

图 13-8　查看电脑中程序的信誉扫描结果

3. LiveUpdate

LiveUpdate 是诺顿的在线更新程序，单击"运行 LiveUpdate 更新"按钮即可更新病毒和间谍软件的定义文件、杀毒引擎和其他组件，如图 13-9 所示。

4. 高级防护

高级页面提供了电脑防护和网络防护两大模块，其中电脑防护包括"立即扫描"等 5 个主要功能按钮，其右侧提供了"全球智能云"、"防病毒"、"反间谍软件"、"SONAR" 4 个监控的"开启/关闭"按钮，网络防护提供了"漏洞防护"和"网络安全拓扑图"两个功能按钮，其右侧提供了"入侵防护"、"电子邮件防护"、"浏览器主动防护"、"下载智能分析" 4 个监控的"开启/关闭"按钮，如图 13-10 所示。

图 13-9　在线更新杀毒软件

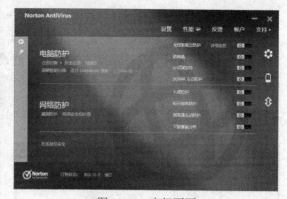

图 13-10　高级页面

其中漏洞防护主要针对当前流行软件存在的漏洞进行防护,而不像 360 安全卫士或 QQ 电脑管家那样,通过安装系统补丁程序等方式修复漏洞, 如图 13-11 所示。

网络安全拓扑图是以拓扑图的方式显示整个网络的安全状态,包括整个网络有哪些电脑,是否开机、安全状态, 本地电脑的无线网络是否安全, 通过设置远程监控, 可以使局域网中其他安装诺顿防病毒软件能监控到这台电脑, 如图 13-12 所示。

图 13-11　漏洞防护

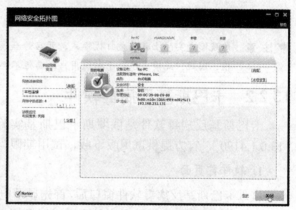

图 13-12　网络安全拓扑图

5. 设置

设置页面包括电脑设置、网络设置和常规设置 3 大模块。

电脑设置主要有“防病毒和 SONAR 排除”设置(自定义要从扫描中排除的项目)、“电脑扫描”设置(自定义扫描病毒、间谍软件、广告软件以及其他内容的方式)、“实时防护”设置(和高级防护类似,决定开启/关闭实时防护的项目)和“更新”设置(包括是否开启自动更新、脉动更新等)。

其中脉动更新是诺顿特色功能之一, 开启脉动更新后,当电脑繁忙工作时,杀毒软

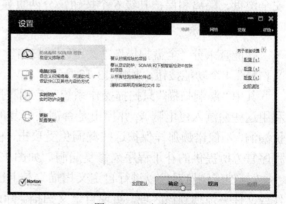

图 13-13　电脑设置

件从 5 分钟更新一次变成 1 小时更新一次。只要电脑稍有空闲,又恢复 5 分钟更新一次的频率。

网络设置包括"浏览器主动防护"设置、"下载智能分析"设置、"入侵防护"设置、"消息保护"设置、"网络安全"设置，如图 13-14 所示。

常规设置主要针对诺顿防病毒软件自身的设置，包括"诺顿任务"（调度任务）、"其他设置"（包括节能模式、月度报告等其他设置）、"性能监控"（如是否开启性能警报等）、"产品安全性"（如诺顿产品篡改防护、设置杀毒软件密码等）、"静默模式设置"（如是否开启静默模式等），如图 13-15 所示。

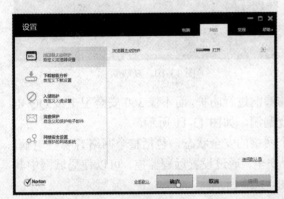

图 13-14　网络设置　　　　　　　　　　图 13-15　常规设置

★ **注 意**　静默模式实际上就是免打扰模式。开启静默模式后，杀毒软件将在后台工作，不再弹出提示对话框，因此，此模式适合于初级用户或其他不想被打扰的用户。

13.2.2　卡巴斯基反病毒软件

卡巴斯基反病毒软件是俄罗斯卡巴斯基实验室研发的杀毒软件，软件最新的版本号是"13.0.1.4190"，官方提供试用版下载，试用期限为 30 天，若激活，需要购买使用权。

1. 软件首页面

进入卡巴斯基反病毒软件窗口后，首先显示电脑的保护状态，包括电脑存在哪些安全威胁、是否启用保护组件、病毒数据库是否过时以及授权许可使用的期限等用户关心的关键问题，在状态栏下方是卡巴斯基反病毒软件提供的主要功能按钮，包括智能查杀、免疫更新、系统优化、安全键盘、隔离和保护升级 6 个按钮，分两页显示，如图 13-16 所示。

2. 智能查杀

智能查杀分"全盘扫描"、"关键区域扫描"、"漏洞扫描"和"拖拽或浏览对象以进行自定义扫描" 4 个功能按钮，如图 13-17 所示。

其中"漏洞扫描"只扫描操作系统和应用程序存在哪些漏洞（黑客或一些恶意程序可能会利用这些漏洞入侵电脑），并提出是否需要修复的建议，比较遗憾的是，卡巴斯基只发现、评价漏洞，不像诺顿那样保护这些漏洞免受攻击，也不像 QQ 电脑管家会下载并安装系统和应用程序官方所提供的补丁程序来修复漏洞，如图 13-18 所示。

"拖拽或浏览对象以进行自定义扫描"是卡巴斯基反病毒软件的一个特色功能，可以将文件或文件夹拖拽到该区域，实现自定义扫描。除此之外，如果对单个文件扫描，在扫描结果中还有"来自 KSN 的消息"，提示有多少个卡巴斯基用户使用了这个文件，如图 13-19 所示。

图 13-16　卡巴斯基反病毒软件首页面

图 13-17　卡巴斯基智能查杀页面

图 13-18　系统和第三方应用程序漏洞扫描

图 13-19　扫描结果

卡巴斯基反病毒软件允许"全盘扫描"、"关键区域扫描"、"漏洞扫描"和"拖拽或浏览对象以进行自定义扫描"4 个查杀功能并行进行，如图 13-20 所示。

3. 免疫更新

免疫更新就是更新数据库和程序模块。

4. 系统优化

系统优化包括"卡巴斯基应急磁盘"、"Microsoft Windows 故障排除"、"清理活动痕迹"、"优化浏览器设置"4 个功能模块。其中"卡巴斯基应急磁盘"用于创建 CD 或

图 13-20　并行进行的智能查杀

USB 闪存盘，里面包括清除计算机感染的工具集合。这个功能非常实用，一旦系统感染病毒，可用这个磁盘启动电脑，清除电脑中的病毒。"Microsoft Windows 故障排除"用于搜索并排除由恶意软件活动、系统故障或其他原因引起的故障。"清理活动痕迹"用于搜索并删除用户活动记录，以保护用户隐私。"优化浏览器设置"用于诊断浏览器故障，如图 13-21 所示。

5. 安全键盘

卡巴斯基的安全键盘是一个比较实用的功能，它虽然和软键盘很相似，却有软键盘无可比拟的功能。用户在网站上进行账户注册、网上购物或使用网上银行期间，黑客或恶意程序可以拦截键盘或屏幕截图来获得用户账号和密码，如果用户使用安全键盘输入账号和密码，可防止黑客或恶意程序拦截账号和密码，如图 13-22 所示。

图 13-21　系统优化

图 13-22　安全键盘

★ **注意** 启用安全键盘后，将无法使用屏幕截图软件截屏。

6. 隔离

隔离区存放着杀毒期间经过修改或被删除的文件的备份副本，这些文件以特殊格式存储，不会对系统造成威胁。如果重要文件带有病毒，放在隔离区，既可以保留该文件，又可避免文件中的病毒给电脑带来安全威胁。

7. 保护升级

保护升级是卡巴斯基向用户推荐产品开辟的栏目，例如，卡巴斯基安全部队是一个套装的电脑安全防护产品，卡巴斯基推荐用该产品代替卡巴斯基反病毒软件 2013，以获得最佳的保护状态，如图 13-23 所示。

8. 设置

卡巴斯基分"实时保护"、"智能查杀"、"免疫更新"和"高级设置"4 大模块，每个模块下面又有子模块。

"实时保护"设置页面包括"常规设置"、"文件反病毒"、"邮件反病毒"、"网页反病毒"、"即时通讯反病毒"、"系统监控"等内容，设置内容都比较简单，用户通过设置决定是否启用该相应功能的防护，并设置安全级别，如图 13-24 所示。

卡巴斯基还为每个子模块的安全级别提供了详细设置，设置内容因模块不同而各异，如图 13-25 所示。

"智能查杀"页面提供了"常规设置"、"全盘扫描"、"关键区域扫描"、"自定义扫描"、"漏洞扫描"5 个子模块，通过 5 个模块的设置，用户可以决定在空闲时是否需要执行自动扫描，插入新磁盘是直接扫描全盘还是只扫描关键区域，是否需要深度扫描以及采用哪些扫描技术等内容，如图 13-26 所示。

图 13-23　保护升级

图 13-24　实时保护设置

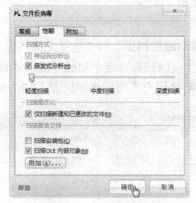

图 13-25　安全级别设置

图 13-26　智能查杀设置

　　"免疫更新"设置页面比较简单，只提供了"运行模式和更新源"和"当有更新和新版本时通知"两个栏目的设置，如图 13-27 所示。

　　"高级设置"的内容比较多，包括"威胁和排除"、"自我保护"、"节电模式"、"兼容性"、"网络"、"通知"、"报告和隔离"、"用户反馈"、"游戏模式"、"程序外观"、"配置管理" 11 个子模块，这些都是比较实用的设置，例如，如果用户需要玩游戏或静心工作，可启用游戏模式，同时还可进行"检测到威胁时自动选择操作"等设置，以免在游戏或工作中弹出对话框，如图 13-28 所示。

图 13-27　免疫更新设置

图 13-28　高级设置

13.2.3 ESET NOD32 Antivirus

ESET NOD32 Antivirus 是斯洛伐克 ESET 有限公司研发的杀毒软件，官方提供试用版下载，试用期限为 30 天，若激活，需要购买使用。

1. 软件首页面

ESET NOD32 Antivirus 界面简约，首页和其他主要功能页面位于同一页面，在窗口左侧是 ESET NOD32 Antivirus 的主要功能菜单，包括"主页"、"计算机扫描"、"更新"、"设置"、"工具"、"帮助和支持"。首页面是 ESET NOD32 Antivirus 的主页，主要是 ESET NOD32 Antivirus 的工作状态和常用功能，是用户日常关心的问题和需要操作的按钮，其中操作系统更新状态是 ESET NOD32 Antivirus 的特色功能，不过，与 360 安全卫士修复漏洞不同，ESET NOD32 Antivirus 是启动 Windows 7 自带的 Windows Update 来更新系统，如图 13-29 所示。

2. 计算机扫描

计算机扫描分为"智能扫描"、"自定义扫描"、"可移动磁盘扫描"和"重复上次扫描"，与其他杀毒软件相比，ESET NOD32 Antivirus 没有提供整台电脑扫描，这个功能可以用"自定义扫描"来实现，它增加了"重复上次扫描"，可以记录并简化用户常用操作，如图 13-30 所示。

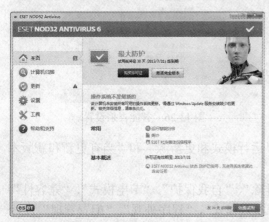
图 13-29　ESET NOD32 Antivirus 首页面

图 13-30　计算机扫描

3. 更新

ESET NOD32 Antivirus 分开了病毒库更新和产品更新，如图 13-31 所示。

4. 设置

ESET NOD32 Antivirus 也是比较简单的，常规设置包括"计算机"和"Web 和电子邮件"两个栏目，每个设置项目右侧有下拉菜单，通过下拉菜单启用/禁用该项目，如图 13-32 所示。

单击"进入高级设置"可进入 ESET NOD32 Antivirus 的高级设置，高级设置项目比较多，也比较复杂。在窗口左侧是设置项目的树型菜单，右侧是与之相对应的设置项目，如图 13-33 所示。

图 13-31　更新

图 13-32　常规设置

图 13-33　高级设置

5. 工具

ESET NOD32 Antivirus 提供了"日志文件"、"计划任务"、"防护统计"、"隔离区"、"查看活动"、"ESET SysInspector"、"运行进程"、"提交文件以供分析"、"ESET SysRescue"、"ESET 社交媒体扫描程序"实用工具，其中 ESET SysInspector 是 ESET 出品的分析电脑作业系统、处理程序、登录档和网路连接的免费应用程式，如图 13-34 所示。

图 13-34　实用工具

图 13-35　图表方式呈现结果

在 ESET NOD32 Antivirus 提供的工具中，多数工具都采用图表来呈现结果。例如，在"防护统计"工具中，"统计"列表中的"病毒和间谍软件防护"，ESET NOD32 Antivirus 用饼图来呈现统计结果，用户对"被感染文件数"、"已清除文件数"、"正常文件数"等数据一目了然，如图 13-35 所示。

13.2.4　瑞星杀毒软件

瑞星杀毒软件是北京瑞星信息技术有限公司研发的杀毒软件，V16 版瑞星为目前瑞星引擎技术的第 16 代产品，在国内杀毒厂商包括 360、QQ 安全管家和金山等纷纷采用小红伞作为自己的主要杀毒引擎的形势下，瑞星仍在坚持研发和使用自己的杀毒引擎，是国内为数不多拥有完全自主知识产权的杀毒厂商。

1. 软件首页面

瑞星杀毒软件的软件首页面，也是主程序界面，是用户使用的主要操作界面，此界面为用户提供了瑞星杀毒软件所有的功能和快捷控制选项，用户无需掌握丰富的专业知识即可轻松地使用瑞星杀毒软件。在软件首页面正中位置是三个查杀按钮，左中右三个按钮分别是"全盘查杀"、"快速查杀"、"自定义查杀"，正中位置的"快速查杀"按钮是用户常用按钮，瑞星以超大图标显示，非常醒目，如图 13-36 所示。

在查杀页面左侧就有"变频杀毒"和"云查杀"两个开启按钮，其中，变频杀毒技术可

图 13-36　瑞星杀毒软件首页面

以智能检测电脑资源占用，自动分配杀毒时占用的系统资源，既保障电脑正常使用，又保证电脑安全，如图 13-37 所示。

2. 电脑防护

电脑防护页面有"实时监控"和"主动防御"两大栏目，具体包括"文件监控"、"邮件监控"、"内核加固"、"U 盘防护"、"浏览器防护"、"办公软件防护"6 大防护功能，如图 13-38 所示。

图 13-37　查杀页面

图 13-38　电脑防护

瑞星将"U 盘防护"和"办公软件防护"列为其主动防御功能，是比较符合国情的。用户比较喜欢用 U 盘、移动硬盘、读卡器、手机终端等移动存储传递文件，U 盘病毒也随移动存储的流行泛滥起来。在"电脑防护"页面单击页面底部"自定义模式"选项卡，可进一步设置防护模式，例如，瑞星提供 U 盘防护设置包括"阻止 U 盘中程序自动运行"、"U 盘执行保护"、"U 盘插入时扫描"，瑞星提供的 U 盘防护可以使用户放心使用 U 盘等移动存储，如图 13-39 所示。

3. 安全工具

瑞星提供了多种实用工具，每种工具都有独特的用途，正因为独特，在下载/安装瑞星杀毒软件时，这些工具并没有跟随瑞星杀毒软件一起下载/安装。用户可以通过"安全工具"页面下载和安装自己需要的工具，如图 13-40 所示。

图 13-39 U 盘防护　　　　　　　　　　图 13-40　安全工具

4. 瑞星设置中心

瑞星杀毒软件的界面简约，用户通过主界面就可以使用瑞星杀毒软件所有的功能，瑞星也将快捷控制选项放在主界面，不需要用户单独设置，为了满足专业用户或部分特殊用户的要求，只在首页下侧中部位置提供了"查杀设置"按钮，进入"瑞星设置中心"后，可以进行"查杀设置"、"升级设置"、"其他设置"。和其他杀毒软件相比，瑞星提供的设置内容还是比较简单的，如图 13-41 所示。

5. 白名单

在瑞星首页面底部有"白名单"按钮，不少网友对瑞星提供的白名单功能有误解，认为白名单是瑞星重点监控和查杀对象。事实正好相反，瑞星杀毒软件根本不监控和查杀加入到白名单的进程、文件和目录，其他杀毒软件也有这个功能，有的称之为"例外"，也有的称之为"排除"，无论叫什么名字，都不建议用户使用白名单，如果遇到有风险而又必须使用的文件，可通过虚拟机进行，如图 13-42 所示。

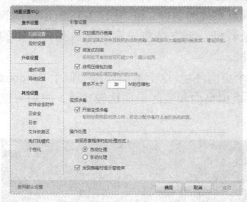

图 13-41　瑞星设置中心　　　　　　　　图 13-42　白名单

13.3　防火墙工具

13.3.1　Comodo Firewall

Comodo Firewall（科摩多防火墙）是由美国科摩多公司开发的免费防火墙。

263

1. 悬浮窗

Comodo Firewall 提供的悬浮窗包括"安全"、"流量监控"、"扫描"、"更新"、"虚拟桌面"、"隔离"、"任务管理器"、"在沙漏中运行安装的浏览器"等实用按钮，悬浮窗基本可以满足用户的日常操作，如图 13-43 所示。

2. 软件首页面

从 Comodo Firewall 的软件主页面来看，Comodo Firewall 不像是一款防火墙软件，更像是一款杀毒软件。在主页面中最醒目的图形是电脑的风险状态，左侧是"Sandbox 对象"，页面下方有"扫描"、"更新"、"虚拟桌面"、"隔离"、"任务管理器"等常用按钮，如图 13-44 所示。

图 13-43   悬浮窗

图 13-44   软件首页面

Sandbox（沙箱）和虚拟桌面是 Comodo Firewall 为用户安全运行可疑程序和访问可疑网站所提供的安全环境，是 Comodo Firewall 的特色功能。

Sandbox 技术的出现，从原有的阻止可疑程序对系统访问，转变成将可疑程序对磁盘、注册表等的访问重定向到指定沙箱文件夹下，从而消除对系统的危害。在如图 13-45 所示运行的两个"录音机"中，上方的录音机是正常运行的录音机，下方是将录音机拖放到首页中的"Sandbox 对象"图标按钮后，在沙箱中运行的录音机。

虚拟桌面是 Comodo firewall 为用户提供的另一个桌面环境，这个桌面环境类似于 Sandbox（沙箱）环境，通过虚拟桌面把真实系统隔离开来，虚拟桌面和实际桌面比较接近，可以方便快捷地运行各类有风险的程序，如图 13-46 所示。

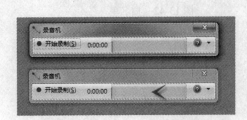

图 13-45   在沙箱中加载程序

图 13-46   虚拟桌面

3. 任务页面

在首页面单击"任务"按钮，进入任务页面后，才能体验到 Comodo firewall 所提供的强大功能，任务页面分常规任务、防火墙任务、Sandbox 任务和高级任务 4 大功能按钮。

4. 常规任务

常规任务包括"扫描"、"更新"、"查看隔离"、"查看日志"、"打开任务管理器"、"显示连接"图标按钮，其功能和首页面相似，如图 13-47 所示。

5. 防火墙任务

防火墙任务有"允许应用程序"（允许应用程序访问网络）、"阻止应用程序"（阻止应用程序访问网络）、"端口隐藏"（隐藏端口避免对方发现自己）、"管理网络"（以拓扑图的方式允许/阻止其他电脑访问）、"停止网络活动"（阻止所有进出电脑的网络活动）、"打开高级设置"（配置防火墙）等图标按钮，如图 13-48 所示。

 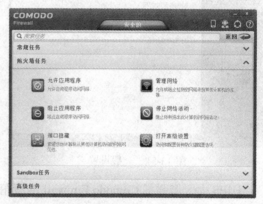

图 13-47　常规任务　　　　　图 13-48　防火墙任务

其中"管理网络"以网络拓扑图的方式显示与本地电脑相连的电脑，拓扑图中的电脑有 IP 地址、MAC 地址、网关等信息，用户选中"信任网络"或"阻止网络"单选按钮，即可允许或阻止该计算机与本地计算机的通信，如图 13-49 所示。

通过"打开高级设置"可以访问和配置各种防火墙选项，包括添加、修改和删除防火墙规则，如图 13-50 所示。

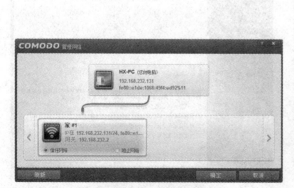 

图 13-49　管理网络　　　　　图 13-50　高级设置

6. 防火墙设置

防火墙设置分为一般设置和安全设置，一般设置主要是用户界面、更新、日志和配置内容，如图 13-51 所示。

安全设置虽然复杂，却能充分展现防火墙的主要功能，安全设置分为"Defense+"、"防火墙"、"文件评级"3 大模块，其中"Defense+"是 Comodo Firewall 的重要组成部分，以"HIPS"功能为主，是基于主机的入侵防御系统，是一种可以用来监控文件运行、文件调用和注册表被修改的系统。"HIPS 设置"包括启用 HIPS，不显示弹出警告、启用增强保护模式等内容，如图 13-52 所示。

图 13-51　一般设置

图 13-52　HIPS 设置

HIPS 大大增强了 Comodo Firewall 的沙箱和虚拟桌面抵御风险的能力，即便有病毒或恶意软件能够穿透沙箱，也可能被"Defense+"的"HIPS"阻止。

"行为拦截"可以通过自动沙箱技术和阻止未知应用程序行为的方式，使电脑免受未知恶意软件的侵害，如图 13-53 所示。

在"Defense+"中的"Sandbox"设置中，可以发现进入沙箱的应用程序列表和限制等级，设置共享空间的访问权限，虚拟桌面的保护设置和密码设置，如图 13-54 所示。

图 13-53　行为拦截

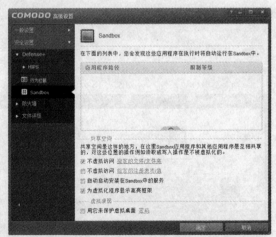
图 13-54　Sandbox 的 Defense+保护设置

　　防火墙设置包括启用防火墙、不显示弹出警告、启用自动检测专用网络、启用反 ARP 欺骗等设置。执行"启用反 ARP 欺骗"设置后，不用担心 ARP 欺骗或 ARP 攻击，不需要再安装 ARP 防火墙，如图 13-55 所示。

　　应用程序规则是对程序行为进行限定，包括是否允许该应用程序访问网络或限定应用程序的通信范围，进入防火墙设置的第二个模块就是应用程序规则设置。Comodo Firewall 内置的应用程序规则只有几条，右击规则列表框可以执行添加、编辑、移除、上移和清理等操作，如图 13-56 所示。

图 13-55　防火墙设置

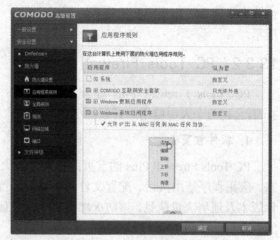

图 13-56　应用程序规则设置

　　全局规则是以协议为基础条件设置防火墙的规则，在该规则所包含的条件中，除指定的协议外，还包括行为（允许/阻止）、方向（进/出）、源地址、目的地址、源端口和目的端口等条件，如图 13-57 所示。

　　通过 Comodo Firewall 的端口模块可以定义本地计算机的 HTTP 端口、POP3/SMTP 端口和特权端口，也可以自定义其他端口，如图 13-58 所示。

图 13-57　全局规则

图 13-58　定义端口

7. 文件评级

文件评级也是一个比较实用的功能，Comodo Firewall 将文件分为受信任的文件、无法识别的文件、提交的文件和受信任的供应商类别，凡是被安全组件信任并标记为安全的文件或供应商将顺利运行，若属于"无法识别的文件"，Comodo Firewall 会在运行前或访问网络前弹出警告，由用户做出选择，如图 13-59 所示。

图 13-59　文件评级

13.3.2　PC Tools Firewall Plus

PC Tools Firewall Plus 是澳大利亚 PC Tools公司为个人电脑用户开发的免费防火墙。

1. 软件首页面

PC Tools Firewall Plus 的首页面也是该防火墙的主界面，页面首要栏目是防火墙的保护状态、应用程序禁用按钮、配置文件管理按钮，首要栏目下方是"状态与摘要"栏，主要显示软件版本及通信流量信息，该防火墙主界面的左侧是功能按钮，第一个是状态按钮，也就是软件的首页面，如图 13-60 所示。

2. 应用程序

"应用程序"管理接入网络的应用程序，包括入站管理和出站管理，如图 13-61 所示。

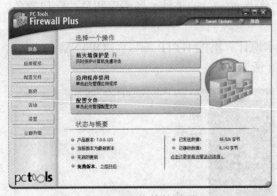

图 13-60　软件首页面

图 13-61　应用程序

★ 注意　在如图 13-61 所示的应用程序列表框中，第二列（右数第一列）入站应为"出站"，这是该款防火墙的一个小 Bug，不影响防火墙的功能和使用。

3. 配置文件

通过"配置文件"可以创建和管理单个配置文件的高级防火墙规则。该配置页面提供了"端口覆盖"和"信任 IP 列表"两种配置方法，如图 13-62 所示。

单击"配置文件"页面底部"高级配置文件设置"文字链接，可打开"高级配置文件设置"页面，在该页面的"高级规则"选项卡中内置了许多防火墙规则，用户可在此基础上添加、删除、移动和编辑规则，如图 13-63 所示。

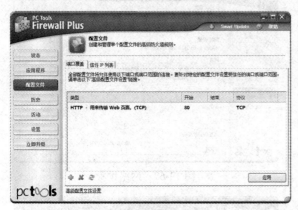

图 13-62　配置文件

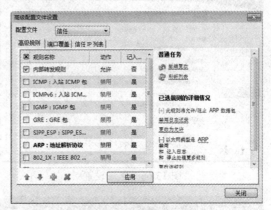

图 13-63　高级配置文件设置

4. 历史

"历史"页面所显示的历史日志内容，就是防火墙基于应用程序规则和高级规则采取相应动作的记录，如图 13-64 所示。

5. 活动

"活动"页面显示了当前的网络流量和防火墙的活动状态，如图 13-65 所示。

图 13-64　历史日志

图 13-65　活动

6. 设置

"设置"页面允许用户根据自身情况进行配置，通过 "常规设置"可以配置系统托盘区图标，提示确认更改应用程序的连接和监听权限，防火墙的运行模式等常规设置，如图 13-66 所示。

"网络设置"允许用户修改网络设置和网络配置文件，例如，如果用户在家里或在办公室的时候，可以将网络设置为信任，以保证家人或同事能访问本地电脑，如果用户在机场、车站等公用场所，可将网络设置为不信任，这样可以避免其他人员恶意侵入，如图 13-67 所示。

"过滤和数据包设置"允许用户启用防火墙，启用应用程序过滤和包过滤，如图 13-68 所示。

通过"密码保护"可以防止黑客、恶意软件以特殊途径取得电脑管理权后，改变防火墙设置甚至关闭防火墙，如图 13-69 所示。

"全屏设置"允许用户在全屏模式下控制弹出式窗口的活动，如图 13-70 所示。

"首选项"主要有自动检查更新和语言选项两项设置，如图 13-71 所示。

图 13-66　常规设置

图 13-67　网络设置

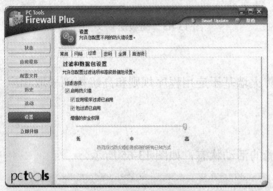

图 13-68　过滤和数据包设置

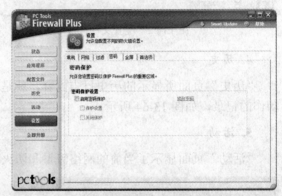

图 13-69　密码保护设置

图 13-70　全屏设置

图 13-71　首选项

13.4　网络安全套装工具

13.4.1　诺顿 360 全能特警

诺顿 360 全能特警是由美国赛门铁克开发部开发的网络安全套装工具，包括诺顿防病毒软件和诺顿网络安全特警的所有功能以及 2 GB 的安全在线存储。

1. 软件首页面

诺顿 360 全能特警将"电脑安全"、"身份安全"、"数据备份"和"电脑优化"这些用户关心的 4 大问题用黄色醒目按钮展现在首页正中位置，在 4 大按钮上方是功能菜单，右侧是图标按钮，包括赛门铁克为用户提供的附加功能，如图 13-72 所示。

首页正中的 4 个图标按钮均可展开为常用功能按钮，如"电脑安全"按钮展开后包括"查看详细信息"、"运行扫描"、"运行 LiveUpdate 更新"、"管理防火墙"、"运行诺顿智能扫描"与电脑安全相关的常用功能按钮，如图 13-73 所示。

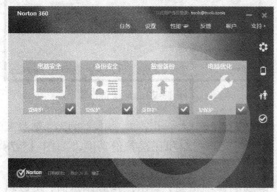 

图 13-72　软件首页面　　　　　　　　　图 13-73　展开电脑安全图标按钮

例如，通过"电脑安全详细信息"窗口可以了解每个活动的当前状态，如图 13-74 所示。

2. 任务

在首页右上方有功能菜单，第一项是"任务"，诺顿 360 全能特警将任务分为"常规任务"、"备份任务"、"优化电脑任务"，每类任务下面有具体功能按钮，用户可通过此页面快速访问"运行扫描"、"运行备份"、"运行注册表清理"等任务，如图 13-75 所示。

图 13-74　电脑安全详细信息　　　　　　　图 13-75　任务

其中"检查网络安全拓扑图"属于"常规任务"，"网络安全拓扑图"以拓扑图的方式标明本地电脑的位置、安全状态，网络中其他电脑的信息，用户直接在该页面编辑某台电脑的安全状态，例如，将某台电脑的安全状态更改为"受限制"，这台电脑就不能访问本地电脑，如图 13-76 所示。

"管理备份集"属于"备份任务"，这是一个很实用的任务，通过"管理备份集"，可以将指定的文件，按照预定的时间，备份到指定的位置，如图 13-77 所示。

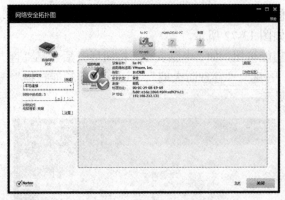

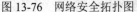

图 13-76　网络安全拓扑图　　　　　　　　　　　图 13-77　管理备份集

诺顿 360 全能特警还为注册用户提供了 2 GB 的安全在线存储空间，用户可以将重要文件备份到此空间。诺顿 360 全能特警还提供了通过浏览器还原和在线备份功能，如图 13-78 所示。

用户还可以通过诺顿 360 诊断报告收集本地电脑的详细信息，当用户遇到困难时，可以将诊断报告传给技术人员，让技术人员协助解决问题。诺顿 360 诊断报告诊断出问题后，会提出建议，用户单击"立即修复"即可解决诊断出来的问题，如图 13-79 所示。

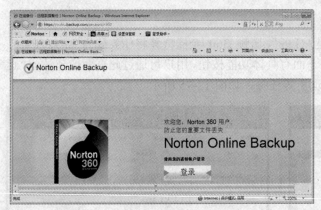

图 13-78　通过浏览器还原和在线备份功能　　　　图 13-79　诊断报告

运行"诺顿智能扫描"属于"优化电脑任务"，通过诺顿智能扫描可获知本地电脑中的文件或进程的相关信誉信息，包括信任级别、社区使用情况、资源使用率和可靠性等，如图 13-80 所示。

3. 设置

诺顿 360 全能特警提供了丰富的设置内容，包括"防病毒"、"防火墙"、"反垃圾邮件"、"我的网络"、"Norton Family"、"身份防护"、"任务调度"、"管理设置"、"备份设置"设置项目，如图 13-81 所示。

"防病毒"设置项目和诺顿防病毒软件的设置比较类似，功能也比较类似，设置项目包括"自动防护"、"扫描和风险"、"反间谍软件和更新" 3 大类，如图 13-82 所示。

"防火墙"设置项目和其他防火墙软件一样，可以定义"程序规则"和"通信规则"，可以进行"常规设置"和"高级设置"，可以进行"入侵和浏览器主动防护"设置，如图 13-83 所示。

图 13-80　诺顿智能扫描

图 13-81　设置页面

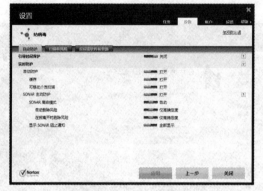

图 13-82　防病毒设置

图 13-83　防火墙设置

　　用户可以用"反垃圾邮件"将在电子邮件程序中收到的电子邮件归类为垃圾邮件和合法电子邮件。将合法的电子邮件过滤到"收件箱"文件夹中，将垃圾邮件过滤到"垃圾邮件"文件夹或 Norton AntiSpam 文件夹中，如图 13-84 所示。

4. 性能

　　在"性能"页面可以查看在过去三个月内执行的重要系统活动的月度历史记录，如安装、下载、已优化、检测、警报和快速扫描记录。在"性能"监控图窗口可以监视系统活动，如 CPU 和内存占用情况，各进程所占用资源的比例，其中黄色代表 Norton 360 占用资源的情况，如图 13-85 所示。

图 13-84　反垃圾邮件

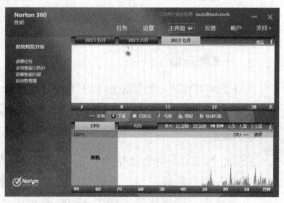

图 13-85　性能

5. 账户

可以通过"我的账户"窗口激活产品或续订产品的订购服务，还可以通过该窗口访问诺顿账户和月度报告，查看账户的订购状态，对新试用账户而言，使用 Norton 360 的天数为 30 天，在线备份空间为 250MB，如图 13-86 所示。

6. Norton Family

"Norton Family"图标按钮在诺顿 360 全能特警主界面右侧，Norton Family 是一款家庭防护软件，供家长监察小朋友网络活动的软件，只要家长在小朋友的电脑中安装这个软件，并设定好监控参数后，小朋友在网络上的一举一动，包括浏览记录、使用的搜索词汇、实时通讯、社交活动、上网时间等，家长均可通过浏览器监控，做出拦截、限制等指令，限制小朋友上网，如图 13-87 所示。

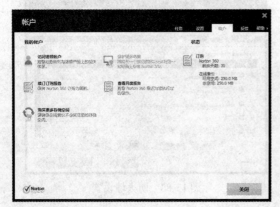

图 13-86　我的账户

图 13-87　家庭防护软件

13.4.2　ESET NOD32 安全套装

ESET NOD32 安全套装是斯洛伐克 ESET 研发的一款综合性安全套件，集反病毒、反间谍、个人防火墙和反垃圾邮件于一身。

1. 软件首页面

ESET NOD32 安全套装和 ESET NOD32 Antivirus 在界面设计上保持了风格的一致性，首页就是主页，也是 ESET NOD32 安全套装的主界面，左侧是功能菜单，右侧是工作页面，主页的工作页面显示电脑的防护状态和"运行智能扫描"等常用功能按钮，如图 13-88 所示。

2. 计算机扫描

ESET NOD32 安全套装和 ESET NOD32 Antivirus 使用的是同一个"计算机扫描"模块，包括"智能扫描"、"自定义扫描"、"可移动磁盘扫描"、"重复上次扫描"，如图 13-89 所示。

3. 设置

ESET NOD32 安全套装的初始设置界面很简单，主要包括"计算机"、"网络"、"Web 和电子邮件"和"家长控制"等栏目，设置内容的选项只有"启用"、"禁用 10 分钟"、"禁用 30 分钟"等选项，简便快捷，如图 13-90 所示。

图 13-88　软件首页面

图 13-89　计算机扫描

在 ESET NOD32 安全套装的初始设置界面单击"网络",进入"网络"设置项目,在"网络"设置页面可启用网络通信过滤和自动过滤模式,如图 13-91 所示。

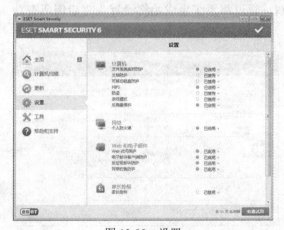

图 13-90　设置

图 13-91　网络设置

在"网络"设置页面单击"高级个人防火墙设置",可设置个人防火墙,如图 13-92所示。

"高级设置"不仅有个人防火墙设置,也包括其他设置项目,在"高级设置"页面左侧是设置项目的树形目录,右侧对应设置项目,个人防火墙包括"规则和区域"、"IDS和高级选项"、"学习模式"、"应用程序修改检测"、"系统集成"设置项目,规则定义个人防火墙怎样处理入站和出站网络连接的方法,如图 13-93 所示。

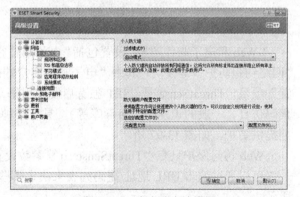

图 13-92　个人防火墙设置

IDS 就是入侵检测系统,是依照一定的安全策略,通过防火墙软件,对网络、系统的运行状况进行监视,尽可能发现各种攻击企图、攻击行为或者攻击结果,以保证网络系统资源的机密性、完整性和可用性。ESET NOD32 安全套装提供的"IDS"设置项目达 67 项之多,如图 13-94 所示。

 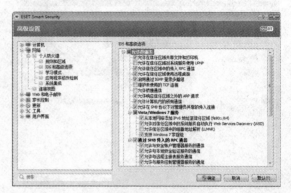

图 13-93　规则和区域设置　　　　　图 13-94　IDS 和高级选项

如果启用"应用程序修改检测"，当被修改的应用程序尝试建立连接时，ESET NOD32 安全套装个人防火墙会通知用户，如图 13-95 所示。

可以调整个人防火墙与操作系统的集成级别，建议将系统集成始终设置为"启用所有功能"，如图 13-96 所示。

图 13-95　应用程序修改检测　　　　　图 13-96　系统集成设置

4. Web 和电子邮件防护设置

"Web 和电子邮件防护"设置包括"电子邮件客户端防护"、"Web 访问保护"、"协议过滤"、"网络钓鱼防护"等模块，其中"电子邮件客户端防护"设置页面有"ThreatSense 引擎参数设置"项目，ThreatSense 是 ESET 独有启发式引擎，包括许多复杂的威胁检测方法（代码分析、代码仿真、一般的识别码、病毒库等），具有某种主动性防护功能，可在新威胁开始传播的初期提供防护，如图 13-97 所示。

Web 访问保护只有"ThreatSense 引擎参数设置"一个设置项目，如图 13-98 所示。

可以通过编辑 URL 地址/掩码列表来决定哪些地址在检查时阻止、允许或排除，如图 13-99 所示。

启用应用程序协议内容过滤后，所有 HTTP(S)、POP3(S) 和 IMAP(S) 通信都会由病毒防护扫描程序检查。如果有不执行协议过滤的应用程序，可将该程序添加到"排除的应用程序"列表中，如图 13-100 所示。

图 13-97　电子邮件客户端防护设置

图 13-98　Web 访问保护设置

图 13-99　URL 地址管理

图 13-100　排除的应用程序

5. 家长控制

　　"家长控制"是为家长提供的上网控制工具，通过限制设备和服务的使用，可防止未成年人访问不适当的或含有害内容的页面。在使用家长控制之前，需要添加/选择被控制的 Windows 用户，如图 13-101 所示。

　　"家长控制"可以禁止访问 40 个以上预先定义的网站类别和超过 140 个子类别，如图 13-102 所示。

　　"例外"允许用户定义允许或阻止的特定网页，如图 13-103 所示。

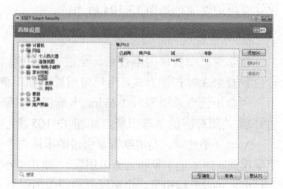

图 13-101　家长控制功能

图 13-102　定义网站类别

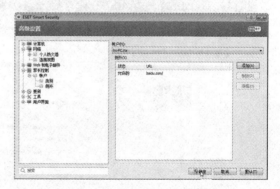

图 13-103　允许或阻止的特定网页

13.5 安全辅助工具

13.5.1 腾讯电脑管家

腾讯电脑管家是腾讯公司出品的一款免费专业安全软件。集"专业病毒查杀、智能软件管理、系统安全防护"于一身，开创了"杀毒 + 管理"的创新模式。电脑管家为国内首个采用"4+1"核"芯"杀毒引擎的专业杀毒软件，其 8.0 版应用了腾讯自研第二代反病毒引擎，资源占用少，基于 CPU 虚拟执行技术能够根除顽固病毒，大幅度提升深度查杀能力。

在保护用户上网安全方面，腾讯电脑管家继承了腾讯在反网络钓鱼、打击恶意网址方面 10 余年的安全防护经验。同时，腾讯电脑管家还是安全开放平台的积极推动者，先后与百度、搜狗、搜搜、支付宝、QQ 等平台合作，为网民提供上网入口的安全保障。

1. 软件首页面

打开"电脑管家"窗口，其首页主要内容包括"电脑体检"、"上次体检得分"、"电脑保护状态"等内容。"电脑体检"能够快速全面地检查计算机存在的风险，检查项目主要包括盗号木马、高危系统漏洞、垃圾文件、系统配置被破坏及篡改等，发现风险后，通过电脑管家提供的修复和优化操作，能够消除风险和优化计算机的性能，如图 13-104 所示。

2. 杀毒

在杀毒页面提供闪电查杀、全盘查杀、指

图 13-104 电脑体检

定位置查杀 3 种扫描方式，用户可通过页面下侧的"管家云查杀引擎"、"管家第二代反病毒引擎"、"金山云查杀引擎"、"Avira 本地查杀引擎"、"管家习题修复引擎" 5 种杀毒引擎图标按钮开启/关闭对应的杀毒引擎，如图 13-105 所示。

Avira（小红伞）是电脑管家引进的本地查杀引擎，用户安装完电脑管家后，即默认开启了双引擎模式（即本地引擎和云查杀引擎），单击"小红伞"图标按钮，将出现"Avira 本地查杀引擎"对话框，可以升级引擎，也可以开启或关闭引擎，如图 13-106 所示。

图 13-105 查杀病毒

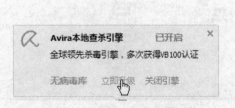

图 13-106 升级小红伞杀毒引擎

3. 清理垃圾

在 Windows 操作系统安装和使用过程中都会产生相当多的垃圾文件，包括临时文件（如：*.tmp、*._mp）、日志文件（*.log）、临时帮助文件（*.gid）、磁盘检查文件（*.chk）、临时备份文件（如：*.old、*.bak）以及其他临时文件，还有 IE 的临时文件夹（Temporary Internet Files）中的缓存文件，这些垃圾文件不仅仅浪费磁盘空间，还降低系统运行速度，必须定期清理。单击"清理垃圾"页面中的"开始扫描"按钮，不仅可扫描电脑中的垃圾文件，还可清除用户使用浏览器、播放器等软件的历史记录，保护用户隐私安全，清除系统中的恶评插件，如图 13-107 所示。

4. 电脑加速

在电脑加速功能中，电脑管家会扫描系统在开机时自动启动的程序，用户可以清理不必要的启动项，以节省系统开机过程的等待时间。"电脑加速"页面提供了"一键优化"、"开机时间管理"、"启动项"、"服务项"、"计划任务"功能。单击"一键优化"按钮后可以根据电脑管家的建议调整启动项，如图 13-108 所示。

图 13-107　清理垃圾

图 13-108　一键优化

"开机时间管理"图形化展现各个启动项的开机耗时，电脑管家将启动项目分成了"可以禁用的启动项目"、"建议保持现状的启动项目"、"建议开机启动的项目"等类别，可以根据建议选择进行优化，如图 13-109 所示。

"启动项"以列表的形式展示所有启动项目，列表中详细记述了软件名称、主要功能、类型、管家建议、状态与操作等内容，通过"状态与操作"列中的按钮或下拉列表可启用/禁用对应项目，如图 13-110 所示。

图 13-109　开机时间管理

图 13-110　启动项管理

"服务项"也是以列表的形式展示所有服务项，和 Windows 自带的服务管理控制台相比，电脑管家所提供的服务项清单更直观，更方便操作，如图 13-111 所示。

　　利用"计划任务"可以将任何脚本、程序或文档安排在某个最方便的时间运行。某些"任务计划"不需要同操作系统一起启动，禁用这些"计划任务"可以加快开机时间，如图 13-112 所示。

图 13-111　服务项管理

图 13-112　计划任务

5. 修复漏洞

　　进入电脑管家"修复漏洞"页面后可进行漏洞扫描和修复，也可以单击"修复漏洞"页面右上角的"设置"按钮，然后开启自动修复漏洞功能，功能开启后，电脑管家可以在发现高危漏洞（仅包括高危漏洞，不包括其他漏洞）时，第一时间自动进行修复，无需用户参与，最大限度保证用户电脑安全，如图 13-113 所示。

图 13-113　修复漏洞

6. 工具箱

　　"工具箱"图标按钮在电脑管家主界面的右下角，工具箱有"安全上网"、"电脑优化"、"软件管理"、"应用工具" 4 大类 28 款实用工具，如图 13-114 所示。

图 13-114　工具箱

图 13-115　电脑诊所

7. 电脑诊所

"电脑诊所"是腾讯电脑管家中的一个功能模块，深度修复常见的电脑问题，一键实现繁杂的修复操作。"电脑诊所"将电脑故障分为"腾讯专区"、"桌面图标"、"上网异常"、"软件问题"、"硬件问题"、"系统综合"6大类，其中"腾讯专区"主要针对 QQ 空间等腾讯自身的产品进行修复，其他类别则是用户经常遇到的问题。使用"电脑诊所"可解决大多数电脑故障，如图 13-115 所示。

以"软件问题"为例，"电脑诊所"提供了 28 个常见软件问题的解决方法，其中 17 个可使用一键恢复功能自动修复，如图 13-116 所示。

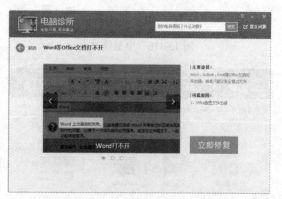

图 13-116 修复软件问题　　　　　　图 13-117 修复 Word 打不开故障

人们在日常工作中经常遇到"打不开 Word 文档"的现象，为此，"电脑诊所"在"软件问题"中提供了"Word 等 Office 文档打不开"的解决方法，用户只需单击"立即修复"就可以轻松修复类似的故障，如图 13-117 所示。

13.5.2　360 安全卫士

360 安全卫士是奇虎 360 科技有限公司推出的一款免费安全软件，拥有查杀木马、清理插件、修复漏洞、电脑体检等多种功能，并独创了"木马防火墙"功能，依靠抢先侦测和云端鉴别，可全面、智能地拦截各类木马，保护用户的账号、隐私等重要信息。

1. 软件首页面

360 安全卫士软件的首页面是"电脑体检"，体检可以让用户快速全面地了解电脑的安全状态，并且可以提醒用户对电脑做一些必要的维护。如木马查杀，垃圾清理，漏洞修复等，如图 13-118 所示。

360 安全卫士分"故障检测"、"垃圾检测"、"速度检测"、"安全检测"、"系统强化"等步骤检测电脑是否存在问题，发现问题后，单击"一键修复"即可修复电脑，如图 13-119 所示。

2. 木马查杀

360 安全卫士提供了"快速扫描"、"全盘扫描"和"自定义扫描"3 种方式扫描木马，这与杀毒软件的病毒扫描方式有些类似，如图 13-120 所示。

3. 系统修复

系统修复可以检查用户电脑中多个关键位置是否处于正常的状态。当检查出浏览器主页、开始菜单、桌面图标、文件夹、系统设置等存在异常时，可以帮助用户找出问题出现的原因并修复问题。系统修复分为"常规修复"和"漏洞修复"，如图 13-121 所示。

图 13-118　电脑体检

图 13-119　一键修复

图 13-120　木马查杀

图 13-121　系统修复

4. 电脑清理

电脑清理是 360 安全卫士的特色功能之一，"电脑清理"提供了"一键清理"、"清理垃圾"、"清理软件"、"清理插件"、"清理痕迹"、"清理 Cookie"、"清理注册表"等全面的清理功能，如图 13-122 所示。

清理垃圾不仅可以增加系统可用空间，还可提升系统运行速度，如图 13-123 所示。

软件安装太多是电脑变慢的原因之一，360 安全卫士的"清理软件"功能可以根据软件的使用频率，识别出不常用的软件，一键瞬间批量清理，轻松给电脑减负，如图 13-124 所示。

图 13-122　一键清理

图 13-123　清理垃圾

清理插件是 360 安全卫士始终保持的特色功能，清理插件可以给系统和浏览器减负，提高系统和浏览器运行速度，如图 13-125 所示。

图 13-124　清理软件

图 13-125　清理插件

浏览网页、打开文档、观看视频等都会留下使用痕迹，使用 360 安全卫士的"清理痕迹"模块可以清除这些痕迹，保护个人隐私，如图 13-126 所示。

Cookie 中包含了浏览器访问的历史记录、保存的用户名密码、购物车、Flash 游戏记录等信息，随时清理 Cookie 有利于保护用户隐私信息，如图 13-127 所示。

图 13-126　清理痕迹

图 13-127　清理 Cookie

"清理注册表"模块可以识别用户电脑中的注册表错误，清除无效注册表项，使系统更加稳定流畅，如图 13-128 所示。

5. 优化加速

360 优化加速是指整理和关闭一些电脑不必要的启动项，清理垃圾文件，优化系统设置和内存配置，应用软件服务和系统服务，以达到电脑干净整洁、运行速度提升的效果。"优化加速"包括"一键优化"、"深度优化"、"我的开机时间"、"启动项"等优化模块，如图 13-129 所示。

"深度优化"模块通过优化硬盘智能加速、整理磁盘碎片等方法，提高硬盘传输效率，如图 13-130 所示。

"我的开机时间"模块实际上就是开机时间管理模块，可以通过禁止开机启动项目来缩短开机时间，如图 13-131 所示。

可以通过"启动项"模块开启/禁止启动项，如图 13-132 所示。

图 13-128　清理注册表

图 13-129　一键优化

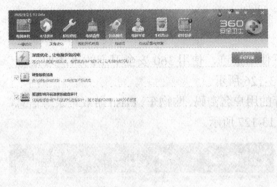

图 13-130　深度优化

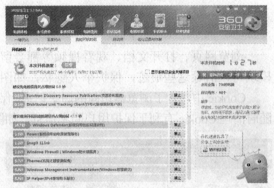

图 13-131　开机时间管理

6. 电脑专家

"电脑专家"提供在线电脑服务，解决用户经常遇到的"上网异常"、"游戏环境"、"软件问题"、"硬件故障"、"系统图标"、"系统性能"等各种电脑问题，如图 13-133 所示。

图 13-132　启动项管理

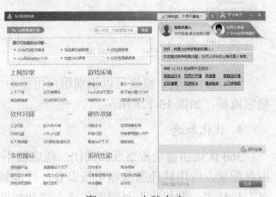

图 13-133　电脑专家

13.6　项目实战

1. 背景资料

长江职业技术学院的林海东经常给别人装系统，他用过卡巴斯基，用户反映电脑太慢了，改用 Symantec Endpoint Protection，用户反应总出现风险警报，不得已用国产的瑞星，结果电脑变得更慢，最后用 360 安全卫士和 360 杀毒，中毒仍是家常便饭。

现在又有人找他装系统，对方的电脑有 2G 内存，1G 独立显卡，I3 处理器，客户要求他安装 Windows 7 64 位旗舰版操作系统，其他软件由林海东确定。林海东很纠结，不知道用什么杀毒软件好。

2. 项目实战

请您结合本章所学知识，协助林海东完成此次装机任务，同时填写"实训报告单"。

13.7　课后练习

1. 选择题

（1）计算机病毒的危害性表现在（　　）。

    A. 影响程序的执行，破坏用户数据与程序

    B. 会危害操作计算机人员的健康

    C. 不影响计算机的运行速度

    D. 不影响计算机的运算结果，不必采取措施

（2）当硬盘上的文件感染病毒后，一般采取的措施是（　　）。

    A. 用消毒液清洗

    B. 用杀毒软件清除该硬盘上的病毒

    C. 不用处理，过一段时间后会自行消除

    D. 报废该硬盘

（3）杀毒软件的病毒库应及时更新，才能更有效地起到杀毒与防毒作用，这主要是为了保证信息的（　　）。

    A. 时效性　　　　　　B. 载体依附性　　　C. 共享性　　　　　　D. 传递性

（4）有关计算机病毒防护，下列说法正确的是（　　）。

    A. 对从网上下载的文件应该及时查杀病毒

    B. 试用商业杀毒软件违反知识产权保护条例

    C. 不同的杀毒软件病毒库都能通用

    D. 杀毒软件应该在电脑已经感染病毒的情况下再安装

（5）在正常使用电脑的前提下，要提高系统的安全性，应该（　　）。

    A. 不安装任何应用软件　　　　　　B. 及时安装操作系统补丁

    C. 加大内存容量　　　　　　　　　D. 定期格式化所有硬盘

（6）计算机网络的安全是指（　　）。

    A. 网络中设备设置环境的安全　　　B. 网络使用者的安全

    C. 网络中信息的安全　　　　　　　D. 　网络的财产安全

（7）关于"攻击工具日益先进，攻击者需要的技能日趋下降"的观点不正确的是（　　）。

    A. 网络受到攻击的可能性将越来越大

    B. 网络受到攻击的可能性将越来越小

    C. 网络攻击无处不在

    D. 网络风险日益严重

（8）（　　　）类型的软件能够阻止外部主机对本地计算机的端口扫描。

    A. 反病毒软件

    B. 个人防火墙

    C. 基于 TCP\IP 的检查工具，如 netstat

    D. 加密软件

（9）以下属于木马入侵的常见方法的是（　　　）。

    A. 捆绑欺骗   B. 邮件冒名欺骗

    C. 危险下载   D. 文件感染

    E. 打开邮件中的附件

2. 简答题

（1）病毒、木马、恶意软件、黑客是什么？对电脑构成哪些威胁？

（2）互联网环境下防范病毒应采取哪些措施？

（3）电脑中毒了怎么办？

（4）什么是"肉鸡"，如何避免电脑成为"肉鸡"？

（5）杀毒软件影响了电脑速度怎么办？

（6）杀毒软件失效了怎么办？

（7）为什么防火墙不起作用？

（8）有必要安装多个杀毒软件吗？

（9）杀毒软件、防火墙、安全卫士、电脑管家在电脑安全防范中起什么作用？功能上是否存在重叠，如果重叠，列出重叠的功能。

习题参考答案

第 1 章

1. 课后实践（略）

2. 选择题

（1）B（2）C（3）C

3. 判断题

（1）×（2）√（3）×

4. 简答题（答题要点）

（1）除共享版外常见的软件版本还有：内部测试版（专家测试版 Alpha）、外部测试版（用户测试版 Beta）、演示版（Demo）、免费版（Free）、完全版（Full Version）、增强版或加强版（Enhance）、发行版（Release）、升级版（Upgrade）、破解版（Cracked）等。

（2）虚拟机是通过某些软件在一台真实计算机上模拟出来的可独立运行的计算机环境，虚拟机是对真实计算机的仿真，同样拥有 CPU、内存、硬盘、光驱、网卡等硬件设备，可以安装并运行 Windows、Linux 等真实的操作系统和各种应用程序。

虚拟机在现实中的作用是相当大的，可以用于新技术的学习与练习、网络调试实验、软件开发测试、计算机病毒研究与测试，还可用于进行比较底层的危险硬盘练习。例如：使用虚拟机来学习和练习新技术。以前我们要想使用和体验最新的操作系统，就必须要在物理电脑上安装，不但操作麻烦，还比较容易出问题。比如想试用 Linux 操作系统，因为它的磁盘格式适合 Winows 不一样，所以安装时对硬盘重新进行分区，为仅麻烦还有可能导致文件丢失。现在有了虚拟机，完全可以在虚拟机里面尽情的操作和练习而不用担心物理计算机中的数据受到伤害。

（3）使用虚拟机软件 VMware Workstation 或 VirtualBox 可以构建虚拟网络实验室。VMware Workstation 或 VirtualBox 虚拟机提供了虚拟交换机、网桥、NAT、DHCP 服务器、网络适配器等虚拟网络组件，可以使用这些虚拟网络组件自由组建网络，当正准备实施某个网络工程前，可以用虚拟机来验证计划是否可行；还可以在一台计算机上虚拟学习网络知识所需要的实训环境。

（4）只要物理计算机能上网，虚拟机就可以上网。VMware Workstation 虚拟机提供了三种网络连接类型：桥接模式、网络地址翻译模式、仅主机模式（如图 1-36）。

① 桥接模式（Bridged）：虚拟机和物理网络直接连接，如果虚拟机的 IP 地址和物理主机的 IP 地址设置在同一网段上，此时虚拟机就相当于网络内的一台独立的电脑，网络内的其他电脑和虚拟机之间可以互相通信。

② 网络地址翻译模式（NAT）：虚拟机共享使用物理主机的 IP 地址，物理主机和虚拟机相互之间可以进行网络通信，虚拟机也可访问网络内的其他电脑，便其他电脑不访问到虚拟机。

③ 仅主机模式（Host-only）：这是一种私有网络模式，工作在仅主机模式的虚拟机无法与

实际的网络进行通信，但同一台物理电脑上创建的虚拟机之间、虚拟机与其所在物理电脑之间都可以进行通信。

（5）可以。在创建虚拟机时将其网络模式设置为桥接模式，并将虚拟机的网络地址设置在计算机教室的网段中。如果是已经创建好的虚拟机，可以通过"Virtual Machine Settings"对话框的"Hardware"（硬件）选项卡的硬件设置列中选中"Network Adapter"（网络适配器），然后在右栏将网络模式修改为桥接模式。

（6）在虚拟机上可以安装操作系统和应用软件，安装方式和物理电脑完全相同。

（7）用鼠标单击虚拟机窗口内部可进入虚拟机操作状态，同时按下 Alt+Ctrl 键从虚拟机切换到主机。

第 2 章

1. 课后实践（略）

2. 选择题

（1）C（2）A（3）A（4）A（5）C（6）D（7）B（8）D（9）A（10）A

3. 简答题（答题要点）

（1）标称 1TB 的硬盘，在操作系统中显示只有 931.51GB，是因为硬盘厂商对容量的计算方法和操作系统的计算方法有所不同造成的。厂商容量计算方法：1TB＝1，000，000MB＝1，000，000，000KB＝1，000，000，000，000 字节；换算成操作系统计算方法：1，000，000，000，000 字节/1024＝976，562，500KB/1024＝953，674.32MB＝931.32GB，同时在操作系统中，硬盘还必须分区和格式化，系统会在硬盘上占用一些空间提供给系统文件使用，所以在操作系统中显示的硬盘容量和标称容量会存在差异。

（2）硬盘以磁性材料为存储介质，由磁头、盘片、马达等组成。硬盘在进行读写操作（下载或复制文件）时，马达高速旋转（目前流行硬盘，大多都在 7200 转/分），马达正常工作时会发现均匀的的吱吱声。巡迹磁头在硬盘的盘面上来回摆动读取数据 也会发出均匀的咔咔声。

（3）非正常关机有两种伤害，一种是软件方面的，软件方面的危害可能会导致一些关键的系统文件丢失，从而造成操作系统不稳定，严重的会出现无法进入系统，开机蓝屏；一种是硬件方面的，如果断电的时候硬盘没有进行读写操作，也就是电脑没有执行程序，那么对硬盘的影响也是很小的；如果在进行数据的读取操作，则此时很可能会出现坏道。

（4）为了更好地管理磁盘空间和更高效地从硬盘读取数据，操作系统规定一个簇中只能放置一个文件的内容，因此文件所占用的空间，只能是簇的整数倍；如果文件实际大小小于一簇，它也要占一簇的空间。如果文件实际大小大于一簇，根据逻辑推算，那么该文件就要占两个簇的空间。所以，一个 1 字节的文件（如分区采用 NTFS 文件系统），该文件将占用 4KB 存储空间（NTFS 文件系统中每个族为 4KB）。

（5）可以找回来。当需要删除一个文件时，系统只是在文件分配表内的文件前面写一个删除标志，表示该文件已被删除，表示文件所占用的空间已被"释放"，其他文件可以使用该文件占用的空间。所以，当被删除的文件需要进行恢复时，只需将删除标志去掉，数据就可以被恢复。恢复的前提是该文件所占用的空间没有被新内容覆盖。

（6）能找回来。很多磁盘管理工具都有分区恢复功能，如 DiskGenius、Acronis Disk Director 等。因为每个分区的 0 扇区记录了这个分区的文件系统信息，磁盘管理工具可以逐个扇区搜索分区的 0 扇区，搜索到分区后，将分区信息呈现给用户，以确定是否为用户丢失的分区，如果是，磁盘管理工具将依据该数据修改主引导扇区中分区结构信息（如果是逻辑分区，则修改扩展分区中的结构信息），从而实现分区恢复。

（7）可以将数据拷贝出来。无论什么原因导致硬盘分区丢失，只要还未向硬盘写大量数据，原硬盘中各分区的 0 扇区就可能还存在，分区中的文件和数据也可能也存在，用 Acronis Disk Director 逐一搜索扇区，找到符合分区中第 0 个扇区的信息，就可以找回该分区。

（8）主引导扇区位于整个硬盘的 0 磁道 0 柱面 1 扇区，包括硬盘主引导记录 MBR 和分区表 DPT。

第 3 章

1. 课后实践（略）

2. 简答题（答题要点）

（1）使用 GHOST 的硬盘克隆或是分区恢复功能为机房内的机器安装系统比较方便。使用硬盘克隆时需要有一块装好操作系统的源硬盘，在克隆过程中一定要注意区分哪块是源硬盘，哪块是要安装操作系统的目标盘。使用分区恢复方式按装操作系统的前题是曾经创建过分区镜映文件。

（2）在操作系统安装过程中随安装随备份，并用后面的镜像文件替换前面所作的备份较为科学。因为在安装操作系统过程中随时可能发生意外使系统蓝屏或不稳定，如果此前没有做过备份，那么只再重新安装一遍。如果安装过程中每一个关键步骤都进行过备份，那么即使出现了蓝屏，也可以通过恢复到最近的一次备份的方式使损失降到最小。而有新的备份替换较早的备份有利于节省空间，当操作系统安装完毕时用户可以得到一个系统最佳状态时的镜像文件。

（3）当硬盘中有数据被误删除之后应立即停止对故障硬盘进行新的读写操作，以防数据被覆盖，提高数据的修复率。

（4）数据恢复工作原理可知，数据恢复成功与否，关键在于新数据是否覆盖原数据。

（5）GHOST 版系统就是把已经装好的系统备份成镜像文件然后刻成光盘，使用这种盘安装操作系统实际是一种恢复操作，即用光盘中的镜像恢复新计算机机的硬盘分区，所以 GHOST 版的速度很快。而 Windows 原版光盘才是真正的安装操作系统。

（6）扩展名为 Gho 的文件是使用赛门铁克公司推出的 Ghost 工具软件所制作的系统映像文件。Gho 文件是驱动器的精确副本，可存放硬盘分区或整个硬盘的所有文件信息，包含 Windows 运行所需的驱动器、Windows 和用户的系统设置、程序及文件。当计算机系统损坏无法正常工作时，可以使用系统映像还原计算机，使计算机恢复到制作系统映像时的状态。

（7）系统备份过程一般就是为系统创建映像的过程，只是所采用的工具不同，备份方法上有所区别而已，因此，从工具选择角度看系统备份，系统备份分为用系统自带备份工具备份系统、用 Ghost 克隆和用 WinImage 创建系统映像等方式，从系统启动的角度看，系统备份分为冷备份和热备份。通常意义上讲，系统恢复过程是系统备份的逆过程。

（8）从系统保护分类方式看，系统克隆与一键还原属于系统还原类，冰点还原属于虚拟还原类软件：

① 系统克隆是指使用 Ghost 或 WinImage 等系统备份工具将系统全部或部分进行备份，当系统崩溃或系统混乱需要重新安装的时候，只需用备份文件恢复系统。

② 一键还原是在 GHOT 的基础上对 GHOST 的操作步骤进行了简化，更适合电脑新手使用，常用的软件有一键还原 GHOST 和一键还原精灵。

③ 冰点还原属于虚拟还原，近似于系统保护，不过它将保护做在系统的底层，先于操作系统启动，并调出长驻内存的程序，拦截并改写 INT 13H 中断，修改 VXD 程序，管理用户、系统或应用软件的读写操作，以此实现系统保护。

（9）冰点还原精灵可以使系统处于受保护状态，不让用户安装任何软件这正是冰点还原的功能之一。所以它能很好地抵御病毒的入侵以及人为的原因对系统造成有意或无意的破坏，不管是个人用户还是在网吧、学校或企业，用冰点还原能简化计算机的维护工作。

（10）从数据存储过程可知，当从硬盘删除文件时，它们并未真正被删除，这些文件的结构信息仍然保留在硬盘上，除非新的数据将其覆盖。所以可以使用专用软件（如 EasyRecovery）将数据找回。

（11）只要没有向磁盘中写入数据，就可以使用 EasyRecovery 或 final data 等专用软件恢复数据。

（12）可以，只要数据盘中的数据没有被覆盖就可以找回。

第 4 章

1. 课后实践（略）

2. 选择题

（1）A （2）A （3）D （4）B （5）C （6）D

3. 判断题

（1）× （2）√ （3）√ （4）× （5）×

4. 简答题（答题要点）

（1）有些跟随 Windows 自动运行的应用程序是系统启动必须的，有些是不必要的。跟随 Windows 自动运行的应用程序太多，不仅会影响系统启动速度，还会占用系统内存以及 CPU 使用率，影响系统的运行速度。

取消跟随 Windows 自动运行的应用程序时，应保留系统运行必须的、杀毒软件、系统防护软件，以确保系统正常、安全运行。

（2）扫描注册表并对其进行优化前一定要备份注册表，以防优化失败导致系统瘫痪。如果没有备份，可使用以下方法恢复：

① 在 Windows XP 下用备份文件还原。

② 用 Windows XP 的"系统还原"功能还原

③ 使用上次正常启动的注册表配置。启动电脑后长按 F8 键，进入启动菜单，选择"最后一次正确的配置"项，这样 Windows XP 就可以正常启动，同时将当前注册表恢复为上次的注册表。

④ 使用安全模式恢复注册表。

⑤ 使用 Windows XP 安装光盘的故障恢复控制台修复损坏后的 Windows XP 注册表。

（3）系统垃圾文件越来越多是导致运行速度减慢的主要因素。根据计算机工作原理，系统运行、程序运行，数据处理都需要将系统、程序或数据加载到内存，而内存资源有限，当内存占用达到一定比例后,操作系统会将暂时不用的数据移除内存,放置到外部存储器中(如硬盘),需要加载这些数据的时候,才调回内存。系统运行时间越长,产生的内存交换数据就越多,数据调度就越困难,系统也就越来越慢。因垃圾文件会影响系统的运行速度,所以应该定期清理系统垃圾,可以有效提高电脑的运行速度。

第5章

1. 课后实践(略)

2. 选择题

(1) A (2) B (3) C

3. 简答题(答题要点)

(1)电脑中的数据都以二进制代码形式保存,文件的二进制代码中存在冗长的、重复的代码,比如相邻的000000000,可以遵循一定的算法进行简短化,把相邻的连续0、1代码减少,000000000变成90来减少文件的空间。

常用的压缩软件有rar,winzip等。

(2)自解压文件是压缩文件的一种,因为它可以不用借助任何压缩工具,而只需双击该文件就可以自动执行解压缩,因此叫做自解压文件。同压缩文件相比,自解压的压缩文件体积要大于普通的压缩文件(因为它内置了自解压程序),但它的优点就是可以在没有安装压缩软件的情况下打开压缩文件

(3)为了保证文件或文件夹安全、防泄漏,没有密钥就无法解密,就无法看到真实数据的。实际生活文件或文件夹加密可以防止个人隐私信息、公司技术信息等泄漏。

(4)文件夹超级加密大师提供了五种加密类型,"闪电加密"、"隐藏加密"、"全面加密"、"金钻加密"和"移动加密"。闪电加密和隐藏加密,特点是加密和解密速度快,并且不受文件夹的大小限制,适合加密超大的文件夹。全面加密、金钻加密和移动加密,特点是加密强度高,没有密码无法解密,但加密和解密速度稍慢,适合加密体积不大(最好不要超过600M)但里面内容十分重要的文件夹。移动加密文件夹是把文件夹打包加密成一个EXE文件,这个加密文件夹转移到没有安装文件夹加密超级大师的电脑上也可解密。

(5)文件备份很重要,因为计算机中的重要数据、档案或历史纪录,一旦丢失或损坏都会造成不可估量的损失。目前被采用最多的备份策略主要有以下三种:一是完全备份,指对要备份的内容做无条件的全部备份。二是差分备份,即从前一个全备份后,对变更过或新增的文件进行备份。三是增量备份,即从上次任意形式的备份后变更过或新增的所有文件进行备份。

第6章

1. 课后实践(略)

2. 判断题

(1) √ (2) √ (3) × (4) √

3. 简答题(答题要点)

(1)断点续传就是在文件下载过程中由于某种原因使服务器与客户机的联系中断,导致文件传输被迫中断,从而使文件传输未能全部完成,网络连接恢复正常后根据断线时记录的传输

进度自动完成文件剩余部分的传输工作。

（2）P2P 是一种分布式网络，打破了传统的服务器/客户端模式，每个节点的地位都是对等的，既充当服务器，为其他节点提供服务，同时也享用其他节点提供的服务，所以下载用户越多下载速度越快。

（3）迅雷、快车。

（4）DHT 全称叫分布式哈希表，是一种分布式存储方法，在不需要服务器的情况下，每个客户端负责一个小范围的路由，只负责存储一小部分数据，从而实现整个 DHT 网络的寻址和存储，下载任务不会因断种而停止。

UPNP：如果用户电脑处于局域网中（即是内网电脑），启用 UPNP 功能可以使网关或路由器的 NAT 模块做自动端口映射，将快车监听的端口从网关或路由器映射到内网电脑上

（5）文件名具有一定的连续性是这些网络资源的共同特点，只要所下载资源的文件名有连续性这一特点，就可以用迅雷等下载工具进行批量下载

4. 辨析题（略）

第7章

1. 课后实践（略）

2. 选择题

（1）A（2）A（3）D（4）C（5）D（6）C

3. 判断题

（1）√（2）√（3）×（4）×（5）√

第8章

1. 课后实践（略）

2. 选择题

（1）D（2）D（3）C（4）C

3. 简答题（答题要点）

（1）常见图像文件有：BMP 文件、GIF 文件、JPEG 文件、TIFF 文件、PNG 文件、PSD 文件等。BMP 文件：是包含的图像信息较丰富，几乎不进行压缩，但占用磁盘空间较大。GIF 文件：压缩比高，磁盘空间占用较少，具备动画功能，支持渐显方式，但不能存储超过 256 色的图像。JPEG 文件：压缩率高，各类浏览器均，网络显示下载速度快。TIFF 文件：可在 Macintosh 和 PC 机两种硬件平台上移植图像，图像格式复杂、存贮信息多。PNG 文件：图像文件压缩率高，显示速度很快，支持透明图像的制作。PSD 文件：包含有图层、通道、遮罩等多种设计信息。

（2）影响图像质量的参数有分辨率、图像深度、颜色类型、图像的数据量。

（3）图像获取途径有很多种，如通截取屏幕画面、扫描图像、使用数字相机拍摄、视频采集等。

（4）常用截图工具有 Hyper-Snap、Snagit、红晴蜓抓图精灵等。

（5）常用录屏工具有屏幕录像专家、Snagit、Adobe Captivate 等。

（6）对一张照片进行特效处理，可以使用 Photoshop、ACDSee、美图秀秀、可牛影像、光影魔术手等。

（7）常见的看图软件有 ACDSee、美图看看(看图软件)、光影看图、POCO 图片浏览器等。

（8）ACDSee、屏保专家、Blumentals Screensaver、金锋屏幕保护程序能将图片转换为屏保。

（9）可以使用 Photoshop 或 ACDSee 制作小二寸数码照片。

第 9 章

1. 选择题

（1）B（2）A（3）A（4）A（5）C（6）B（7）A

2. 判断题

（1）√（2）√（3）×（4）×（5）√

3. 简答题（答题要点）

（1）常见的音频格式有：MP3、音乐 CD、WAV 格式、WMA 格式、OGG 格式等。

（2）常见的视频格式有： AVI 格式、WMV 格式、DAT 格式、SWF/FLV 格式、3GP 格式、RM 格式、RMVB 格式等。

（3）流媒体的特点是将视频和音频等多媒体文件经过特殊的压缩方式分成一个个压缩包，由服务器向用户计算机连续、实时传送。在采用流式传输方式的系统中，用户不必等到整个文件全部下载完毕后才能看到当中的内容,而是只需要经过几秒钟或几十秒的启动延时即可在用户计算机上利用相应的播放器对压缩的视频或音频等流式媒体文件进行播放,剩余的部分将继续进行下载，直至播放完毕。

（4）网络电视又称 IPTV（InteractivePersonalityTV），它将电视机、个人电脑及手持设备作为显示终端，通过机顶盒或计算机接入宽带网络，实现数字电视、时移电视、互动电视等服务，网络电视的出现给人们带来了一种全新的电视观看方法，它改变了以往被动的电视观看模式，实现了电视按需观看、随看随停。

（5）网络电视依托的主要技术有流媒体技术、P2P 技术、内容分发技术（IP 多播技术）。

（6）略。

第 10 章

1. 课后实践（略）

2. 简答题（答题要点）

（1）因为 PDF 支持跨平台上的，多媒体集成的信息出版和发布，尤其是提供对网络信息发布的支持，也就是说，PDF 文件不管是在 Windows，Unix 还是在苹果公司的 Mac OS 操作系统中，以及手机上的 Android 的系统，都是通用的，兼容性极强。

（2）可以。

（3）可以。操作步骤详见"10.2.1 PDF 阅读工具-Adobe Acrobat Reader"第 7 步。

（4）可以。操作步骤详见"10.2.4 PDF 文档访问权限设置"

（5）可以。操作步骤详见"10.2.4 PDF 文档访问权限设置"

（6）可以。使用 OCR 可以将 PDF 文档转换为可编辑的 WORD 文档。

第 11 章

1. 课后实践（略）

2. 选择题

（1）B （2）A （3）A （4）A （5）C （6）A

3. 判断题

（1）× （2）× （3）√ （4）× （5）×

4. 简答题（答题要点）

（1）主流的移动存储介质有优盘、移动硬盘、软盘、光盘、存储卡。

（2）光盘映像文件是将光盘中的文件和文件夹，以及光盘引导信息提取出来，制作成单一的文件，这个文件里面的内容和光盘完全一样，可用虚拟光驱或光盘工具打开光盘映像文件。常见的光盘映像文件格式有：ISO 映像、IMG 映像、VCD 映像、NRG 映像、CDI 映像、MCD 映像文件。

（3）虚拟光驱是一种模拟光驱工作的工具软件，它先在操作系统中虚拟出一部或多部虚拟光驱，再通过虚拟光驱软件将光盘做成映像文件并保存到硬盘，此后就可以完全抛开物理光驱及光盘来运行原光盘的内容。虚拟光驱具有以下用途：高速 CD-ROM、笔记本最佳伴侣、MO 最佳选择 、复制光盘 、运行多个光盘 、压缩数据和光盘塔 。

（4）可以将优盘制作成系统安装光盘。操作步骤详见"11.2.3 将优盘制作成启动维护盘"。

（5）在 26 个英语字母中，假设现有驱动器盘符占用了 n 个字母，该电脑最多可以虚拟出 26-n 个。

（6）用 Virtual 可以 CD 复制加密光盘。

（7）虚拟光驱是对只读光驱的模拟，并不提供刻录机的模拟能力，当我们遇到启动盘/备份盘制作工具和部分基于轨道的光盘创建工具等问题，或是因为国际标准光盘映像文件格式根本无法描述我们所创建光盘格式，只有刻录到光盘才能解决，这时虚拟刻录机与虚拟光驱的差别就体现出来了，虚拟刻录机是唯一能实现不通过实际光驱而制作此类光盘映像文件的方法。

Virtual CD 不仅可以虚拟刻录机，还可以虚拟出 15 种介质类型的光盘，包括蓝光光盘。

（8）使用 Virtual CD 可以将映像文件加载到物理光驱。

第 12 章

1. 课后实践（略）

2. 判断题

（1）× （2）√ （3）×

3. 简答题（答题要点）

（1）目前，在移动终端领域，市场占有率较大的终端操作系统有苹果的 IOS、谷歌的 Android、惠普的 WebOS、开源的 MeeGo 及微软 Windows Phone 和黑莓的 QNX。

（2）目前安卓（Android）、iOS 和 Windows Phone 是三大主流移动终端操作系统。

安卓（Android）操作系统是一个以 Linux 为基础的开源操作系统，由于安卓操作系统的开放性和可移植性，它可以被用在大部分电子产品上，包括：智能手机、平板电脑、笔记本电脑、智能电视、机顶盒、MP3 播放器、MP4 播放器、掌上游戏机、电子手表、电子收音机、导航仪以及其他设备。

iOS 是由苹果公司为移动设备所开发的操作系统，支持的设备包括 iPhone、iPod touch、iPad、Apple TV。与 Android 及 Windows Phone 不同，iOS 不支持非苹果硬件的设备。

Windows Phone 是微软发布的一款手机操作系统，它将微软旗下的 Xbox Live 游戏、Xbox Music 音乐与独特的视频体验集成至手机中。

第 13 章

1. 选择题

（1）A （2）B（3）A（4）A （5）B（6）C（7）B（8）B（9）A

2. 简答题（答题要点）

（1）计算机病毒：在《中华人民共和国计算机信息系统安全保护条例》第二十八条中明确指出："计算机病毒，是指编制或者在计算机程序中插入的破坏计算机功能或者毁坏数据，影响计算机使用，并能自我复制的一组计算机指令或者程序代码"

木马又称 "特洛伊木马"，包括服务端和客户端，黑客将服务端植入对方电脑，并使用木马的客户端程序远程控制用户电脑，使用户电脑成为该黑客的一台"肉鸡"。

恶意软件没有明确的定义，在我国，恶意软件指在未明确提示用户或未经用户许可的情况下，在用户计算机或终端上安装运行侵害用户合法权益的软件，但不包含我国法律规定的计算机病毒。

人们对黑客的定义并不统一，其中公认的定义为"电脑技术上的行家或热衷于解决问题、克服限制的人"。黑客，是电脑技术方面的行家里手的统称，又分为红客、蓝客、白客和灰客。

（2）① 如果病毒已经抢占的电脑控制权，查毒清毒的难度就大了，因此，在安装杀毒软件之前，必须保证系统是一个纯净的系统，系统要保持纯净，需要遵守以下系统安装策略安装策略：Ⅰ确保操作系统安装全无毒。Ⅱ重写硬盘的引导记录。Ⅲ系统安装完成后将电脑启动顺序改为本地硬盘启动。Ⅳ非系统分区必须先杀毒后使用。Ⅴ关闭自动播放功能。Ⅵ禁用 "ShellHWDetection"（为自动播放硬件事件提供通知）服务。

② 根据自身需求安装杀毒软件并进行合理设置，同时注意以下几点：Ⅰ合理选择杀毒软件。Ⅱ在安装杀毒软件之前，要确保系统干净无毒。Ⅲ避免同时安装两个或两个以上的杀毒软件。Ⅳ杀毒软件安装好以后，要立即对整台电脑做一个完整扫描。Ⅴ外来文件先杀毒后使用。Ⅵ任何情况下都不能停止杀毒软件的监控。

③ 在互联网环境下，只有杀毒软件是不够的，还需要防火墙配合，才能做到全方位防护。Ⅰ用户要结合自身实际选择防火墙。Ⅱ避免同时安装两个或两个以上的防火墙软件。Ⅲ无论是运行软件、打开网页或是其他操作，当防火墙弹出是否允许访问网络等请求的提示后，只允许自己熟悉的软件请求，其他请求应一律拒绝。Ⅳ任何情况下都不要关闭或暂停防火墙的监控。

（3）电脑一旦中毒，又两个解决方案可供选择，方案一是在一台干净的电脑上制作一张带有杀毒功能的启动光盘，用光盘启动中毒电脑，并光盘中的杀毒软件扫描整台电脑。方案二是拆卸中毒电脑的硬盘，将其挂接到一台已安装杀毒软件并确保没有病毒的电脑中，然后用该电脑中的杀毒软件扫描外挂的硬盘。

（4）"肉鸡"这个词被黑客专门用来描述 Internet 上那些防护性差，易于被攻破而且控制的计算机。

　　避免电脑成为"肉鸡"的方法就是做好计算机的安全防护，并做到外来软件杀毒后使用。因为黑客会将木马的服务端程序和病毒、网页、注册机、算号器、破解软件等绑在一起，一旦用户电脑中毒或打开带有木马的网页、注册机、算号器或破解软件，木马的服务端就被植入用户电脑，黑客就可以使用木马的客户端程序，远程控制用户电脑，用户电脑也就成为该黑客的一台"肉鸡"。所以使用外来软件前杀毒再使用，如果发现含有可疑代码而有必须使用的可以在杀毒软件的沙箱或虚拟机中打开。

　　（5）必须接合自身实际合理选择杀毒软件。如果计算机配置较低，可选用系统资源占用率（主要指动静态内存及 CPU 占用率）低的杀毒软件，如国产的金山杀毒、360 杀毒，如果看重杀毒软件的查杀能力，小红伞、卡巴斯基、诺顿就是不错的选择，如果需要经常浏览网页，防范挂马网站较好的是诺顿、卡巴斯基、G Data，如此可见，用户在选择杀毒软件时，首先要结合自己的实际来选择，不要盲目看排行榜或网友评论。

　　（6）杀毒软件失效说明杀毒软件已经被病毒劫持，此时可参考第（3）题，先清除中毒电脑中的病毒，升级或重新安装杀毒软件。

　　（7）许多防火墙失效的原因就在于用户遇到访问网络访问请求时一味放行，无论是运行软件、打开网页或是其他操作，当防火墙弹出是否允许访问网络等请求的提示后，只允许自己熟悉的软件请求，其他请求应一律拒绝。

　　防火墙失效的另一原因是用户关闭或暂停防火墙的监控。一旦黑客或恶意软件获得电脑管理权，也就获得了防火墙的控制权，它可以随时暂停防火墙的监控，甚至是一直关闭防火墙。

　　（8）安装多个杀毒软件不仅无益反而有害，应该避免同时安装两个或两个以上的杀毒软件，因为杀毒软件为了实现实时监控，首先要抢占系统资源，所以杀毒软件之间很容易发生冲突，影响系统正常运行。

　　（9）杀毒软件的主要作用就是实时监控，扫描并清除病毒是其基本功能，防火墙主要用来抵御来自外部的攻击或入侵，保护内网数据安全是其基本功能，安全卫士和电脑管家的功能比较相似，是安全辅助工具，其主要功能是修补漏洞，清除恶意插件等，部分安全辅助工具有杀毒软件和防火墙的部分功能。